U0318714

JVM G1
源码分析和调优

JVM G1 Implementation and Performance Tuning

彭成寒 编著

机械工业出版社

China Machine Press

图书在版编目（CIP）数据

JVM G1 源码分析和调优 / 彭成寒编著 . —北京：机械工业出版社，2019.3（2020.7 重印）
（Java 核心技术系列）

ISBN 978-7-111-62197-3

I. J⋯　II. 彭⋯　III. JAVA 语言 – 程序设计　IV. TP312.8

中国版本图书馆 CIP 数据核字（2019）第 043922 号

JVM G1 源码分析和调优

出版发行：机械工业出版社（北京市西城区百万庄大街 22 号　邮政编码：100037）

责任编辑：吴　怡　　　　　　　　　　　责任校对：李秋荣

印　　刷：北京市荣盛彩色印刷有限公司　版　　次：2020 年 7 月第 1 版第 2 次印刷

开　　本：186mm×240mm　1/16　　　　印　　张：18.5

书　　号：ISBN 978-7-111-62197-3　　　定　　价：89.00 元

　　G1 是目前最成熟的垃圾回收器，已经广泛应用在众多公司的生产环境中。我们知道，CMS 作为使用最为广泛的垃圾回收器，也有令人头疼的问题，即如何对其众多的参数进行正确的设置。G1 的目标就是替代 CMS，所以在设计之初就希望降低程序员的负担，减少人工的介入。但这并不意味着我们完全不需要了解 G1 的原理和参数调优。笔者在实际工作中遇到过一些因参数设置不正确而导致 GC 停顿时间过长的问题。但要正确设置参数并不容易，这里涉及两个方面：第一，需要对 G1 的原理熟悉，只有熟悉 G1 的原理才知道调优的方向；第二，能分析和解读 G1 运行的日志信息，根据日志信息找到 G1 运行过程中的异常信息，并推断哪些参数可以解决这些异常。

　　本书尝试从 G1 的原理出发，系统地介绍新生代回收、混合回收、Full GC、并发标记、Refine 线程等内容；同时依托于 jdk8u 的源代码介绍 Hotspot 如何实现 G1，通过对源代码的分析来了解 G1 提供了哪些参数、这些参数的具体意义；最后本书还设计了一些示例代码，给出了 G1 在运行这些示例代码时的日志，通过日志分析来尝试调整参数并达到性能优化，还分析了参数调整可能带来的负面影响。

　　乍听起来，G1 非常复杂，应该会有很多的参数。实际上在 JDK8 的 G1 实现中，一共新增了 93 个参数，其中开发参数（develop）有 41 个，产品参数（product）有 31 个，诊断参数（diagnostic）有 9 个，实验参数（experimental）有 12 个。开发参数需要在调试版本中才能进行验证（本书只涉及个别参数），其余的三类参数都可以在发布版本中打开、验证和使用。本书除了几个用于验证的诊断参数外，覆盖了发布版本中涉及的所有参数，为读者理解 G1 以及调优 G1 提供了帮助。

本书共分为 12 章，主要内容如下：

❏ 第 1 章介绍垃圾回收的发展及使用的算法，同时还介绍一些重要并常见的术语。该章的知识不仅仅限于本书介绍的 G1，对于研读 JVM 文章或者 JVM 源码都有帮助。

❏ 第 2 章介绍 G1 中的基本概念，包括分区、卡表、根集合、线程栈等和垃圾回收相关的基本知识点。

❏ 第 3 章介绍 G1 是如何分配对象的，包括 TLAB 和慢速分配，G1 的对象分配和其他垃圾回收器的对象分配非常类似，只不过在分配的时候以分区为基础，除此之外没有额外的变化，所以该章知识不仅仅适用于 G1 也适用于其他垃圾回收器，最后介绍了参数调优，同样也适用于其他的垃圾回收器。

❏ 第 4 章介绍 G1 Refine 线程，包括 G1 如何管理和处理代际引用，从而加快垃圾回收速度，介绍了 Refinement 调优涉及的参数；虽然 CMS 也有卡表处理代际引用，但是 G1 的处理和 CMS 并不相同，Refine 线程是 G1 新引入的部分。

❏ 第 5 章介绍新生代回收，包括 G1 如何进行新生代回收，包括对象标记、复制、分区释放等细节，还介绍了新生代调优涉及的参数。

❏ 第 6 章介绍混合回收。主要介绍 G1 的并发标记算法及其难点，以及 G1 中如何解决这个难点，同时介绍了并发标记的步骤：并发标记、Remark（再标记）和清理阶段；最后还介绍了并发标记的调优参数。

❏ 第 7 章介绍 Full GC。在 G1 中，Full GC 对整个堆进行垃圾回收，该章介绍 G1 的串行 Full GC 和 JDK 10 之后的并行 Full GC 算法。

❏ 第 8 章介绍垃圾回收过程中如何处理引用，该功能不是 G1 独有的，也适用于其他垃圾回收器。

❏ 第 9 章介绍 G1 的新特性：字符串去重。根据 OpenJDK 的官方文档，该特性可平均节约内存 13% 左右，所以这是一个非常有用的特性，值得大家尝试和使用。另外，该特性和 JDK 中 String 类的 intern 方法有一些类似的地方，所以该章还比较了它们之间的不同。

❏ 第 10 章介绍线程中的安全点。安全点在实际调优中涉及的并不多，所以很多人并不是特别熟悉。实际上，垃圾回收发生时，在进入安全点中做了不少的工作，而这些工作基本上是串行进行的，这些事情很有可能导致垃圾回收的时间过长。该章除了介绍如何进入安全点之外，还介绍了在安全点中做的一些回收工作，以及当发现它们导致 GC 过长时该如何调优。

❏ 第 11 章介绍如何选择垃圾回收器，以及选择 G1 遇到问题需要调优时我们该如何下手。该章属于理论性的指导，在实际工作中需要根据本书提到的参数正面影响和负面影响综合考虑，并不断调整。

❏ 第 12 章介绍了下一代垃圾回收器 Shenandoah 和 ZGC。G1 作为发挥重要作用的垃圾回收器仍有不足之处，因此未来的垃圾回收器仍会继续发展，该章介绍了下一代垃圾回收器 Shenandoah 和 ZGC 对 G1 的改进之处及其工作原理。

本书的附录包含如下内容：

❏ 附录 A 介绍如何开始阅读和调试 JVM 代码。这里简单介绍了 G1 的代码架构和组织形式。另外简单介绍了 Linux 的调试工具 GDB，这个工具对于想要了解 JVM 细节的同学必不可少。

❏ 附录 B 介绍如何使用 NMT 对 JVM 内存进行跟踪和调试。这个知识对于想要深入理解 JVM 内存的管理非常有帮助，另外在实际工作中，特别是 JDK 升级中我们必须比较同一应用在不同 JVM 运行情况下的内存使用。

❏ 附录 C 介绍了 Java 程序员阅读 JVM 时需要知道的一些 C++ 知识。这里并未罗列 C++ 的语法以及语法特性，仅仅介绍一些 C++ 语言特有的、而 Java 语言没有的语法，或者 Java 语言中的使用或理解不同于 C++ 语言的部分语法。这个知识是为 Java 程序员准备的，特别是为在阅读 JVM 代码时准备的。

G1 在 JDK 6 中出现，经历 JDK 7 的发展，到 JDK 8 已经相当成熟，在 JDK 9 之后 G1 就作为 JVM 的默认垃圾回收器。JDK 8 作为 Oracle 公司长期支持的版本，本书主要基于 JDK 8 进行分析，所用的版本是 jdk8u60。在第 7 章中为了扩展读者的视野，追踪最新的技术，还介绍了 JDK 10 中的并行 Full GC。读者可以自行到 OpenJDK 的官网下载，也可以使用笔者在 GitHub 中的备份（JDK 8: https://github.com/chenghanpeng/jdk8u60，JDK 10：https://github.com/chenghanpeng/jdk10u）。

本书在分析源码的时候会给出源代码所属的文件，例如在介绍 G1 分区类型时，指出源代码位于 hotspot/src/share/vm/gc_implementation/g1/heapRegionType.hpp，这里的 hotspot 就是你下载的 jdk8u60 代码里面的一级目录。如果你不希望在本地保留源代码可以直接浏览网址 https://github.com/chenghanpeng/jdk8u60，在此你可以找到这个一级目录 hotspot，然后通过逐个查看子目录 src、share、vm、gc_implementation、g1 就可以找到源文件 heapRegionType.hpp。

需要注意的是，在分析源码的时候为了节约篇幅，通常会对原始的代码进行一些调整，例如删除一些大括号、统计信息、打印信息，或者删除一些不影响理解原理和算法的代码，大家在和源码比较时需要注意这些变化。另外对于定义在 header 文件和 cpp 文件中的一些函数，为了使代码紧凑，通常会忽略头文件中的定义，直接按照 C++ 的语法，即类名 :: 成员函数的方式给出源码，这样的代码可能和原文件不完全一致，但是完全符合 C++ 语言的组织，阅读源码时要注意将定义和实现分开。

由于笔者水平有限，时间仓促，书中难免出现一些错误或者不准确的地方，恳请读者批评指正。可以通过 https://github.com/chenghanpeng/jdk8u60/issues 进行讨论，期待能够得到读者朋友们的真情反馈，在技术道路上互勉共进。

在本书的写作过程中，得到了很多朋友以及同事的帮助和支持，在此表示衷心的感谢！

感谢吴怡编辑的支持和鼓励，在写作过程中给出了非常多的意见和建议，不厌其烦地认真和笔者沟通，力争做到清晰、准确、无误。感谢你的耐心，为你的专业精神致敬！

感谢我的家人，特别是谢谢我的儿子，体谅爸爸牺牲了陪伴你的时间。有了你们的支持和帮助，我才有时间和精力去完成写作。

Contents 目 录

垃圾回收概述

Java 的发展已经超过了 20 年，已是最流行的编程语言。为了更好地了解和使用 Java，越来越多的开发人员开始关注 Java 虚拟机（JVM）的实现技术，其中**垃圾回收**（也称垃圾收集）是最热门的技术点之一。目前 G1 作为 JVM 中最新、最成熟的垃圾回收器受到很多的人关注，本书从 G1 的原理出发，介绍新生代收集、混合收集、Full GC、并发标记、Refine、Evacuation 等内容。本章先回顾 Java 语言的发展历程，然后介绍 JVM 中一些常用的概念以便与读者统一术语，随后介绍垃圾回收的主要算法以及 JVM 中实现了哪些垃圾回收的算法。

1.1　Java 发展概述

Java 平台和语言最开始是 SUN 公司在 1990 年 12 月进行的一个内部研究项目，我们通常所说的 Java 一般泛指 JDK（Java Developer Kit），它既包含了 Java 语言和开发工具，也包含了执行 Java 的虚拟机（Java Virtual Machine，JVM）。从 1996 年 1 月 23 日开始，JDK 1.0 版本正式发布，到如今 Java 已经经历了 23 个春秋。以下是 Java 发展历程中值得纪念的几个时间点：

- 1998 年 12 月 4 日 JDK 迎来了一个里程碑版本 1.2。其技术体系被分为三个方向，J2SE、J2EE、J2ME。代表技术包括 EJB、Java Plug-in、Swing；虚拟机第一次内置了 JIT 编译器；语言上引入了 Collections 集合类等。

- 2000 年 5 月 8 日，JDK1.3 发布。在该版本中 Hotspot 正式成为默认的虚拟机，Hotspot 是 1997 年 SUN 公司收购 LongView Technologies 公司而获得的。

- 2002 年 2 月 13 日，JDK1.4 发布。该版本是 Java 走向成熟的一个版本。从此之后，每一个新的版本都会增加新的特性，比如 JDK5 改进了内存模型、支持泛型等；JDK6 增强了锁同步等；JDK7 正式支持 G1 垃圾回收、升级类加载的架构等；JDK8 支持函数式编程等。

- 2006 年 11 月 13 日的 JavaOne 大会上，SUN 公司宣布最终会把 Java 开源，由 OpenJDK 组织对这些源码独立管理，从此之后 Java 程序员多了一个研究 JVM 的官方渠道。

- 2009 年 4 月 20 日，Oracle 公司宣布正式以 74 亿美元的价格收购 SUN 公司，Java 商标从此正式归 Oracle 所有，自此 Oracle 对 Java 的管理和发布进入了一个新的时期。

随着时间的推移，JDK 9 和 JDK 10 也已经正式发布，但是 JDK 9 和 JDK 10 并不是 Oracle 长期支持的版本（Long Term Support），这意味着 JDK 9 和 JDK 10 只是 JDK 11 的一个过渡版本，它们只用于整合新的特性，当下一个版本发布之后，这些过渡版本将不再更新维护。2018 年 9 月 25 日 JDK 11 正式发布，随着新版本的发布，Oracle 公司未来对 JDK 的支持也会变化。按照现在的声明，从 2019 年 1 月起对于商业用户，Oracle 公司对 JDK 8 不再提供公共的更新，从 2020 年 12 月起对个人用户也不再提供公共的更新。

G1 作为 CMS 的替代者，一直吸引着众多 Java 开发者的目光，自从 JDK 7 正式推出以来，G1 不断地增强，并从 JDK 8 开始越来越成熟，在 JDK 9、JDK 10、JDK 11 中都成为默认的垃圾回收器。实际上也有越来越多的公司开始在生产环境中使用 G1 作为垃圾回收器，有一篇文章描述了 JDK 9 中 GC 的基准测试（benchmark），表明 G1 已经优于其他的 GC[⊖]。可以预见随着 JDK 11 的推出，会有越来越多的公司和个人使用 G1

⊖ http://blog.mgm-tp.com/2018/01/g1-mature-in-java9

作为生产环境中的垃圾回收器。

G1 的目标是在满足短时间停顿的同时达到一个高的吞吐量，适用于多核处理器、大内存容量的系统。其实现特点为：

❑ 短停顿时间且可控：G1 对内存进行分区，可以应用在大内存系统中；设计了基于部分内存回收的新生代收集和混合收集。

❑ 高吞吐量：优化 GC 工作，使其尽可能与 Mutator 并发工作。设计了新的并发标记线程，用于并发标记内存；设计了 Refine 线程并发处理分区之间的引用关系，加快垃圾回收的速度。

新生代收集指针对全部新生代分区进行垃圾回收；混合收集指不仅仅回收新生代分区，同时回收一部分老生代分区，这通常发生在并发标记之后；Full GC 指内存不足时需要对全部内存进行垃圾回收。

并发标记是 G1 新引入的部分，指的是在 Mutator 运行的同时标记哪些对象是垃圾，看到这里大家一定非常好奇 G1 到底是怎么实现的，举一个简单的例子。比如你的妈妈正在打扫房间，扫房房间需要识别哪些物品有用哪些无用，无用的物品就是垃圾。同时你正在房间活动，活动的同时你可能往房间增加了新的物品，也可能把房间的物品重新组合，也可能产生新的无用物品。最简单的垃圾回收器如串行回收器的做法就是在打扫房间标识物品的时候，你要暂停一切活动，这个时候你的妈妈就能完美地识别哪些物品有用哪些无用。但最大的问题就是需要你暂停一切活动直到房间里面的物品识别完毕，在实际系统中意味着这段时间应用程序不能提供服务。G1 的并发标记就是在打扫房间识别物品有用或者无用的同时，你还可以继续活动，怎么正确做标记呢？一个简单的办法就是在打扫房间识别垃圾物品开始的时候记录你增加了哪些物品，动过哪些物品。然后在物品标记结束的时候对这些变更过的物品重新标记一次，当然在这一次标记时需要你暂停一切活动，否则永远也没有尽头，这通常称为再标记（Remark）。这个就是所谓的增量并发标记，在 G1 中具体的算法是 Snapshot-At-The-Beginning（SATB），关于这个算法我们会在第 6 章详细介绍。Refine 线程也是 G1 新引入的，它的目的是为了在进行部分收集的时候加速识别活跃对象，具体介绍参见第

4 章。

本书依托于 jdk8u 的源代码来介绍 JVM 如何实现 G1，通过源代码的分析理解算法以及了解 G1 提供的参数的具体意义；最后还会给出一些例子，通过日志，分析该如何调整参数以达到性能优化。

这里提到的 jdk8u 是指 OpenJDK 的代码，OpenJDK 是 SUN 公司（现 Oracle）推出的 JDK 开源代码，因为标准的 JDK（这里指 Oracle 版的 JDK）会有一些内部功能的代码，那些代码在开源的时候并未公开。在 2017 年 9 月 Oracle 公司宣布 Oracle JDK 和 OpenJDK 将能自由切换，Oracle JDK 也会依赖 OpenJDK 的代码进行构建，所以通常都是使用 OpenJDK 的代码进行分析和研究。读者可以自行到 OpenJDK 的官网上下载源代码，值得一提的是，JDK 的代码会随着 bug 修复不断改变，所以为了保持阅读的一致性，我把本书使用的代码推送到 GitHub 上[⊖]，也使用该版本进行编译调试。

1.2 本书常见术语

JVM 系统非常复杂，市面上有很多中英文书籍从不同的角度来介绍 JVM，其中都用到了很多术语，但是大家对某些术语的解释并不完全相同。为了便于读者的理解，在这里统一定义和解释本书使用的一些术语。这些术语有些是我们约定俗成的叫法，有些是 JVM 里面的特别约定，还有一些是 G1 算法引入的。为了保持准确性，这里仅仅解释这些术语的含义，后续会进一步解释相关内容，本书将尽量使用这里定义的术语。

- ❑ **并行**（parallelism），指两个或者多个事件在同一时刻发生，在现代计算机中通常指多台处理器上同时处理多个任务。
- ❑ **并发**（concurrency），指两个或多个事件在同一时间间隔内发生，在现代计算机中一台处理器"同时"处理多个任务，那么这些任务只能交替运行，从处理器的角度上看任务只能串行执行，从用户的角度看这些任务"并行"执行，实际上是处理器根据一定的策略不断地切换执行这些"并行"的任务。

⊖ https://github.com/chenghanpeng/jdk8u60

在 JVM 中，我们也常看到并行和并发。比如，典型的 ParNew 一般称为**并行收集器**，CMS 一般称为**并发标记清除**（Concurrent Mark Sweep）。这看起来很奇怪，因为并行和并发是从处理器角度出发，但是这里明显不是，实际上并行和并发在 JVM 被重新定义了。

JVM 中的并行，指多个垃圾回收相关线程在操作系统之上并发运行，这里的并行强调的是只有垃圾回收线程工作，Java 应用程序都暂停执行，因此 ParNew 工作的时候一定发生了 STW。本书提到的 ***ParTask（例如 G1ParTask）指的就是在这些任务运行的时候应用程序都必须暂停。

JVM 中的并发，指垃圾回收相关的线程并发运行（如果启动多个线程），同时这些线程会和 Java 应用程序并发运行。本书提到的 ***Concurrent***Thread（例如 ConcurrentG1RefineThread）就是指这些线程和 Java 应用程序同时运行。

❑ Stop-the-world（STW），直译就是停止一切，在 JVM 中指停止一切 Java 应用线程。

❑ **安全点**（Safepoint），指 JVM 在执行一些操作的时需要 STW，但并不是任何线程在任何地方都能进入 STW，例如我们正在执行一段代码时，线程如何能够停止？设计安全点的目的是，当线程进入到安全点时，线程就会主动停止。

❑ Mutator，在很多英文文献和 JVM 源码中，经常看到这个单词，它指的是我们的 Java 应用线程。Mutator 的含义是可变的，在这里的含义是因为线程运行，导致了内存的变化。GC 中通常需要 STW 才能使 Mutator 暂停。

❑ **记忆集**（Remember Set），简称为 RSet。主要记录不同代际对象的引用关系。

❑ Refine，尚未有统一的翻译，有时翻译为细化，但是不太准确，本书中不做翻译。G1 中的 ConcurrentG1RefineThread 主要指处理 RSet 的线程。

❑ Evacuation，转移、撤退或者回收，简称为 Evac，本书中不做翻译。在 G1 中指的是发现活跃对象，并将对象复制到新地址的过程。

❑ **回收**（Reclaim），通常指的是分区对象已经死亡或者已经完成 Evac，分区可以被 JVM 再次使用。

❑ Closure，闭包，本书中不做翻译。在 JVM 中是一种辅助类，类似于我们已知的 iterator，它通常提供了对内存的访问。

❑ GC Root，垃圾回收的根。在 JVM 的垃圾回收过程中，需要从 GC Root 出发标记活跃对象，确保正在使用的对象在垃圾回收后都是存活的。

❑ **根集合**（Root Set）。在 JVM 的垃圾回收过程中，需要从不同的 GC Root 出发，这些 GC Root 有线程栈、monitor 列表、JNI 对象等，而这些 GC Root 就构成了 Root Set。

❑ Full GC，简称为 FGC，整个堆的垃圾回收动作。通常 Full GC 是串行的，G1 的 Full GC 不仅有串行实现，在 JDK10 中还有并行实现。

❑ **再标记**（Remark）。在本书中指的是并发标记算法中，处理完并发标记后，需要更新并发标记中 Mutator 变更的引用，这一步需要 STW。

1.3 回收算法概述

垃圾回收（Garbage Collection，GC）指的是程序不用关心对象在内存中的生存周期，创建后只需要使用对象，不用关心何时释放以及如何释放对象，由 JVM 自动管理内存并释放这些对象所占用的空间。GC 的历史非常悠久，从 1960 年 Lisp 语言开始就支持 GC。垃圾回收针对的是堆空间，目前垃圾回收算法主要有两类：

❑ 引用计数法：在堆内存中分配对象时，会为对象分配一段额外的空间，这个空间用于维护一个计数器，如果对象增加了一个新的引用，则将增加计数器。如果一个引用关系失效则减少计数器。当一个对象的计数器变为 0，则说明该对象已经被废弃，处于不活跃状态，可以被回收。引用计数法需要解决循环依赖的问题，在我们众所周知的 Python 语言里，垃圾回收就使用了引用计数法。

❑ 可达性分析法（根引用分析法），基本思路就是将根集合作为起始点，从这些节点开始向下搜索，搜索所走过的路径称为引用链，当一个对象没有被任何引用链访问到时，则证明此对象是不活跃的，可以被回收。

这两种算法各有优缺点，具体可以参考其他文献。JVM 的垃圾回收采用了可达性分析法。垃圾回收算法也一直不断地演化，主要有以下分类：

- 垃圾回收算法实现主要分为复制（Copy）、标记清除（Mark-Sweep）和标记压缩
  （Mark-Compact）。
- 在回收方法上又可以分为串行回收、并行回收、并发回收。
- 在内存管理上可以分为代管理和非代管理。

我们首先看一下基本的收集算法。

1.3.1　分代管理算法

分代管理就是把内存划分成不同的区域进行管理，其思想来源是：有些对象存活的时间短，有些对象存活的时间长，把存活时间短的对象放在一个区域管理，把存活时间长的对象放在另一个区域管理。那么可以为两个不同的区域选择不同的算法，加快垃圾回收的效率。我们假定内存被划分成 2 个代：新生代和老生代。把容易死亡的对象放在新生代，通常采用**复制算法**回收；把预期存活时间较长的对象放在老生代，通常采用**标记清除算法**。

1.3.2　复制算法

复制算法的实现也有很多种，可以使用两个分区，也可以使用多个分区。使用两个分区时内存的利用率只有 50%；使用多个分区（如 3 个分区），则可以提高内存的使用率。我们这里演示把堆空间分为 1 个新生代（分为 3 个分区：Eden、Survivor0、Survivor1）、1 个老生代的收集过程。

普通对象创建的时候都是放在 Eden 区，S0 和 S1 分别是两个存活区。第一次垃圾收集前 S0 和 S1 都为空，在垃圾收集后，Eden 和 S0 里面的活跃对象（即可以通过根集合到达的对象）都放入了 S1 区，如图 1-1 所示。

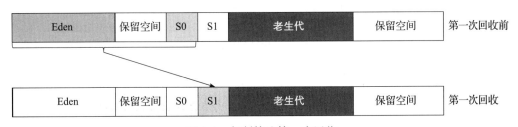

图 1-1　复制算法第一次回收

回收后 Mutator 继续运行并产生垃圾，在第二次运行前 Eden 和 S1 都有活跃对象，在垃圾收集后，Eden 和 S1 里面的活跃对象（即可以通过根节点到达的对象）都被放入到 S0 区，一直这样循环收集，如图 1-2 所示。

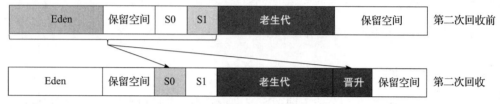

图 1-2　复制算法第二次回收

1.3.3　标记清除

从根集合出发，遍历对象，把活跃对象入栈，并依次处理。处理方式可以是广度优先搜索也可以是深度优先搜索（通常使用深度优先搜索，节约内存）。标记出活跃对象之后，就可以把不活跃对象清除。下面演示一个简单的例子，从根集合出发查找堆空间的活跃对象，如图 1-3 所示。

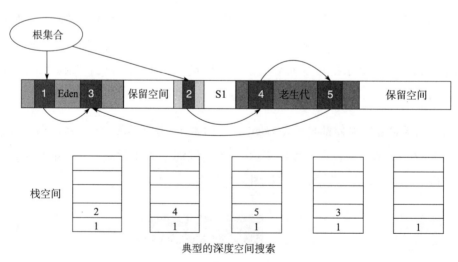

图 1-3　标记清除算法

这里仅仅演示了如何找到对象，没有进一步介绍找到对象后如何处理。对于标记清除算法其实还需要额外的数据结构（比如一个链表）来记录可用空间，在对象分配的时候从这个链表中寻找能够容纳对象的空间。当然这里还有很多细节都未涉及，比如在分配时如何找到最合适的内存空间，有 First Fit、Best Fit 和 Worst Fit 等方法，这里不再赘述。标记清除算法最大的缺点就是使内存碎片化。

1.3.4　标记压缩

标记压缩算法是为了解决标记清除算法中使内存碎片化的问题，除了上述的标记动作之外，还会把活跃对象重新整理从头开始排列，减少内存碎片。

1.3.5　算法小结

垃圾回收的基础算法自提出以来并没有大的变化。表 1-1 对几种算法的优缺点进行了比较，更加详细的介绍请参考其他书籍。

表 1-1　垃圾回收基础算法的优缺点

算法	优点	缺点
复制	吞吐量大（一次能收集整个空间），分配效率高（对象可以连续分配），没有内存碎片	堆的使用效率低（需要额外的一个空间 To Space），需要移动对象
标记清除	无须移动对象，算法简单	内存碎片化，分配慢（需要找到一个合适的空间）
标记压缩	堆的使用效率高，无内存碎片	暂停时间更长，对缓存不友好（对象移动后顺序关系不存在）
分代	组合算法，分配效率高，堆的使用效率高	算法复杂

1.4　JVM 垃圾回收器概述

为了达到最大性能，基于分代管理和回收算法，结合回收的时机，JVM 实现垃圾回收器了：串行回收、并行回收、并发标记回收（CMS）和垃圾优先回收。

1.4.1　串行回收

串行回收使用单线程进行垃圾回收，在回收的时候 Mutator 需要 STW。新生代通常采用复制算法，老生代通常采用标记压缩算法。串行回收典型的线程交互图如图 1-4 所示。

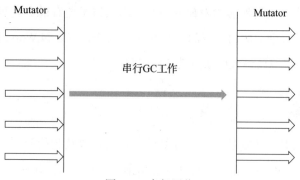

图 1-4　串行回收

1.4.2　并行回收

并行回收使用多线程进行垃圾回收，在回收的时候 Mutator 需要暂停，新生代通常采用复制算法，老生代通常采用标记压缩算法。线程交互如图 1-5 所示。

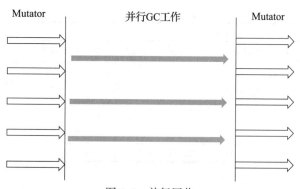

图 1-5　并行回收

1.4.3　并发标记回收

并发标记回收（CMS）的整个回收期间划分成多个阶段：初始标记、并发标记、重新标记、并发清除等。在初始标记和重新标记阶段需要暂停 Mutator，在并发标记和并发清除期间可以和 Mutator 并发运行，如图 1-6 所示。这个算法通常适用于老生代，新生代可以采用并行回收。

1.4.4　垃圾优先回收

垃圾优先回收器（Garbage-First，也称为 G1）从 JDK7 Update 4 开始正式提供。G1

致力于在多 CPU 和大内存服务器上对垃圾回收提供软实时目标和高吞吐量。G1 垃圾
回收器的设计和前面提到的 3 种回收器都不一样，它在并行、串行以及 CMS GC 针对
堆空间的管理方式上都是连续的，如图 1-7 所示。

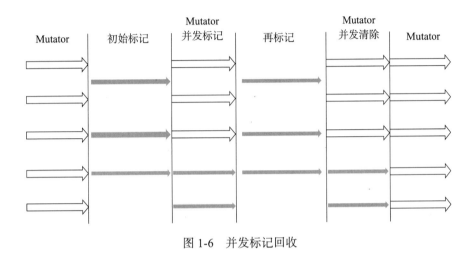

图 1-6　并发标记回收

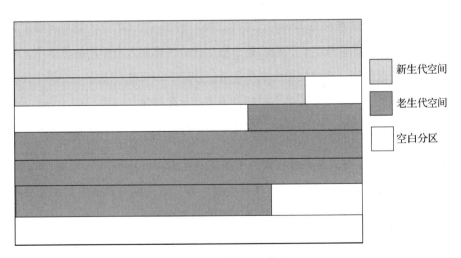

图 1-7　连续空间管理

连续的内存将导致垃圾回收时收集时间过长，停顿时间不可控。因此 G1 将堆拆成
一系列的分区（Heap Region），这样在一个时间段内，大部分的垃圾收集操作只针对一
部分分区，而不是整个堆或整个（老生）代，如图 1-8 所示。

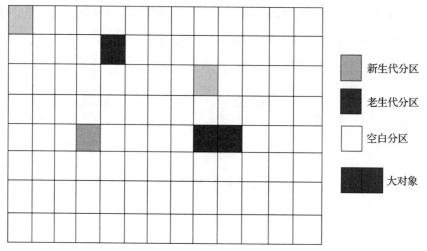

图 1-8　分区空间管理

　　在 G1 里，新生代就是一系列的内存分区，这意味着不用再要求新生代是一个连续的内存块。类似地，老生代也是由一系列的分区组成。这样也就不需要在 JVM 运行时考虑哪些分区是老生代，哪些是新生代。事实上，G1 通常的运行状态是：映射 G1 分区的虚拟内存随着时间的推移在不同的代之间切换。例如一个 G1 分区最初被指定为新生代，经过一次新生代的回收之后，会将整个新生代分区都划入未使用的分区中，那它可以作为新生代分区使用，也可以作为老生代分区使用。很可能在完成一个新生代收集之后，一个新生代的分区在未来的某个时刻可用于老生代分区。同样，在一个老生代分区完成收集之后，它就成为了可用分区，在未来某个时候可作为一个新生代分区来使用。

　　G1 新生代的收集方式是并行收集，采用复制算法。与其他 JVM 垃圾回收器一样，一旦发生一次新生代回收，整个新生代都会被回收，这也就是我们常说的**新生代回收**（Young GC）。但是 G1 和其他垃圾回收器不同的地方在于：

　　❑ G1 会根据预测时间动态改变新生代的大小。

注意　其他垃圾回收新生代的大小也可以动态变化，但这个变化主要是根据内存的使用情况进行的。G1 中则是以预测时间为导向，根据内存的使用情况调整新生代分区的数目。

❏ G1 老生代的垃圾回收方式与其他 JVM 垃圾回收器对老生代处理有着极大的不同。G1 老生代的收集不会为了释放老生代的空间对整个老生代做回收。相反，在任意时刻只有一部分老生代分区会被回收，并且，这部分老生代分区将在下一次增量回收时与所有的新生代分区一起被收集。这就是我们所说的**混合回收**（Mixed GC）。在选择老生代分区的时候，优先考虑垃圾多的分区，这也正是垃圾优先这个名字的由来。后续我们将逐一介绍这些内容。

在 G1 中还有一个概念就是大对象，指的是待分配的对象大小超过一定的阈值之后，为了减少这种对象在垃圾回收过程的复制时间，直接把对象分配到老生代分区中而不是新生代分区中。

从实现角度来看，G1 算法是复合算法，吸收了以下算法的优势：

❏ 列车算法，对内存进行分区，参见图 1-8。
❏ CMS，对分区进行并发标记。
❏ 最老优先，最老的数据（通常也是垃圾）优先收集。

关于列车算法、CMS 和最老优先可以参考其他的书籍，这里不再赘述。

第 2 章

G1 的基本概念

通常我们所说的 GC 是指垃圾回收，但是在 JVM 的实现中 GC 更为准确的意思是指内存管理器，它有两个职能，第一是内存的分配管理，第二是垃圾回收。这两者是一个事物的两个方面，每一种垃圾回收策略都和内存的分配策略息息相关，脱离内存的分配去谈垃圾回收是没有任何意义的。

本书第 3 章会介绍 G1 如何分配对象，第 4 章到第 10 章都是介绍 G1 是如何进行垃圾回收的。为了更好地理解后续章节，本章主要介绍 G1 的一些基本概念，主要有：G1 实现中所用的一些基础数据堆分区、G1 的停顿预测模型、垃圾回收中使用到的对象头、并发标记中涉及的卡表和位图，以及垃圾回收过程中涉及的线程、栈帧和句柄等。

2.1　分区

分区（Heap Region，HR）或称堆分区，是 G1 堆和操作系统交互的最小管理单位。G1 的分区类型（HeapRegionType）大致可以分为四类：

❑ 自由分区（Free Heap Region，FHR）

❑ 新生代分区（Young Heap Region，YHR）

❑ 大对象分区（Humongous Heap Region，HHR）

❑ 老生代分区（Old Heap Region，OHR）

其中新生代分区又可以分为 Eden 和 Survivor；大对象分区又可以分为：大对象头分区和大对象连续分区。

每一个分区都对应一个分区类型，在代码中常见的 is_young、is_old、is_houmongous 等判断分区类型的函数都是基于上述的分区类型实现，关于分区类型代码如下所示：

```
hotspot/src/share/vm/gc_implementation/g1/heapRegionType.hpp

//0000 0 [ 0] Free
//
//0001 0      Young Mask
//0001 0 [ 2] Eden
//0001 1 [ 3] Survivor
//
//0010 0      Humongous Mask
//0010 0 [ 4] Humongous Starts
//0010 1 [ 5] Humongous Continues
//
//01000 [ 8] Old
```

在 G1 中每个分区的大小都是相同的。该如何设置 HR 的大小？设置 HR 的大小有哪些考虑？

HR 的大小直接影响分配和垃圾回收效率。如果过大，一个 HR 可以存放多个对象，分配效率高，但是回收的时候花费时间过长；如果太小则导致分配效率低下。为了达到分配效率和清理效率的平衡，HR 有一个上限值和下限值，目前上限是 32MB，下限是 1MB（为了适应更小的内存分配，下限可能会被修改，在目前的版本中 HR 的大小只能为 1MB、2MB、4MB、8MB、16MB 和 32MB），默认情况下，整个堆空间分为 2048 个 HR（该值可以自动根据最小的堆分区大小计算得出）。HR 大小可由以下方式确定：

❑ 可以通过参数 G1HeapRegionSize 来指定大小，这个参数的默认值为 0。

❑ 启发式推断，即在不指定 HR 大小的时候，由 G1 启发式地推断 HR 大小。

HR 启发式推断根据堆空间的最大值和最小值以及 HR 个数进行推断，设置 Initial

HeapSize（默认为 0）等价于设置 Xms，设置 MaxHeapSize（默认为 96MB）等价于设置 Xmx。堆分区默认大小的计算方式在 HeapRegion.cpp 中的 setup_heap_region_size()，代码如下所示：

```
hotspot/src/share/vm/gc_implementation/g1/heapRegion.cpp

void HeapRegion::setup_heap_region_size(...) {
  /* 判断是否是设置过堆分区大小，如果有则使用；没有，则根据初始内存和最大分配内存，
     获得平均值，并根据 HR 的个数得到分区的大小，和分区的下限比较，取两者的最大值。*/
  uintx region_size = G1HeapRegionSize;
  if (FLAG_IS_DEFAULT(G1HeapRegionSize)) {
    size_t average_heap_size = (initial_heap_size + max_heap_size) / 2;
    region_size = MAX2(average_heap_size / HeapRegionBounds::target_number(),
                       (uintx) HeapRegionBounds::min_size());
  }

  // 对 region_size 按 2 的幂次对齐，并且保证其落在上下限范围内
  int region_size_log = log2_long((jlong) region_size);
  region_size = ((uintx)1 << region_size_log);

  // 确保 region_size 落在 [1MB, 32MB] 之间
  if (region_size < HeapRegionBounds::min_size()) {
    region_size = HeapRegionBounds::min_size();
  } else if (region_size > HeapRegionBounds::max_size()) {
    region_size = HeapRegionBounds::max_size();
  }

  // 根据 region_size 计算一些变量，如卡表大小
  region_size_log = log2_long((jlong) region_size);

  LogOfHRGrainBytes = region_size_log;
  LogOfHRGrainWords = LogOfHRGrainBytes - LogHeapWordSize;
  GrainBytes = (size_t)region_size;
  GrainWords = GrainBytes >> LogHeapWordSize;
  CardsPerRegion = GrainBytes >> CardTableModRefBS::card_shift;
}
```

按照默认值计算，G1 可以管理的最大内存为 2048 × 32MB = 64GB。假设设置 xms = 32G，xmx = 128G，则每个堆分区的大小为 32M，分区个数动态变化范围从 1024 到 4096 个。

G1 中大对象不使用新生代空间，直接进入老生代，那么多大的对象能称为大对象？简单来说是 region_size 的一半。

新生代大小

新生代大小指的是新生代内存空间的大小，前面提到 G1 中新生代大小按分区组织，即首先计算整个新生代的大小，然后根据上一节中的计算方法计算得到分区大小，两者相除得到需要多少个分区。G1 中与新生代大小相关的参数设置和其他 GC 算法类似，G1 中还增加了两个参数 G1MaxNewSizePercent 和 G1NewSizePercent 用于控制新生代的大小，整体逻辑如下：

❑ 如果设置新生代最大值（MaxNewSize）和最小值（NewSize），可以根据这些值计算新生代包含的最大的分区和最小的分区；注意 Xmn 等价于设置了 MaxNewSize 和 NewSize，且 NewSize = MaxNewSize。

❑ 如果既设置了最大值或者最小值，又设置了 NewRatio，则忽略 NewRatio。

❑ 如果没有设置新生代最大值和最小值，但是设置了 NewRatio，则新生代的最大值和最小值是相同的，都是整个堆空间 /（NewRatio + 1）。

❑ 如果没有设置新生代最大值和最小值，或者只设置了最大值和最小值中的一个，那么 G1 将根据参数 G1MaxNewSizePercent（默认值为 60）和 G1NewSizePercent（默认值为 5）占整个堆空间的比例来计算最大值和最小值。

值得注意的是，如果 G1 推断出最大值和最小值相等，则说明新生代不会动态变化。不会动态变化意味着 G1 在后续对新生代垃圾回收的时候可能不能满足期望停顿的时间，具体内容将在后文继续介绍。新生代大小相关的代码如下所示：

```
hotspot/src/share/vm/gc_implementation/g1/g1CollectorPolicy.cpp
```

```cpp
// 初始化新生代大小参数，根据不同的 JVM 参数判断计算新生代大小，供后续使用
G1YoungGenSizer::G1YoungGenSizer() : _sizer_kind(SizerDefaults), _adaptive_
  size(true), _min_desired_young_length(0), _max_desired_young_length(0) {
  // 如果设置 NewRatio 且同时设置 NewSize 或 MaxNewSize 的情况下，则 NewRatio 被忽略
  if (FLAG_IS_CMDLINE(NewRatio)) {
    if (FLAG_IS_CMDLINE(NewSize) || FLAG_IS_CMDLINE(MaxNewSize)) {
      warning("-XX:NewSize and -XX:MaxNewSize override -XX:NewRatio");
    } else {
      _sizer_kind = SizerNewRatio;
      _adaptive_size = false;
      return;
    }
```

```
    }

    // 参数传递有问题，最小值大于最大值
    if (NewSize > MaxNewSize) {
      if (FLAG_IS_CMDLINE(MaxNewSize)) {
        warning("…");
      }
      MaxNewSize = NewSize;
    }

    // 根据参数计算分区的个数
    if (FLAG_IS_CMDLINE(NewSize)) {
      _min_desired_young_length = MAX2((uint) (NewSize / HeapRegion::
        GrainBytes), 1U);
      if (FLAG_IS_CMDLINE(MaxNewSize)) {
        _max_desired_young_length = MAX2((uint) (MaxNewSize / HeapRegion::
          GrainBytes), 1U);
        _sizer_kind = SizerMaxAndNewSize;
        _adaptive_size = _min_desired_young_length == _max_desired_young_length;
      } else {
        _sizer_kind = SizerNewSizeOnly;
      }
    } else if (FLAG_IS_CMDLINE(MaxNewSize)) {
      _max_desired_young_length =  MAX2((uint) (MaxNewSize / HeapRegion::
        GrainBytes), 1U);
      _sizer_kind = SizerMaxNewSizeOnly;
    }
}

// 使用 G1NewSizePercent 来计算新生代的最小值
uint G1YoungGenSizer::calculate_default_min_length(uint new_number_of_heap_
  regions) {
  uint default_value = (new_number_of_heap_regions * G1NewSizePercent) / 100;
  return MAX2(1U, default_value);
}

// 使用 G1MaxNewSizePercent 来计算新生代的最大值
uint G1YoungGenSizer::calculate_default_max_length(uint new_number_of_heap_
  regions) {
  uint default_value = (new_number_of_heap_regions * G1MaxNewSizePercent) / 100;
  return MAX2(1U, default_value);
}

/* 这里根据不同的参数输入来计算大小。recalculate_min_max_young_length 在初始化时被
   调用，在堆空间改变时也会被调用。*/
void G1YoungGenSizer::recalculate_min_max_young_length(uint number_of_heap_
```

```
regions, uint* min_young_length, uint* max_young_length) {
assert(number_of_heap_regions > 0, "Heap must be initialized");

switch (_sizer_kind) {
  case SizerDefaults:
    *min_young_length = calculate_default_min_length(number_of_heap_regions);
    *max_young_length = calculate_default_max_length(number_of_heap_regions);
    break;
  case SizerNewSizeOnly:
    *max_young_length = calculate_default_max_length(number_of_heap_regions);
    *max_young_length = MAX2(*min_young_length, *max_young_length);
    break;
  case SizerMaxNewSizeOnly:
    *min_young_length = calculate_default_min_length(number_of_heap_regions);
    *min_young_length = MIN2(*min_young_length, *max_young_length);
    break;
  case SizerMaxAndNewSize:
    // Do nothing. Values set on the command line, don't update them at runtime.
    break;
  case SizerNewRatio:
    *min_young_length = number_of_heap_regions / (NewRatio + 1);
    *max_young_length = *min_young_length;
    break;
  default:
    ShouldNotReachHere();
  }
}
```

如果 G1 是启发式推断新生代的大小，那么当新生代变化时该如何实现？简单地说，使用一个分区列表，扩张时如果有空闲的分区列表则可以直接把空闲分区加入到新生代分区列表中，如果没有的话则分配新的分区然后把它加入到新生代分区列表中。G1 有一个线程专门抽样处理预测新生代列表的长度应该多大，并动态调整。

另外还有一个问题，就是分配新的分区时，何时扩展？一次扩展多少内存？

G1 是自适应扩展内存空间的。参数 -XX:GCTimeRatio 表示 GC 与应用的耗费时间比，G1 中默认为 9，计算方式为 _gc_overhead_perc = 100.0 × (1.0 / (1.0 + GCTimeRatio))，即 G1 GC 时间与应用时间占比不超过 10% 时不需要动态扩展，当 GC 时间超过这个阈值的 10%，可以动态扩展。扩展时有一个参数 G1ExpandByPercentOfAvailable（默认值是 20）来控制一次扩展的比例，即每次都至少从未提交的内存中申请 20%，有下限要求（一次申请的内存不能少于 1M，最多是当前已分配的一倍），代码如下所示：

```
size_t G1CollectorPolicy::expansion_amount() {
  // 先根据历史信息获取平均 GC 时间
  double recent_gc_overhead = recent_avg_pause_time_ratio() * 100.0;
  double threshold = _gc_overhead_perc;

  /* G1 GC 时间与应用时间占比超过阈值才需要动态扩展，这个阈值的值为 _gc_overhead_perc =
     100.0 × (1.0 / (1.0 + GCTimeRatio))，上文提到 GCTimeRatio=9，即超过 10% 才
     会扩张内存 */
  if (recent_gc_overhead > threshold) {
    const size_t min_expand_bytes = 1*M;
    size_t reserved_bytes = _g1->max_capacity();
    size_t committed_bytes = _g1->capacity();
    size_t uncommitted_bytes = reserved_bytes - committed_bytes;
    size_t expand_bytes;
    size_t expand_bytes_via_pct =
      uncommitted_bytes * G1ExpandByPercentOfAvailable / 100;
    expand_bytes = MIN2(expand_bytes_via_pct, committed_bytes);
    expand_bytes = MAX2(expand_bytes, min_expand_bytes);
    expand_bytes = MIN2(expand_bytes, uncommitted_bytes);

    ......

    return expand_bytes;
  } else {
    return 0;
  }
}
```

GC 中内存的扩展时机在第 5 章介绍。

2.2 G1 停顿预测模型

G1 是一个响应时间优先的 GC 算法，用户可以设定整个 GC 过程的期望停顿时间，由参数 MaxGCPauseMillis 控制，默认值 200ms。不过它不是硬性条件，只是期望值，G1 会努力在这个目标停顿时间内完成垃圾回收的工作，但是它不能保证，即也可能完不成（比如我们设置了太小的停顿时间，新生代太大等）。

那么 G1 怎么满足用户的期望呢？就需要停顿预测模型了。G1 根据这个模型统计计算出来的历史数据来预测本次收集需要选择的堆分区数量（即选择收集哪些内存空间），从而尽量满足用户设定的目标停顿时间。如使用过去 10 次垃圾回收的时间和回

收空间的关系，根据目前垃圾回收的目标停顿时间来预测可以收集多少的内存空间。比如最简单的办法是使用算术平均值建立一个线性关系来预测。如过去 10 次一共收集了 10GB 的内存，花费了 1s，那么在 200ms 的停顿时间要求下，最多可以收集 2GB 的内存空间。G1 的预测逻辑是基于衰减平均值和衰减标准差。

衰减平均（Decaying Average）是一种简单的数学方法，用来计算一个数列的平均值，核心是给近期的数据更高的权重，即强调近期数据对结果的影响。衰减平均计算公式如下所示：

$$\begin{cases} \mathrm{davg}_n = V_n, & \text{if } n = 1 \\ \mathrm{davg}_n = (1 - \alpha) \times V_n + \alpha \times \mathrm{davg}_{n-1}, & \text{if } n > 1 \end{cases}$$

式中 α 为历史数据权值，$1-\alpha$ 为最近一次数据权值。即 α 越小，最新的数据对结果影响越大，最近一次的数据对结果影响最大。不难看出，其实传统的平均就是 α 取值为 $(n-1)/n$ 的情况。

同理，衰减方差的定义如下：

$$\begin{cases} \mathrm{davr}_n = 0, & \text{if } n = 1 \\ \mathrm{davr}_n = (1 - \alpha) \times (V_n - \mathrm{davg}_n)^2 + \alpha \times \mathrm{davr}_{n-1}, & \text{if } n > 1 \end{cases}$$

停顿预测模型是以衰减标准差为理论基础实现的，代码如下所示：

hotspot/src/share/vm/gc_implementation/g1/g1CollectorPolicy.hpp

```
double get_new_prediction(TruncatedSeq* seq) {
  return MAX2(seq->davg() + sigma() * seq->dsd(),
              seq->davg() * confidence_factor(seq->num()));
}
```

在这个预测计算公式中：

❏ davg 表示衰减均值。

❏ sigma() 返回一个系数，来自 G1ConfidencePercent（默认值为 50，sigma 为 0.5）的配置，表示信赖度。

❏ dsd 表示衰减标准偏差。

- confidence_factor 表示可信度相关系数，confidence_factor 当样本数据不足时（小于 5 个）取一个大于 1 的值，并且样本数据越少该值越大。当样本数据大于 5 时 confidence_factor 取值为 1。这是为了弥补样本数据不足，起到补偿作用。
- 方法的参数 TruncateSeq，顾名思义，是一个截断的序列，它只跟踪序列中最新的 *n* 个元素。在 G1 GC 过程中，每个可测量的步骤花费的时间都会记录到 TruncateSeq（继承了 AbsSeq）中，用来计算衰减均值、衰减变量、衰减标准偏差等，代码如下所示：

```
hotspot/src/share/vm/utilities/numberSeq.cpp
```

```
void AbsSeq::add(double val) {
  if (_num == 0) {
    // 初始时，还没有历史数据，davg 就是当前参数，dvar 设置为 0
    _davg = val;
    _dvariance = 0.0;
  } else {
    _davg = (1.0 - _alpha) * val + _alpha * _davg;
    double diff = val - _davg;
    _dvariance = (1.0 - _alpha) * diff * diff + _alpha * _dvariance;
  }
}
```

这个 add 方法就是上面两个衰减公式的实现代码。其中 _davg 为衰减均值，_dvariance 为衰减方差，_alpha 默认值为 0.7。G1 的软实时停顿就是通过这样的预测模型来实现的。

2.3 卡表和位图

卡表（CardTable）在 CMS 中是最常见的概念之一，G1 中不仅保留了这个概念，还引入了 RSet。卡表到底是一个什么东西？

GC 最早引入卡表的目的是为了对内存的引用关系做标记，从而根据引用关系快速遍历活跃对象。举个简单的例子，有两个分区，假设分区大小都为 1MB，分别为 A 和 B。如果 A 中有一个对象 objA，B 中有一个对象 objB，且 objA.field = objB，那么这两个分区就有引用关系了，但是如果我们想找到分区 A，要如何引用分区 B？做法有两种：

- 遍历整个分区 A，一个字一个字的移动（为什么以字为单位？原因是 JVM 中对象会对齐，所以不需要按字节移动），然后查看内存里面的值到底是不是指向 B，这种方法效率太低，可以优化为一个对象一个对象地移动（这里涉及 JVM 如何识别对象，以及如何区分指针和立即数），但效率还是太低。

- 借助额外的数据结构描述这种引用关系，例如使用类似**位图**（bitmap）的方法，记录 A 和 B 的内存块之间的引用关系，用一个位来描述一个字，假设在 32 位机器上（一个字为 32 位），需要 32KB（32KB × 32 = 1M）的空间来描述一个分区。那么我们就可以在这个对象 ObjA 所在分区 A 里面添加一个额外的指针，这个指针指向另外一个分区 B 的位图，如果我们可以把对象 ObjA 和指针关系进行映射，那么当访问 ObjA 的时候，顺便访问这个额外的指针，从这个指针指向的位图就能找到被 ObjA 引用的分区 B 对应的内存块。通常我们只需要判定位图里面对应的位是否有 1，有的话则认为发生了引用。

以位为粒度的位图能准确描述每一个字的引用关系，但是一个位通常包含的信息太少，只能描述 2 个状态：引用还是未引用。实际应用中 JVM 在垃圾回收的时候需要更多的状态，如果增加至一个字节来描述状态，则位图需要 256KB 的空间，这个数字太大，开销占了 25%。所以一个可能的做法位图不再描述一个字，而是一个区域，JVM 选择 512 字节为单位，即用一个字节描述 512 字节的引用关系。选择一个区域除了空间利用率的问题之外，实际上还有现实的意义。我们知道 Java 对象实际上不是一个字能描述的（有一个参数可以控制对象最小对齐的大小，默认是 8 字节，实际上 Java 在 JVM 中还有一些附加信息，所以对齐后最小的 Java 对象是 16 字节），很多 Java 对象可能是几十个字节或者几百个字节，所以用一个字节描述一个区域是有意义的。但是我没有找到 512 的来源，为什么 512 效果最好？没有相应的数据来支持这个数字，而且这个值不可以配置，不能修改，但是有理由相信 512 字节的区域是为了节约内存额外开销。按照这个值，1MB 的内存只需要 2KB 的额外空间就能描述引用关系。这又带来另一个问题，就是 512 字节里面的内存可能被引用多次，所以这是一个粗略的关系描述，那么在使用的时候需要遍历这 512 字节。

再举一个例子，假设有两个对象 B、C 都在这 512 字节的区域内。为了方便处理，记录对象引用关系的时候，都使用对象的起始位置，然后用这个地址和 512 对齐，因此 B 和 C 对象的卡表指针都指向这一个卡表的位置。那么对于引用处理也有可有两种处理方法：

□ 处理的时候会以堆分区为处理单位，遍历整个堆分区，在遍历的时候，每次都会以对象大小为步长，结合卡表，如果该卡表中对应的位置被设置，则说明对象和其他分区的对象发生了引用。具体内容在后文中介绍 Refine 的时候还会详细介绍。

□ 处理的时候借助于额外的数据结构，找到真正对象的位置，而不需要从头开始遍历。在后文的并发标记处理时就使用了这种方法，用于找到第一个对象的起始位置。

在 G1 除了 512 字节粒度的卡表之外，还有 bitMap，例如使用 bitMap 可以描述一个分区对另外一个分区的引用情况。在 JVM 中 bitMap 使用非常多，例如还可以描述内存的分配情况。

G1 在混合收集算法中用到了并发标记。在并发标记的时候使用了 bitMap 来描述对象的分配情况。例如 1MB 的分区可以用 16KB（16KB × ObjectAlignmentInBytes × 8 = 1MB）来描述，即 16KB 额外的空间。其中 ObjectAlignmentInBytes 是 8 字节，指的是对象对齐，第二个 8 是指一个字节有 8 位。即每一个位可以描述 64 位。例如一个对象长度对齐之后为 24 字节，理论上它占用 3 个位来描述这个 24 字节已被使用了，实际上并不需要，在标记的时候只需要标记这 3 个位中的第一个位，再结合堆分区对象的大小信息就能准确找出。其最主要的目的是为了效率，标记一个位和标记 3 个位相比能节约不少时间，如果对象很大，则更划算。这些都是源码的实现细节，大家在阅读源码时需要细细斟酌。

2.4　对象头

我们都知道 Java 语言是多态，那么如何实现多态？ C++ 语言本身支持多态调用，众所周知，C++ 完成多态依赖于一个指针⊖：**虚指针**（virtual pointer），这个指针指向一个**虚表**（virtual table），这个虚表里面存储的是虚函数的地址，而这些函数的地址是在 C++ 代码编译时确定的，通常虚表位于程序的**数据段**（Data Segment）中。

因为 Java 代码首先被翻译成**字节码**（bytecode），在 JVM 执行时才能确定要执行函数的地址，如何实现 Java 的多态调用，最直观的想法是把 Java 对象映射成 C++ 对象或者封装成 C++ 对象，比如增加一个额外的对象头，里面指向一个对象，而这个对象存储了 Java 代码的地址。所以 JVM 设计了对象的数据结构来描述 Java 对象，这个结构分为三块区域：**对象头**（Header）、**实例数据**（Instance Data）和**对齐填充**（Padding）。而我们刚才提到的类似虚指针的东西就可以放在对象头中，而 JVM 设计者还利用对象头来描述更多信息，对象的锁信息、GC 标记信息等。我们这里只讨论和 G1 相关的信息，更多信息大家可以参考其他书籍或者文章。

JVM 中对象头分为两部分：标记信息、元数据信息，代码如下所示：

`hotspot/src/share/vm/oops/oop.hpp`

```
class oopDesc {

private:
  volatile markOop  _mark;
  union _metadata {
    Klass*      _klass;
    narrowKlass _compressed_klass;
  } _metadata;
  //静态变量用于快速访问 BarrierSet
  static BarrierSet* _bs;
......
}
```

1. 标记信息

第一部分标记信息位于 MarkOop。

根据 JVM 源码的注释，针对标记信息在 32 位 JVM 用 32 位来描述，我们可以总结出这 32 位的组合情况，如表 2-1 所示。

⊖　如果对动态调用的机制不太明白可以参考 C++ 相关的书籍。

表 2-1 对象头信息

锁状态	25 位		4 位	1 位	2 位
	23 位	2 位		是否偏向锁	锁状态标志位
轻量级锁	指针 – 指向线程栈中对象头的地址				00
Monitor	指针 – 指向锁对象的地址				10
GC	指针 – 指向对象复制后新地址				11
偏向锁	线程 ID	Epoch	分代年龄	1	01
未加锁	Hash_code		分代年龄	0	01

另外在源代码中我们还看到一个 Promoted 的状态，Promoted 指的是对象从新生代晋升到老生代时，正常的情况需要对这个对象头进行保存，主要的原因是如果发生晋升失败，需要重新恢复对象头。如果晋升成功这个保存的对象头就没有意义。所以为了提高晋升失败时对象头的恢复效率，设计了 promo_bits，这个其实是重用了加锁位（包括偏向锁），实际上只需要在以下三种情况时才需要保存对象头：

❑ 使用了偏向锁，并且偏向锁被设置了。

❑ 对象被加锁了。

❑ 对象设置了 hash_code。

这里和 GC 直接相关的就是标记位 11，前面的 30 位指针是非常有用的。在 GC 垃圾回收时，当对象被设置为 marked（11）时，ptr 指向什么位置？简单来说这个 ptr 是为了配合对象晋升时发生的对象复制（copy）。在对象复制时，先分配空间，再把原来对象的所有数据都复制过去，再修改对象引用的指针，就完成了。但是我们要思考这样一个问题，当有多个引用对象的字段指向同一个被引用对象时，我们完成一个被引用对象的复制之后，其他引用对象还没有被遍历（即还指向被引用对象老的地址），如何处理这种情况？这个时候简单设置状态为 marked，表示被引用对象已经被标记且被复制了，ptr 就是指向新的复制的地址。当遍历其他引用对象的时候，发现被引用对象已经完成标记，则不再需要复制对象，直接完成对象引用更新就可以了。我们在讲述垃圾回收的时候会通过示意图再帮助大家巩固理解这个字段的意义。

2. 元数据信息

第二部分元数据信息字段指向的是 Klass 对象（Klass 对象是元数据对象，如 Instance

Klass 描述 Java 对象的类结构），这个字段也和垃圾回收有关系。

这里大家先思考一个问题，就是在垃圾回收的时候如何区别一个立即数和指针地址？比如从 Java 的根集合中发现有一个值（如：0X12345678），那么这个数到底是一个整数还是一个 Java 对象的地址？实际上垃圾回收器不能区别，但是为了准确地回收垃圾，必须区别出来。一个简单的办法就是，把 0X12345678 先看成一个地址，即强制转换成 OOP 结构，再判定这个 OOP 是否是含有 Klass 指针，如果有的话即认为是一个指针，如果是 NULL 的话则认为是一个立即数。那么这里会有一个误判，即把一个立即数识别成一个 OOP，当这个立即数刚好和一个 OOP 的地址相同的时候。所以 JVM 维护了一个全局的 OOpMap，用于标记栈里面的数是立即数还是值。每一个 InstanceKlass 都维护了一个 Map（OopMapBlock）用于标记 Java 类里面的字段到底是 OOP 还是 int 这样的立即数类型。这里面的字段 Klass 很多时候用于再次确认。

由此可见，可以从根集合出发开始标记，通过外部的数据结构来标识是否为 OOP 对象。但是我们在 JVM 源码中还是看到了很多地方会根据对象头里面的 Klass 指针是否为 NULL 来判断是不是 OOP 对象，这似乎是多此一举。理论上根据额外的数据结构已经不需要再次判断，但是在垃圾回收的时候，通常是对整个区域的一块内存进行完全遍历，在对象分配时都是连续分配，当堆的尾部有尚未分配对象的时候，比如在新生代一个字通常初始化为 0x20202020，需要对这些空白地址进行转换以判断是否为 OOP，是否需要垃圾回收。在这里即使误判影响也不大，因为会根据 RSet 来判定是否为活跃对象（live object），如果是的话继续，即使误判之后也没关系，这相当于是浮动垃圾，在下一次回收的时候仍然可能被回收。

2.5　内存分配和管理

C/C++ 程序员和 Java 程序员最大的区别之一就是对内存管理的工作，Java 程序员不需要管理内存，因为有 JVM 帮助管理。所以 JVM 的所谓开发必然涉及内存的分配和管理。我们这里尽可能地简化描述内存分配和管理，只描述和 GC 算法相关的部分。本质上来说，了解这一部分内容越多，特别是了解 JVM 如何与操作系统交互的部分，越容易对 JVM 调优。

JVM 作为内存分配的管理器，一定涉及如何与内存交互。那么 JVM 是如何管理内存的？实际上内存管理的算法很多，简单来说 JVM 从操作系统申请一块内存，然后根据不同的 GC 算法进行管理。下面以 Linux 为例看一下 JVM 是如何做的。

首先 JVM 先通过操作系统的**系统调用**（system call）进行内存的申请，典型的就是 mmap。在这里提一个问题，众所周知 glibc 提供了我们常用的内存管理函数如 malloc/free/realloc/memcopy/memset 等。为什么 JVM 不直接使用这些函数？ glibc 里面的 malloc 也是通过 mmap 等系统调用来完成内存的分配，之后 glibc 再对已经分配到的内存进行管理。GC 算法实现了一套自己的管理方式，所以再基于 malloc/free 实现效率肯定不高。mmap 必须以 PAGE_SIZE 为单位进行映射，而内存也只能以页为单位进行映射，若要映射非 PAGE_SIZE 整数倍的地址范围，要先进行内存对齐，强行以 PAGE_SIZE 的倍数大小进行映射。还要注意一点，操作系统对内存的分配管理典型地分为两个阶段：**保留**（reserve）和**提交**（commit）。保留阶段告知系统从某一地址开始到后面的 dwSize 大小的连续虚拟内存需要供程序使用，进程其他分配内存的操作不得使用这段内存；提交阶段将虚拟地址映射到对应的真实物理内存中，这样这块内存就可以正常使用。

对于保留和提交，Windows 在使用 VirtualAlloc 分配内存时传递不同的参数 MEM_RESERVE/MEM_COMMIT，Linux 在 mmap 保留内存时使用 MAP_PRIVATE | MAP_NORESERVE | MAP_ANONYMOUS，提交内存时使用 MAP_PRIVATE | MAP_FIXED | MAP_ANONYMOUS。其中 MAP_NORESERVE 指不要为这个映射保留交换空间，MAP_FIXED 使用指定的映射起始地址。

在 JVM 中我们还看到了使用类库函数 malloc/free 的地方。这和 JVM 内存管理策略有关，JVM 内部也有很多数据需要在堆中分配，而这和 Java 堆空间没有关系，所以直接使用类库函数。另外需要提一下 JVM 推荐使用 jemalloc 替代 glibc，原因是其效率更高。

JVM 中常见的对象类型有以下 6 种：

❑ ResourceObj：线程有一个**资源空间**（Resource Area），一般 ResourceObj 都位于这里。定义资源空间的目的是对 JVM 其他功能的支持，如 CFG、在 C1/C2 优化时可能需要访问运行时信息（这些信息可以保存在线程的资源区）。

❑ StackObj：栈对象，声明的对象使用栈管理。其实栈对象并不提供任何功能，且禁止 New/Delete 操作。对象分配在线程栈中，或者使用自定义的栈容器进行管理。

❑ ValueObj：值对象，该对象在堆对象需要进行嵌套时使用，简单地说就是对象分配的位置和宿主对象（即拥有这个 ValueObj 对象的对象）是一样的。

❑ AllStatic：静态对象，全局对象，只有一个。值得一提的是 C++ 中静态对象的初始化并没有通过规范保证，可能会有一个问题，就是两个静态对象相互依赖，那么在初始化的时候可能出错。JVM 中的很多静态对象的初始化，都是显式调用静态初始化函数。

❑ MetaspaceObj：元对象，比如 InstanceKlass 这样的元数据就是元对象。

❑ CHeapObj：这是堆空间的对象，由 new/delete/free/malloc 管理。其包含的内容很多，比如 Java 对象、InstanceOop（后面提到的 G1 对象分配出来的对象）。除了 Java 对象，还有其他的对象也在堆中。

JVM 中为了准确描述这些堆中的对象，以方便对 JVM 进行优化，所以又定义了更具体的子类型，代码如下所示：

```
hotspot/src/share/vm/memory/allocation.hpp
```

```
// JVM 中使用的内存类型
  mtJavaHeap          = 0x00,   // Java 堆
  mtClass             = 0x01,   // JVM 中 Java 类
  mtThread            = 0x02,   // JVM 中线程对象
  mtThreadStack       = 0x03,
  mtCode              = 0x04,   // JVM 中生成的编译代码
  mtGC                = 0x05,   // GC 的内存
  mtCompiler          = 0x06,   // 编译器使用的内存
  mtInternal          = 0x07,   // JVM 中内部使用的类型，不属于上述任何类型
  mtOther             = 0x08,   // 不是由 JVM 使用的内存
  mtSymbol            = 0x09,   // 符号表使用的内存
  mtNMT               = 0x0A,   // NMT 使用的内存
  mtClassShared       = 0x0B,   // 共享类数据
```

```
mtChunk          = 0x0C,   // Chunk 用于缓存
mtTest           = 0x0D,
mtTracing        = 0x0E,
mtNone           = 0x0F,
```

这些信息描述了 JVM 使用内存的情况，这一部分信息能够帮助定位 JVM 本身运行时出现的问题，我们将在最后的附录 B 中通过本地内存跟踪（Native Memory Tracking）来进一步解读这些信息。

2.6 线程

线程是程序执行的基本单元，在 JVM 中也定义封装了线程。图 2-1 是 JVM 的线程类图。

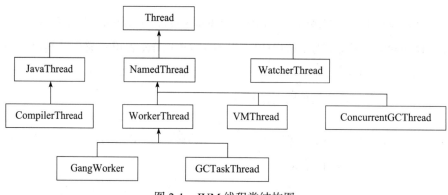

图 2-1 JVM 线程类结构图

这里只介绍 G1 中涉及的几类线程：

❑ JavaThread：就是要执行 Java 代码的线程，比如 Java 代码的启动会创建一个 JavaThread 运行；对于 Java 代码的启动，可以通过 JNI_CreateJavaVM⊖来创建一个 JavaThread，而对于一般的 Java 线程，都是调用 java.lang.thread 中的 start 方法，这个方法通过 JNI 调用创建 JavaThread 对象，完成真正的线程创建。

❑ CompilerThread：执行 JIT 的线程。

⊖ JNI_CreateJavaVM 最终会调用 Thread.cpp 中的 Create_VM 完成。

❑ WatcherThread：执行周期性任务，JVM 里面有很多周期性任务，例如内存管理
  中对小对象使用了 ChunkPool，而这种管理需要周期性的清理动作 ChunkPool
  Cleaner；JVM 中内存抽样任务 MemProfilerTask 等都是周期性任务。

❑ NameThread：是 JVM 内部使用的线程，分类如图 2-1 所示。

❑ VMThread：JVM 执行 GC 的同步线程，这个是 JVM 最关键的线程之一，主要是
  用于处理垃圾回收。简单地说，所有的垃圾回收操作都是从 VMThread 触发的，
  如果是多线程回收，则启动多个线程，如果是单线程回收，则使用 VMThread
  进行。VMThread 提供了一个队列，任何要执行 GC 的操作都实现了 VM_GC_
  Operation，在 JavaThread 中执行 VMThread::execute(VM_GC_Operation) 把 GC
  操作放入到队列中，然后再用 VMThread 的 run 方法轮询这个队列就可以了。
  当这个队列有内容的时候它就开始尝试进入安全点，然后执行相应的 GC 任务，
  完成 GC 任务后会退出安全点。

❑ ConcurrentGCThread：并发执行 GC 任务的线程，比如 G1 中的 ConcurrentMark
  Thread 和 ConcurrentG1RefineThread，分别处理并发标记和并发 Refine，这两
  个线程将在混合垃圾收集和新生代垃圾回收中介绍。

❑ WorkerThread：工作线程，在 G1 中使用了 FlexibleWorkGang，这个线程是并
  行执行的（个数一般和 CPU 个数相关），所以可以认为这是一个线程池。线程
  池里面的线程是为了执行任务（在 G1 中是 G1ParTask），也就是做 GC 工作的地
  方。VMThread 会触发这些任务的调度执行（其实是把 G1ParTask 放入到这些工
  作线程中，然后由工作线程进行调度）。

从线程的实现角度来看，JVM 中的每一个线程都对应一个操作系统（OS）线程。
JVM 为了提供统一的处理，设计了 JVM 线程状态，代码如下所示：

```
hotspot/src/share/vm/classfile/javaClasses.hpp

NEW                        // 新创建线程
RUNNABLE                   // 可运行或者正在运行
SLEEPING                   // 调用 Thread.sleep() 进入睡眠
IN_OBJECT_WAIT             // 调用 Object.wait() 进入等待
IN_OBJECT_WAIT_TIMED       // 调用 Object.wait(long) 进入等待，带有过期时间
PARKED                     // JVM 内部使用 LockSupport.park() 进入等待
PARKED_TIMED               // JVM 内部使用 LockSupport.park(long) 进入等待，
```

```
                                              // 带有过期时间
BLOCKED_ON_MONITOR_ENTER                      // 进入一个同步块
TERMINATED                                    // 终止
```

JVM 可以运行在不同的操作系统之上, 所以它也统一定义了操作系统线程的状态, 代码如下所示:

hotspot/src/share/vm/runtime/osThread.hpp

```
ALLOCATED,                    // 线程已经分配但还没初始化
INITIALIZED,                  // 线程已经初始化, 还没开始启动
RUNNABLE,                     // 线程已经启动并可被执行或者正在运行
MONITOR_WAIT,                 // 等待一个 Monitor
CONDVAR_WAIT,                 // 等待一个条件变量
OBJECT_WAIT,                  // 通过调用 Object.wait() 等待对象
BREAKPOINTED,                 // 调试状态
SLEEPING,                     // 通过调用 Thread.sleep() 而进入睡眠
ZOMBIE                        // 僵死状态, 待回收
```

这里定义不同的线程状态有两个目的: 第一、统一管理, 第二、根据状态可以做一些同步处理, 相关内容在 VMThread 进入安全点时会有涉及。关于安全点的内容并不影响 G1 的阅读, 后文将会详细介绍。

当线程创建时, 它的状态为 NEW, 当执行时转变为 RUNNABLE。线程在 Windows 和 Linux 上的实现稍有区别。在 Linux 上创建线程后, 虽然设置成 NEW, 但是 Linux 的线程创建完之后就可以执行, 所以为了让线程只有在执行 Java 代码的 start 之后才能执行, 当线程初始化之后, 通过等待一个信号将线程暂停, 代码如下所示:

hotspot/src/os/linux/vm/os_linux.cpp

```
{
  Monitor* sync_with_child = osthread->startThread_lock();
  MutexLockerEx ml(sync_with_child, Mutex::_no_safepoint_check_flag);
  while ((state = osthread->get_state()) == ALLOCATED) {
    sync_with_child->wait(Mutex::_no_safepoint_check_flag);
  }
}
```

在调用 start 方法时, 发送通知事件, 让线程真正运行起来。

2.6.1 栈帧

栈帧 (frame) 在线程执行时和运行过程中用于保存线程的上下文数据, JVM 设计

了 Java 栈帧，这是垃圾回收中最重要的根，栈帧的结构在不同的 CPU 中并不相同，在 x86 中代码如下所示：

```
hotspot/src/cpu/x86/vm/frame_x86.inline.hpp
```

```
_pc = NULL;                        // 程序计数器，指向下一个要执行的代码地址
_sp = NULL;                        // 栈顶指针
_unextended_sp = NULL;             // 异常栈顶指针
_fp = NULL;                        // fp 是栈底指针
_cb = NULL;                        // cb 是代码块的地址
_deopt_state = unknown;            // 这个字段描述从编译代码到解释代码反优化的状态
```

在实际应用中主要使用 vframe，它包含了栈帧的字段和线程对象。在 JaveThread 中定义了 JavaFrameAnchor，这个结构保存的是最后一个栈帧的 sp、fp。每一个 JavaThread 都有一个 JavaFrameAnchor，即最后一次调用栈的 sp、fp。而通过这两个值可以构造栈帧结构，并且根据栈帧的内容，能够遍历整个 JavaThread 运行时的所有调用链。获取的方法就是根据 JavaFrameAnchor 里面的 sp、fp 构造栈帧，再根据栈帧构造 vframe 结构，代码如下所示：

```
vframe* start_vf = last_java_vframe(&reg_map);
for (vframe* f = start_vf; f; f = f->sender() ) {
  ......
}
```

在遍历的时候主要通过 sender 获得下一个栈，其中 sender 位于栈帧中，其具体的位置依赖于栈的布局，比如汇编解释器在执行时栈帧的代码如下：

```
hotspot/src/cpu/x86/vm/frame_x86.hpp
```

```
// ----------------------------- Asm interpreter -----------------------------
// Layout of asm interpreter frame:
//    [expression stack      ] * <- sp
//    [monitors              ]   \
//     ...                       | monitor block size
//    [monitors              ]   /
//    [monitor block size    ]
//    [byte code index/pointr]                = bcx()         bcx_offset
//    [pointer to locals     ]                = locals()      locals_offset
//    [constant pool cache   ]                = cache()       cache_offset
//    [methodData            ]                = mdp()         mdx_offset
//    [Method*               ]                = method()      method_offset
//    [last sp               ]                = last_sp()     last_sp_offset
//    [old stack pointer     ]                  (sender_sp)   sender_sp_offset
//    [old frame pointer     ]   <- fp        = link()
//    [return pc             ]
//    [oop temp              ]                  (only for native calls)
//    [locals and parameters ]
//                                <- sender sp
```

栈帧也是和 GC 密切相关的，在 GC 过程中，通常第一步就是遍历根，Java 线程栈帧就是根元素之一，遍历整个栈帧的方式是通过 StackFrameStream，其中封装了一个 next 指针，其原理和上述的代码一样，通过 sender 获得调用者的栈帧。

值得一提的是，我们将 Java 的栈帧作为根来遍历堆，对对象进行标记并收集垃圾。

2.6.2　句柄

实际上线程既可以支持 Java 代码的执行也可以执行本地代码，如果本地代码（这里的本地代码指的是 JVM 里面的本地代码，而不是用户自定义的本地代码）引用了堆里面的对象该如何处理？是不是也是通过栈？理论上是可行的，实际上 JVM 并没有区分 Java 栈和本地方法栈，如果通过栈进行处理则必须要区分这两种情况。JVM 设计了另一个概念，handleArea，这是一块线程的资源区，在这个区域分配**句柄**（handle），并且管理所有的句柄，如果函数还在调用中，那么句柄有效，句柄关联的对象也就是活跃对象。为了管理句柄的生命周期，引入了 HandleMark，通常 HandleMark 分配在栈上，在创建 HandleMark 的时候标记 handleArea 对象有效，在 HandleMark 对象析构的时候，从 HandleArea 中删除对象的引用。由于所有句柄都形成了一个链表，那么访问这个句柄链表就可以获得本地代码执行中对堆对象的引用。

句柄和 OOP 对象关联，在 HandleArea 中有一个 slot 用于指向 OOP 对象。

本节源码都在下面两个文件中，为了便于阅读和减少篇幅，我们对其中的类代码进行了重组，代码如下所示：

```
hotspot/src/share/vm/runtime/handles.cpp
hotspot/src/share/vm/runtime/handles.hpp

class Handle VALUE_OBJ_CLASS_SPEC {
  private:
    oop* _handle;

    ......

        inline Handle(oop obj) {
```

```
        if (obj == NULL) {
          _handle = NULL;
        } else {
          _handle = Thread::current()->handle_area()->allocate_handle(obj);
        }
      }

      ......

    }
```

在 HandleMark 中标记 Chunk 的地址，这个就是找到当前本地方法代码中活跃的句柄，因此也就可以找到对应的活跃的 OOP 对象。下面是 HandleMark 的构造函数和析构函数，它们的主要工作就是构建句柄链表，代码如下所示：

```
class HandleMark {
  private:
    Thread *_thread;              // 这个 HandleMark 归属的线程
    HandleArea *_area;            // 保存句柄的区域
    Chunk *_chunk;                // Chunk 和 Area 配合，获得准确的内存地址
    char *_hwm, *_max;            // 句柄区域的属性
    size_t _size_in_bytes;        // 句柄区域的大小
    // HandleMark 形成链表的字段
    HandleMark* _previous_handle_mark;

    HanldeMark(THread* thread)
      _thread - thread,
    // 获得句柄区域
    _area   = thread->handle_area();
    // 获取 handleArea 的信息，用于标记句柄分配的状态
    _chunk = _area->_chunk;
    _hwm   = _area->_hwm;
    _max   = _area->_max;
    _size_in_bytes = _area->_size_in_bytes;

    // 形成链表，注意 HandleMark 是通过线程访问，所以这里会关联到线程中
    set_previous_handle_mark(thread->last_handle_mark());
    thread->set_last_handle_mark(this);
}

    HandleMark::~HandleMark() {
    HandleArea* area = _area;    // 用于编译优化别名分析

    // 删除最后加入的 chuanks
    if( _chunk->next() ) {
```

```
    // 恢复缓存的信息
    _chunk->next_chop();
  }
  // 恢复 handleArea 的信息
  area->_chunk = _chunk;
  area->_hwm = _hwm;
  area->_max = _max;

  // 删除 handlemark
  _thread->set_last_handle_mark(previous_handle_mark());
}
......
};
```

在这里我们提到了 Chunk，Chunk 的回收是通过前面我们提到的周期性线程 Watcher Thread 完成的。

还需要提到一点，就是 JVM 中的本地代码指的是 JVM 内部的代码，除了 JVM 内部的本地代码，还有 JNI 代码也是本地代码。对于本地代码，并不归 JVM 直接管理，在执行 JNI 代码的时候，也有可能访问堆中的 OOP 对象。所以也需要一个机制进行管理，JVM 引入了类似的句柄机制，称为 JNIHandle。JNIHandle 分为两种，全局和局部对象引用，大部分对象的引用属于局部对象引用，最终还是调用了 JNIHandleBlock 来管理，因为 JNIHandle 没有设计一个 JNIHandleMark 的机制，所以在创建时需要明确调用 make_local，在回收时也需要明确调用 destory_local。对于全局对象，比如在编译任务 compilerTask 中会访问 Method 对象，这时候就需要把这些对象设置为全局的（否则在 GC 时可能会被回收的）。这两部分在垃圾回收时的处理是不同的，局部 JNIhandle 是通过线程，全局 JNIhandle 则是通过全局变量开始。

2.6.3　JVM 本地方法栈中的对象

上节介绍本地方法栈是如何管理和链接对象的。每一个 Java 线程都私有一个句柄区 _handle_area 来存储其运行过程中创建的临时对象，这个句柄区是随着 Java 线程的栈帧变化的，我们看一下 HandleMark 是如何管理的。HandleArea 的作用上一节已经介绍过了，这里我们先看一下它们的结构图（如图 2-2 所示），然后再通过代码演示如何管理句柄。

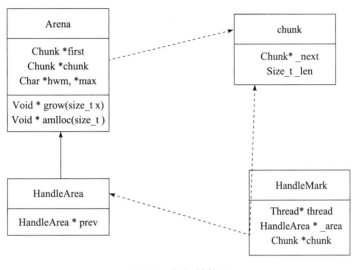

图 2-2　句柄结构图

Java 线程每调用一个 Java 方法就会创建一个对应 HandleMark 来保存已分配的对象句柄，然后等调用返回后即行恢复，代码如下所示：

```
hotspot/src/share/vm/runtime/javaCalls.cpp
```

```
JavaCalls::call_helper(JavaValue* result, methodHandle* m, JavaCallArguments*
  args, TRAPS) {
......

  {
  HandleMark hm(thread);
```

所以当 Java 线程运行一段时间之后，通过 HandleMark 构建的对象识别链如图 2-3 所示：

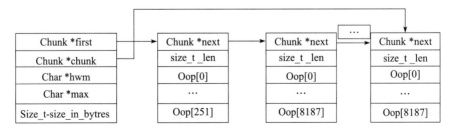

图 2-3　本地方法栈对象的管理

这里 Chunk 的管理是动态变化的，第一个 Chunk 可能为 256 或者 1024 个字节，每一个 Chunk 都有一个额外空间，主要是调用 malloc 时会有一段额外的信息，比如地址的长度等，在 32 位机器上一般为 20 个字节，所以每一个 Chunk 都会比最大值少 5 个 OOP 对象。另外，一般的 Chunk 块通常为 32KB。最后还需要提一点的就是，Handle Mark 通常都是分配在线程栈中，也意味着无需额外的管理，只需要找到 HandleMark 就能找到哪些对象是存活的。我们来看一个简单的例子，看看如何遍历堆空间。

下面这个代码片段是为了输出堆空间里面的对象，例如我们执行 jmap 命令来获取堆空间对象的时候最终会调用到 VM_HeapDumper::do_thread() 来遍历所有的对象。通过下面的代码我们能非常清楚地看到，如果 JavaThread 执行的是 Java 代码，则直接通过 StackValueCollection 访问局部变量，如果执行的是本地代码，线程则通过 active_handles() 访问句柄而访问对象。

```
hotspot/src/share/vm/services/heapDumper.cpp
```

```cpp
int VM_HeapDumper::do_thread(JavaThread* java_thread, u4 thread_serial_num) {
  JNILocalsDumper blk(writer(), thread_serial_num);

  oop threadObj = java_thread->threadObj();

  int stack_depth = 0;
  if (java_thread->has_last_Java_frame()) {

    Thread* current_thread = Thread::current();
    ResourceMark rm(current_thread);
    HandleMark hm(current_thread);

    RegisterMap reg_map(java_thread);
    frame f = java_thread->last_frame();
    vframe* vf = vframe::new_vframe(&f, &reg_map, java_thread);
    frame* last_entry_frame = NULL;
    int extra_frames = 0;

    if (java_thread == _oome_thread && _oome_constructor != NULL) {
      extra_frames++;
    }
    while (vf != NULL) {
      blk.set_frame_number(stack_depth);
      if (vf->is_java_frame()) {
```

```
    // Java 线程栈，包括 (interpreted, compiled, ...)
    javaVFrame *jvf = javaVFrame::cast(vf);
    if (!(jvf->method()->is_native())) {
      StackValueCollection* locals = jvf->locals();
      for (int slot=0; slot<locals->size(); slot++) {
        if (locals->at(slot)->type() == T_OBJECT) {
          oop o = locals->obj_at(slot)();

          if (o != NULL) {
            writer()->write_u1(HPROF_GC_ROOT_JAVA_FRAME);
            writer()->write_objectID(o);
            writer()->write_u4(thread_serial_num);
            writer()->write_u4((u4) (stack_depth + extra_frames));
          }
        }
      }
    } else {
      // 本地方法栈
      if (stack_depth == 0) {
        java_thread->active_handles()->oops_do(&blk);
      } else {
        if (last_entry_frame != NULL) {
          last_entry_frame->entry_frame_call_wrapper()->handles()->
            oops_do(&blk);
        }
      }
    }
    stack_depth++;
    last_entry_frame = NULL;

  } else {
    frame* fr = vf->frame_pointer();
    assert(fr != NULL, "sanity check");
    if (fr->is_entry_frame()) {
      last_entry_frame = fr;
    }
  }
  vf = vf->sender();
}
} else {
  java_thread->active_handles()->oops_do(&blk);
}
return stack_depth;
}
```

2.6.4 Java 本地方法栈中的对象

Java 线程使用一个对象句柄存储块 JNIHandleBlock 来为其在本地方法中申请的临时对象创建对应的句柄，每个 JNIHandleBlock 里面有一个 oop 数组，长度为 32，如果超过数组长度则申请新的 Block 并通过 next 指针形成链表。另外 JNIHandleBlock 中还有一个 _pop_frame_link 属性，用来保存 Java 线程切换方法时分配本地对象句柄的上下文环境，从而形成调用 handle 的链表。

2.7 日志解读

如果启动 JVM 的时候我们没有指定参数，则可以通过设置 Java -XX:+Print CommandLineFlags 这个参数让 JVM 打印出那些已经被用户或者 JVM 设置过的详细的 XX 参数的名称和值。例如我们可以得到 JVM 使用的默认垃圾收集器，如下所示：

```
-XX:InitialHeapSize=266930688 -XX:MaxHeapSize=4270891008
-XX:+PrintCommandLineFlags -XX:+UseCompressedClassPointers
-XX:+UseCompressedOops -XX:-UseLargePagesIndividualAllocation
-XX:+UseParallelGC
```

如果指定 G1 作为垃圾回收，但是没有指定堆空间的参数，当发生 GC 的时候，我们可以看到：

```
-Xmx256M -XX:+UseG1GC -XX:+UnlockExperimentalVMOptions
-XX:G1LogLevel=finest -XX:+PrintGCDetails -XX:+PrintGCTimeStamps
-XX:+UseAdaptiveSizePolicy
garbage-first heap   total 131072K, used 37569K [0x00000000f8000000,
  0x00000000f8100400, 0x0000000100000000)
  region size 1024K, 24 young (24576K), 0 survivors (0K)
```

Eden 开始之前是 24MB，主要来自于预测值，且 24 个分区，即每个分区都是 1MB。

第一次 GC 后的堆空间信息如下所示：

```
[Eden: 24.0M(24.0M)->0.0B(13.0M) Survivors: 0.0B->3072.0K Heap:
  24.0M(128.0M)->12.9M(128.0M)]
```

GC 之后 Eden 设置为 13M，来自于 256M × 5% = 12.8MB，取整后就是 13MB，并且满足预测时间。其中，256M 是堆的大小，5% 是 G1 NewSizePercent 指定的默认值。

2.8　参数介绍和调优

上文已经详细介绍了 G1 中堆大小和新生代大小的计算、分区设置、G1 的停顿预测模型以及停顿预测模型中的几个参数。这里给出使用中的一些注意事项:

❑ 参数 G1HeapRegionSize 指定堆分区大小。分区大小可以指定,也可以不指定;不指定时,由内存管理器启发式推断分区大小。

❑ 参数 xms/xmx 指定堆空间的最小值 / 最大值。一定要正确设置 xms/xmx,否则将使用默认配置,将影响分区大小推断。

❑ 在以前的内存管理器中 (非 G1),为了防止新生代因为内存不断地重新分配导致性能变低,通常设置 Xmn 或者 NewRatio。但是 G1 中不要设置 MaxNewSize、NewSize、Xmn 和 NewRatio。原因有两个,第一 G1 对内存的管理不是连续的,所以即使重新分配一个堆分区代价也不高,第二也是最重要的,G1 的目标满足垃圾收集停顿,这需要 G1 根据停顿时间动态调整收集的分区,如果设置了固定的分区数,即 G1 不能调整新生代的大小,那么 G1 可能不能满足停顿时间的要求。具体情况本书后续还会继续讨论。

❑ 参数 GCTimeRatio 指的是 GC 与应用程序之间的时间占比,默认值为 9[⊖],表示 GC 与应用程序时间占比为 10%。增大该值将减少 GC 占用的时间,带来的后果就是动态扩展内存更容易发生;在很多情况下 10% 已经很大,例如可以将该值设置为 19,则表示 GC 时间不超过 5%。

❑ 根据业务请求变化的情况,设置合适的扩展 G1ExpandByPercentOfAvailable 速率,保持效率。

❑ JVM 在对新生代内存分配管理时,还有一个参数就是保留内存 G1ReservePercent (默认值是 10),即在初始化,或者内存扩展 / 收缩的时候会计算更新有多少个分区是保留的,在新生代分区初始化的时候,在空闲列表中保留一定比例的分区不使用,那么在对象晋升的时候就可以使用了,所以能有效地减小晋升失败的概率。这个值最大不超过 50,即最多保留 50% 的空间,但是保留过多会导致新生代可用空间少,过少可能会增加新生代晋升失败,那将会导致更为复杂的

⊖　这个参数在 G1 中默认值为 9,在其他的垃圾回收器中可能是其他值如 99,在使用中要注意。

串行回收。

❑ G1NewSizePercent 是一个实验参数，需要使用 -XX:+UnlockExperimentalVMOptions 才能改变选项。有实验表明 G1 在回收 Eden 分区的时候，大概每 GB 需要 100ms，所以可以根据停顿时间，相应地调整。这个值在内存比较大的时候需要减少，例如 32G 可以设置 -XX:G1NewSizePercent = 3，这样 Eden 至少保留大约 1GB 的空间，从而保证收集效率。

❑ 参数 MaxGCPauseMillis 指期望停顿时间，可根据系统配置和业务动态调整。因为 G1 在垃圾收集的时候一定会收集新生代，所以需要配合新生代大小的设置来确定，如果该值太小，连新生代都不能收集完成，则没有任何意义，每次除了新生代之外只能多收集一个额外老生代分区。

❑ 参数 GCPauseIntervalMillisGC 指 GC 间隔时间，默认值为 0，GC 启发式推断为 MaxGCPauseMillis + 1，设置该值必须要大于 MaxGCPauseMillis。

❑ 参数 G1ConfidencePercent 指 GC 预测置信度，该值越小说明基于过去历史数据的预测越准确，例如设置为 0 则表示收集的分区基本和过去的衰减均值相关，无波动，所以可以根据过去的衰减均值直接预测下一次预测的时间。反之该值越大，说明波动越大，越不准确，需要加上衰减方差来补偿。

❑ JVM 中提供了一个对象对齐的值 ObjectAlignmentInBytes，默认值为 8，需要明白该值对内存使用的影响，这个影响不仅仅是在 JVM 对对象的分配上面，正如上面看到的它也会影响对象在分配时的标记情况。注意这个值最少要和操作系统支持的位数一致才能提高对象分配的效率。所以 32 位系统最少是 4，64 位最少是 8。一般不用修改该值。

G1 的对象分配

对象分配直接关系到内存的使用效率、垃圾回收的效率，不同的分配策略也会影响对象的分配速度，从而影响 Mutator 的运行。

本章主要介绍 G1 的对象分配是怎样的。大体来说 G1 提供了两种对象分配策略：基于线程本地分配缓冲区（Thread Local Allocation Buffer，TLAB）的快速分配和慢速分配；当不能成功分配对象时就会触发垃圾回收，所以本章还总结了垃圾回收触发的时机；最后介绍了对象分配过程中涉及的参数调优。值得注意的是本章介绍的内容不仅适用于 G1 的对象分配，大多数调优参数也适用于其他的垃圾回收器。

3.1　对象分配概述

为了提高效率，无论快速分配还是慢速分配，都应该在 STW 之外调用，即都应该尽量避免使用全局锁，最好满足不同 Mutator 之间能并行分配且无干扰。但实际上堆空间只有一个，所以 JVM 的设计者致力于优秀的内存分配算法，把内存分配算法设计成几个层次，首先进行无锁分配，再进行加锁，从而尽可能地满足并行化分配。

我们以一个普通的 Java 对象分配为例，来梳理一下对象分配的过程。根据 Java 对象在 JVM 中的实现，JVM 会先创建 instanceklass，然后通过 allocate_instance 分配一个 instanceOop。入口在 InstanceKlass::allocate_instance，代码如下：

```
hotspot/src/share/vm/oops/instanceKlass.cpp
```

```cpp
instanceOop InstanceKlass::allocate_instance(TRAPS) {
  bool has_finalizer_flag = has_finalizer();
  int size = size_helper();

  KlassHandle h_k(THREAD, this);

  instanceOop i;

  i = (instanceOop)CollectedHeap::obj_allocate(h_k, size, CHECK_NULL);
  if (has_finalizer_flag && !RegisterFinalizersAtInit) {
    i = register_finalizer(i, CHECK_NULL);
  }
  return i;
}
```

在 CollectedHeap::obj_allocate 中完成内存分配，如果成功则初始化对象；如果不成功则抛出异常。主要工作在 CollectedHeap::common_mem_allocate_noinit() 中，我们直接来看这个函数。该函数包含了我们上面提到的两种分配方法：TLAB 快速分配 allocate_from_tlab 和慢速分配 Universe::heap()->mem_allocate。代码如下：

```
hotspot/src/share/vm/gc_interface/collectedHeap.inline.hpp
```

```cpp
HeapWord* CollectedHeap::common_mem_allocate_noinit(KlassHandle klass,
  size_t size, TRAPS) {
  //省略一些检查等
  ......
  HeapWord* result = NULL;
  if (UseTLAB) {
    result = allocate_from_tlab(klass, THREAD, size);
    if (result != NULL)        return result;
  }

  bool gc_overhead_limit_was_exceeded = false;
  result = Universe::heap()->mem_allocate(size, &gc_overhead_limit_was_exceeded);
  if (result != NULL) {
    ......
    return result;
```

```
    }

    // 不成功抛出异常等
    ......
    }
```

对象分配相对来说逻辑清晰，图 3-1 为对象分配的全景流程图。

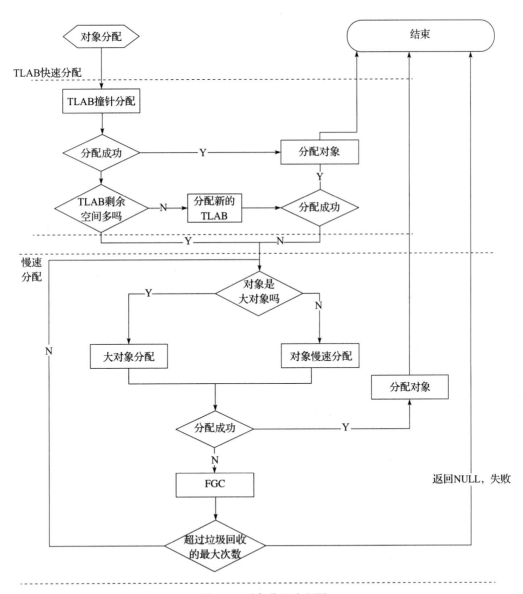

图 3-1　对象分配流程图

3.2 快速分配

TLAB 产生的目的就是为了进行内存快速分配。通常来说，JVM 堆是所有线程的共享区域。因此，从 JVM 堆空间分配对象时，必须锁定整个堆，以便不会被其他线程中断和影响。为了解决这个问题，TLAB 试图通过为每个线程分配一个缓冲区来避免和减少使用锁。

在分配线程对象时，从 JVM 堆中分配一个固定大小的内存区域并将其作为线程的私有缓冲区，这个缓冲区称为 TLAB。只有在为每个线程分配 TLAB 缓冲区时才需要锁定整个 JVM 堆。由于 TLAB 是属于线程的，不同的线程不共享 TLAB，当我们尝试分配一个对象时，优先从当前线程的 TLAB 中分配对象，不需要锁，因此达到了快速分配的目的。

更进一步地讲，实际上 TLAB 是 Eden 区域中的一块内存，不同线程的 TLAB 都位于 Eden 区，所有的 TLAB 内存对所有的线程都是可见的，只不过每个线程有一个 TLAB 的数据结构，用于保存待分配内存区间的起始地址（start）和结束地址（end），在分配的时候只在这个区间做分配，从而达到无锁分配，快速分配。

另外值得说明的是，虽然 TLAB 在分配对象空间的时候是无锁分配，但是 TLAB 空间本身在分配的时候还是需要锁的，G1 中使用了 CAS 来并行分配。

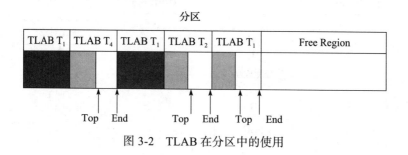

图 3-2　TLAB 在分区中的使用

在图 3-2 中，T_n 表示第 n 个线程，深灰色表示该 TLAB 块已经分配完毕，浅灰色表示该 TLAB 块还可以分配更多的对象。

从图中我们可以看出，线程 T_1 已经使用了两个 TLAB 块，T_1、T_2 和 T_4 的 TLAB

块都有待分配的空间。这里并没有提及 Eden 和多个分区的概念，实际上一个分区可能
有多个 TLAB 块，但是一个 TLAB 是不可能跨分区的。从图中我们也可以看出，每个
线程的 TLAB 块并不重叠，所以线程之间对象的分配是可以并行的，且无影响。另外
图中还隐藏了一些细节：

❑ T₁ 已经使用完两个 TLAB 块，这两个块在回收的时候如何处理？
❑ 我们可以想象 TLAB 的大小是固定的，但是对象的大小并不固定，因此 TLAB
　中可能存在内存碎片的问题，这个该如何解决？请继续往下阅读。

快速 TLAB 对象分配也有两步：

❑ 从线程的 TLAB 分配空间，如果成功则返回。
❑ 不能分配，先尝试分配一个新的 TLAB，再分配对象。

代码如下所示：

```
hotspot/src/share/vm/gc_interface/collectedHeap.inline.hpp
```

```
HeapWord* CollectedHeap::allocate_from_tlab(KlassHandle klass, Thread*
  thread, size_t size) {
  HeapWord* obj = thread->tlab().allocate(size);
  if (obj != NULL)     return obj;
  // 省略一些判断比如是否需要申请一个新的 TLAB
  return allocate_from_tlab_slow(klass, thread, size);
}
```

从 TLAB 已分配的缓冲区空间直接分配对象，也称为指针碰撞法分配，其方法非
常简单，在 TLAB 中保存一个 top 指针用于标记当前对象分配的位置，如果剩余空间
（end-top）大于待分配对象的空间（objSize），则直接修改 top = top + ObjSize，相关代
码位于 thread->tlab().allocate(size) 中。对于分配失败，处理稍微麻烦一些，相关代码
位于 allocate_from_tlab_slow() 中，在学习这部分代码之前，先思考一下这样的内存分
配管理该如何设计。

如果 TLAB 过小，那么 TLAB 则不能存储更多的对象，所以可能需要不断地重新
分配新的 TLAB。但是如果 TLAB 过大，则可能导致内存碎片问题。假设 TLAB 大小
为 1M，Eden 为 200M。如果有 40 个线程，每个线程分配 1 个 TLAB，TLAB 被填满

之后，发生 GC。假设 TLAB 中对象分配符合均匀分布，那么发生 GC 时，TLAB 总的大小为：$40 \times 1 \times 0.5 = 20M$（Eden 的 10% 左右），这意味着 Eden 还有很多空间时就发生了 GC，这并不是我们想要的。最直观的想法是增加 TLAB 的大小或者增加线程的个数，这样 TLAB 在分配的时候效率会更高，但是在 GC 回收的时候则可能花费更长的时间。因此 JVM 提供了参数 TLABSize 用于控制 TLAB 的大小，如果我们设置了这个值，那么 JVM 就会使用这个值来初始化 TLAB 的大小。但是这样设置不够优雅，其实 TLABSize 默认值是 0，也就是说 JVM 会推断这个值多大更合适。采用的参数为 TLABWasteTargetPercent，用于设置 TLAB 可占用的 Eden 空间的百分比，默认值 1%，推断方式为 TLABSize = Eden × 2 × 1%/ 线程个数（乘以 2 是因为假设其内存使用服从均匀分布），G1 中是通过下面的公式计算的：

```
hotspot/src/share/vm/memory/threadLocalAllocBuffer.cpp
```

```
init_sz  = (Universe::heap()->tlab_capacity(myThread()) / HeapWordSize) /
  (nof_threads * target_refills());
```

其中，tlab_capacity 在 G1CollectedHeap 中实现，代码如下所示：

```
hotspot/src/share/vm/gc_implementation/g1/g1CollectedHeap.cpp
```

```
size_t G1CollectedHeap::tlab_capacity(Thread* ignored) const {
  return (_g1_policy->young_list_target_length() - young_list()->survivor_
    length()) * HeapRegion::GrainBytes;
}
```

简单来说，tlab_capacity 就是 Eden 所有可用的区域。另外要注意的是，这里采用的启发式推断也仅仅是一个近似值，实际上线程在使用内存分配对象时并不是无关的（不完全服从均匀分布），另外不同的线程类型对内存的使用也不同，比如一些调度线程、监控线程等几乎不会分配新的对象。

在 Java 对象分配时，我们总希望它位于 TLAB 中，如果 TLAB 满了之后，如何处理呢？前面提到 TLAB 其实就是 Eden 的一块区域，在 G1 中就是 HeapRegion 的一块空闲区域。所以 TLAB 满了之后无须做额外的处理，直接保留这一部分空间，重新在 Eden/ 堆分区中分配一块空间给 TLAB，然后再在 TLAB 分配具体的对象。但这里会有两个小问题。

1. 如何判断 TLAB 满了？

按照前面的例子 TLAB 是 1M，当我们使用 800K，还是 900K，还是 950K 时被认为满了？问题的答案是如何寻找最大的可能分配对象和减少内存碎片的平衡。实际上虚拟机内部会维护一个叫做 refill_waste 的值，当请求对象大于 refill_waste 时，会选择在堆中分配，若小于该值，则会废弃当前 TLAB，新建 TLAB 来分配对象。这个阈值可以使用 TLABRefillWasteFraction 来调整，它表示 TLAB 中允许产生这种浪费的比例。默认值为 64，即表示使用约为 1/64 的 TLAB 空间作为 refill_waste，在我们的这个例子中，refill_waste 的初始值为 16K，即 TLAB 中还剩（1M – 16k = 1024 – 16 = 1008K）1008K 内存时直接分配一个新的，否则尽量使用这个老的 TLAB。

2. 如何调整 TLAB

如果要分配的内存大于 TLAB 剩余的空间则直接在 Eden/HeapRegion 中分配。那么这个 1/64 是否合适？会不会太小，比如通常分配的对象大多是 20K，最后剩下 16K，这样导致每次都进入 Eden/ 堆分区慢速分配中。所以，JVM 还提供了一个参数 TLABWasteIncrement（默认值为 4 个字）用于动态增加这个 refill_waste 的值。默认情况下，TLAB 大小和 refill_waste 都会在运行时不断调整，使系统的运行状态达到最优。在动态调整的过程中，也不能无限制变更，所以 JVM 提供 MinTLABSize（默认值 2K）用于控制最小值，对于 G1 来说，由于大对象都不在新生代分区，所以 TLAB 也不能分配大对象，HeapRegion/2 就会被认定为大对象，所以 TLAB 肯定不会超过 HeapRegionSize 的一半。

如果想要禁用自动调整 TLAB 的大小，可以使用 -XX:-ResizeTLAB 禁用 ResizeTLAB，并使用 -XX:TLABSize 手工指定一个 TLAB 的大小。-XX:+PrintTLAB 可以跟踪 TLAB 的使用情况。一般不建议手工修改 TLAB 相关参数，推荐使用虚拟机默认行为。

继续来看 TLAB 中的慢速分配，主要的步骤有：

❑ TLAB 的剩余空间是否太小，如果很小，即说明这个空间通常不满足对象的分配，所以最好丢弃，丢弃的方法就是填充一个 dummy 对象，然后申请新的 TLAB 来分配对象。

❑ 如果不能丢弃，说明 TLAB 剩余空间并不小，能满足很多对象的分配，所以不能丢弃这个 TLAB，否则内存浪费很多，此时可以把对象分配到堆中，不使用 TLAB 分配，所以可以直接返回。

TLAB 慢速分配代码如下所示：

```
hotspot/src/share/vm/gc_interface/collectedHeap.cpp
```

```
HeapWord* CollectedHeap::allocate_from_tlab_slow(KlassHandle klass, Thread*
    thread, size_t size) {

    // 判断 TLAB 尚未分配的剩余空间是否可以丢掉。如果剩余空间大于阈值则保留，其中阈值为
    // refill waste limit，它由 desired size 和参数 TLABRefillWasteFraction
    // 计算得到
    if (thread->tlab().free() > thread->tlab().refill_waste_limit()) {
        // 不能丢掉，根据 TLABWasteIncrement 更新 refill_waste 的阈值
        thread->tlab().record_slow_allocation(size);
        // 返回 NULL，说明在 Eden/HeapRegion 中分配
        return NULL;
    }

    // 说明 TLAB 剩余空间很小了，所以要重新分配一个 TLAB。老的 TLAB 不用处理，因为它属于 Eden，
    // GC 可以正确回收空间
    size_t new_tlab_size = thread->tlab().compute_size(size);

    // 分配之前先清理老的 TLAB，其目的就是为了让堆保持 parsable 可解析
    thread->tlab().clear_before_allocation();
    if (new_tlab_size == 0)        return NULL;

    // 分配一个新的 TLAB...
    HeapWord* obj = Universe::heap()->allocate_new_tlab(new_tlab_size);
    if (obj == NULL)        return NULL;
    // 发生一个事件，用于统计分配信息
    AllocTracer::send_allocation_in_new_tlab_event(klass, new_tlab_size *
        HeapWordSize, size * HeapWordSize);
    // 是否把内存空间清零
    if (ZeroTLAB)   Copy::zero_to_words(obj, new_tlab_size);
    // 分配对象，并设置 TLAB 的 start、top、end 等信息
    thread->tlab().fill(obj, obj + size, new_tlab_size);
    return obj;
}
```

为什么要对老的 TLAB 做清理动作？

TLAB 存储的都是已经分配的对象，为什么要清理以及清理什么？其实这里的清

理就是把尚未分配的空间分配一个对象（通常是一个 int[]），那么为什么要分配一个垃圾对象？代码说明是为了**栈解析**（Heap Parsable），Heap Parsable 是什么？为什么需要设置？下面继续分析。

内存管理器（GC）在进行某些需要线性扫描堆里对象的操作时，比如，查看 Heap Region 对象、并行标记等，需要知道堆里哪些地方有对象，而哪些地方是空白。对于对象，扫描之后可以直接跳过对象的长度，对于空白的地方只能一个字一个字地扫描，这会非常慢。所以可以把这块空白的地方也分配一个 dummy 对象（哑元对象），这样 GC 在线性遍历时就能做到快速遍历了。这样的话就能统一处理，示例代码如下：

```
HeapWord* cur = heap_start;
while (cur < heap_used) {
  object o = (object)cur;
  do_object(o);
  cur = cur + o->size();
}
```

具体我们可以在新生代垃圾回收的时候再来验证这一点。我们再看一下如何申请一个新的 TLAB 缓冲区，代码如下所示：

hotspot/src/share/vm/gc_implementation/g1/g1CollectedHeap.cpp

```
HeapWord* G1CollectedHeap::allocate_new_tlab(size_t word_size) {
  return attempt_allocation(word_size, &dummy_gc_count_before, &dummy_
    gclocker_retry_count);
}
```

它最终会调用到 G1CollectedHeap 中分配，其分配主要是在 attempt_allocation 完成的，步骤也分为两步：快速无锁分配和慢速分配。图 3-3 为慢速分配流程图。

TLAB 缓冲区分配代码如下所示：

hotspot/src/share/vm/gc_implementation/g1/g1CollectedHeap.inline.cpp

```
inline HeapWord* G1CollectedHeap::attempt_allocation(…) {
  AllocationContext_t context = AllocationContext::current();
  HeapWord* result = _allocator->mutator_alloc_region(context)->attempt_
    allocation(word_size, false /* bot_updates */);
  if (result == NULL) {
    result = attempt_allocation_slow(…);
```

```
    }

    if (result != NULL)  dirty_young_block(result, word_size);
    return result;
}
```

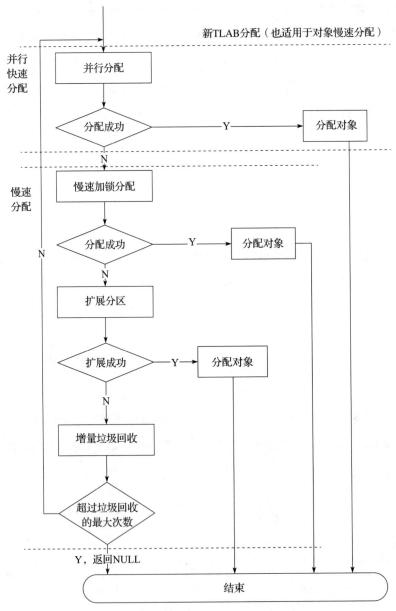

图 3-3　申请 TLAB 分区和对象慢速分配流程图

快速无锁分配：指的是在当前可以分配的堆分区中使用 CAS 来获取一块内存，如果成功则可以作为 TLAB 的空间。因为使用 CAS 可以并行分配，当然也有可能不成功。对于不成功则进行慢速分配，代码如下所示：

```
hotspot/src/share/vm/gc_implementation/g1/heapRegion.inline.hpp

inline HeapWord* G1OffsetTableContigSpace::par_allocate_impl(size_t size,
                                          HeapWord* const end_value) {
  do {
    HeapWord* obj = top();
    if (pointer_delta(end_value, obj) >= size) {
      HeapWord* new_top = obj + size;
      HeapWord* result = (HeapWord*)Atomic::cmpxchg_ptr(new_top, top_addr(), obj);

      if (result == obj)     return obj;
    } else {
      return NULL;
    }
  } while (true);
}
```

对于不成功则进行慢速分配，慢速分配需要尝试对 Heap 加锁，扩展新生代区域或垃圾回收等处理后再分配。

- 首先尝试对堆分区进行加锁分配，成功则返回，在 attempt_allocation_locked 完成。
- 不成功，则判定是否可以对新生代分区进行扩展，如果可以扩展则扩展后再分配 TLAB，成功则返回，在 attempt_allocation_force 完成。
- 不成功，判定是否可以进行垃圾回收，如果可以进行垃圾回收后再分配，成功则返回，在 do_collection_pause 完成。
- 不成功，如果尝试分配次数达到阈值（默认值是 2 次）则返回失败。
- 如果还可以继续尝试，再次判定是否进行快速分配，如果成功则返回。
- 不成功重新再尝试一次，直到成功或者达到阈值失败。

所以慢速分配要么成功分配，要么尝试次数达到阈值后结束并返回 NULL。代码如下：

```
hotspot/src/share/vm/gc_implementation/g1/g1CollectedHeap.cpp

HeapWord* G1CollectedHeap::attempt_allocation_slow(…) {
```

```
HeapWord* result = NULL;
for (int try_count = 1; /* we'll return */; try_count += 1) {
  {
    //加锁分配
    result = _allocator->mutator_alloc_region(context)->attempt_
      allocation_locked(word_size,    false /* bot_updates */);
    if (result != NULL)          return result;

    if (GC_locker::is_active_and_needs_gc()) {
      if (g1_policy()->can_expand_young_list()) {
        result = _allocator->mutator_alloc_region(context)->attempt_
          allocation_force(word_size, false /* bot_updates */);
        if (result != NULL)        return result;
      }
      should_try_gc = false;
    } else {
      if (GC_locker::needs_gc()) {
        should_try_gc = false;
      } else {

        gc_count_before = total_collections();
        should_try_gc = true;
      }
    }
  }

  if (should_try_gc) {
    //GCLocker 没有进入临界区，可以进行垃圾回收
    result = do_collection_pause(word_size, gc_count_before, &succeeded,
                                 GCCause::_g1_inc_collection_pause);
    if (result != NULL)          return result;

    if (succeeded) {
      //稍后可以进行回收，可以先返回
      MutexLockerEx x(Heap_lock);
      *gc_count_before_ret = total_collections();
      return NULL;
    }
  } else {
    //JNI 进入临界区中，判断是否达到分配次数阈值
    if (*gclocker_retry_count_ret > GCLockerRetryAllocationCount) {
      MutexLockerEx x(Heap_lock);
      *gc_count_before_ret = total_collections();
      return NULL;
    }
    GC_locker::stall_until_clear();
```

```
      (*gclocker_retry_count_ret) += 1;
    }

    // 可能因为其他线程正在分配或者 GCLocker 正在被竞争使用等，
    // 在进行加锁分配前再尝试进行无锁分配
    result = _allocator->mutator_alloc_region(context)->attempt_
      allocation(word_size, false /* bot_updates */);
    if (result != NULL)        return result;
  }

  ShouldNotReachHere();
  return NULL;
}
```

　　这里 GCLocker 是与 JNI 相关的。简单来说 Java 代码可以和本地代码交互，在访问 JNI 代码时，因为 JNI 代码可能会进入临界区，所以此时会阻止 GC 垃圾回收。这部分知识相对独立，有关 GCLocker 的知识可以参看其他文章[⊖]。

日志及解读

　　从一个 Java 的例子出发，代码如下：

```
public class Test {
  private static final LinkedList<String> strings = new LinkedList<>();
  public static void main(String[] args) throws Exception {
    int iteration = 0;
    while (true) {
      for (int i = 0; i < 100; i++) {
        for (int j = 0; j < 10; j++) {
          strings.add(new String("String " + j));
        }
      }
      Thread.sleep(100);
    }
  }
}
```

　　通过命令设置参数，如下所示：

```
-Xmx128M -XX:+UseG1GC -XX:+PrintGCDetails -XX:+PrintGCTimeStamps
  -XX:+PrintTLAB -XX:+UnlockExperimentalVMOptions -XX:G1LogLevel=finest
```

　⊖　http://www.10tiao.com/html/698/201710/2247483759/1.html
　　　https://shipilev.net/jvm-anatomy-park/9-jni-critical-gclocker/

可以得到：

```
garbage-first heap   total 131072K, used 37569K [0x00000000f8000000,
  0x00000000f8100400, 0x0000000100000000)
  region size 1024K, 24 young (24576K), 0 survivors (0K)
TLAB: gc thread: 0x0000000059ade800 [id: 16540] desired_size: 491KB slow
  allocs: 8  refill waste: 7864B alloc: 0.99999    24576KB refills: 50
  waste  0.0% gc: 0B slow: 816B fast: 0Bd
```

对于多线程的情况，这里还会有每个线程的输出结果以及一个总结信息。由于篇幅的关系此处都已经省略。下面我们分析日志中 TLAB 这个信息的每一个字段含义：

❑ desired_size 为期望分配的 TLAB 的大小，这个值就是我们前面提到如何计算 TLABSize 的方式。在这个例子中，第一次的时候，不知道会有多少线程，所以初始化为 1，desired_size = 24576/50 = 491.5KB 这个值是经过取整的。

❑ slow allocs 为发生慢速分配的次数，日志中显示有 8 次分配到 heap 而没有使用 TLAB。

❑ refill waste 为 retire 一个 TLAB 的阈值。

❑ alloc 为该线程在堆分区分配的比例。

❑ refills 发生的次数，这里是 50，表示从上一次 GC 到这次 GC 期间，一共 retire 过 50 个 TLAB 块，在每一个 TLAB 块 retire 的时候都会做一次 refill 把尚未使用的内存填充为 dummy 对象。

❑ waste 由 3 个部分组成：

• gc：发生 GC 时还没有使用的 TLAB 的空间。

• slow：产生新的 TLAB 时，旧的 TLAB 浪费的空间，这里就是新生成 50 个 TLAB，浪费了 816 个字节。

• fast：指的是在 C1 中，发生 TLAB retire（产生新的 TLAB）时，旧的 TLAB 浪费的空间。

3.3 慢速分配

当不能进行快速分配，就进入到慢速分配。实际上在 TLAB 中也有可能进入到慢速分配，就是我们前面提到的 attempt_allocation，前面已经解释过。

这里的慢速分配是指在 TLAB 中经过努力分配还不能成功，再次进入慢速分配，我们来看一下这个更慢的慢速分配：

☐ attempt_allocation 尝试进行对象分配，如果成功则返回。值得注意的是在 attempt_allocation 里面可能会进行垃圾回收，这里的垃圾回收是指增量的垃圾回收，主要是新生代或者混合收集，关于收集的内容将在下面的章节介绍，分配相关的代码在 3.2 节已经介绍过了，不再赘述。

☐ 如果大对象在 attempt_allocation_humongous，直接分配的老生代。

☐ 如果分配不成功，则进行 GC 垃圾回收，注意这里的回收主要是 Full GC，然后再分配。因为这里是分配的最后一步，所以进行几次不同的垃圾回收和尝试。主要代码在 satisfy_failed_allocation 中。

☐ 最终成功分配或者失败达到一定次数，则分配失败。

慢速分配代码如下所示：

```
HeapWord* G1CollectedHeap::mem_allocate(size_t word_size,
                              bool* gc_overhead_limit_was_exceeded) {
  for (uint try_count = 1, gclocker_retry_count = 0; /* we'll return */;
    try_count += 1) {
    uint gc_count_before;

    HeapWord* result = NULL;
    if (!isHumongous(word_size)) {
      result = attempt_allocation(word_size, &gc_count_before, &gclocker_
        retry_count);
    } else {
      result = attempt_allocation_humongous(word_size, &gc_count_before,
        &gclocker_retry_count);
    }
    if (result != NULL)        return result;

    //进行最后的分配尝试，要做 Full GC
    VM_G1CollectForAllocation op(gc_count_before, word_size);

    //通过 VMThread 执行
    VMThread::execute(&op);

    if (op.prologue_succeeded() && op.pause_succeeded()) {
      HeapWord* result = op.result();
      if (result != NULL && !isHumongous(word_size))
```

```
        dirty_young_block(result, word_size);
      return result;
    } else {
      //是否分配失败次数达到阈值
      if (gclocker_retry_count > GCLockerRetryAllocationCount)  return NULL;

    }
  }

  ShouldNotReachHere();
  return NULL;
}
```

3.3.1 大对象分配

大对象分配和 TLAB 中的慢速分配基本类似。唯一的区别就是对象大小不同。步骤主要：

❑ 尝试垃圾回收，这里主要是增量回收，同时启动并发标记。

❑ 尝试开始分配对象，对于大对象分为两类，一类是大于 HeapRegionSize 的一半，但是小于 HeapRegionSize，即一个完整的堆分区可以保存，则直接从空闲列表直接拿一个堆分区，或者分配一个新的堆分区。如果是连续对象，则需要多个堆分区，思路同上，但是处理的时候需要加锁。

❑ 如果失败再次尝试垃圾回收，之后再分配。

❑ 最终成功分配或者失败达到一定次数，则分配失败。

大对象分配代码如下所示：

hotspot/src/share/vm/gc_implementation/g1/g1CollectedHeap.cpp

```
HeapWord* G1CollectedHeap::attempt_allocation_humongous(size_t word_size,
                                    uint* gc_count_before_ret,
                                    uint* gclocker_retry_count_ret) {

  //尝试开始垃圾回收
  if (g1_policy()->need_to_start_conc_mark("concurrent humongous allocation",
    word_size)) {
    collect(GCCause::_g1_humongous_allocation);
  }

  HeapWord* result = NULL;
```

```
for (int try_count = 1; /* we'll return */; try_count += 1) {
{
    // 需要加锁
    MutexLockerEx x(Heap_lock);

    // 大对象分配
    result = humongous_obj_allocate(word_size, AllocationContext::current());
    if (result != NULL)            return result;

    if (GC_locker::is_active_and_needs_gc()) {
      should_try_gc = false;
    } else {
      if (GC_locker::needs_gc()) {
        should_try_gc = false;
      } else {
      // 可以继续执行 GC
        gc_count_before = total_collections();
        should_try_gc = true;
      }
    }
  }

  if (should_try_gc) {
    // 垃圾回收，增量回收
    result = do_collection_pause(word_size, gc_count_before, &succeeded,
                                 GCCause::_g1_humongous_allocation);
    if (result != NULL)            return result;

    if (succeeded) {
      // 稍后可以进行回收，可以先返回
      MutexLockerEx x(Heap_lock);
      *gc_count_before_ret = total_collections();
      return NULL;
    }
  } else {
    // 是否达到分配次数阈值
    if (*gclocker_retry_count_ret > GCLockerRetryAllocationCount) {
      MutexLockerEx x(Heap_lock);
      *gc_count_before_ret = total_collections();
      return NULL;
    }
    GC_locker::stall_until_clear();
    (*gclocker_retry_count_ret) += 1;
  }

}
```

```
  ShouldNotReachHere();
  return NULL;
}
```

3.3.2　最后的分配尝试

先尝试分配一下，因为并发之后可能可以分配：

❑ 尝试扩展新的分区，成功则返回。

❑ 不成功进行 Full GC，但是不回收软引用，再次分配成功则返回。

❑ 不成功进行 Full GC，回收软引用，最后一次分配成功则返回；不成功返回
NULL，即分配失败。

最后尝试分配代码如下所示：

hotspot/src/share/vm/gc_implementation/g1/g1CollectedHeap.cpp

```
G1CollectedHeap::satisfy_failed_allocation(size_t word_size,
                                           AllocationContext_t context,
                                           bool* succeeded) {
  *succeeded = true;
  // 执行 GC 前尝试再分配一次
  HeapWord* result =   attempt_allocation_at_safepoint(…);
  if (result != NULL)     return result;

  // 尝试扩展 Heap Region
  result = expand_and_allocate(word_size, context);
  if (result != NULL)  return result;

  // 扩展不成功，进行 Full GC，但是不回收软引用
  bool gc_succeeded = do_collection(false, /* explicit_gc */
                                    false, /* clear_all_soft_refs */
                                    word_size);
  if (!gc_succeeded)     return NULL;

  // 再次尝试分配
  result = attempt_allocation_at_safepoint(…);
  if (result != NULL)     return result;

  // 进行 Full GC，回收软引用
  gc_succeeded = do_collection(false, /* explicit_gc */
                               true,  /* clear_all_soft_refs */
                               word_size);
```

```
    if (!gc_succeeded)      return NULL;

    // 最后一次尝试分配
    result = attempt_allocation_at_safepoint(…);
    if (result != NULL)      return result;

    return NULL;
}
```

3.4　G1 垃圾回收的时机

通常来说，在分配对象时如果内存不足，就会触发垃圾回收，G1 提供了 3 种垃圾回收的算法，分别是新生代回收、混合回收和 Full GC，所以在内存分配的地方可以看到这 3 种收集算法。

总结来看，回收发生在两个时机：第一，在分配内存时发现内存不足，进入垃圾回收；第二，外部显式地调用回收的方法，如在 Java 代码中调用 system.gc() 进入回收。不同的回收时机选择的回收方式也不同。

3.4.1　分配时发生回收

前面提到快速分配和慢速分配在内存不足时，都有可能发生垃圾回收，回收之后再继续分配。在分配时将涉及 3 种回收算法，前面已经介绍此处不再赘述。

3.4.2　外部调用的回收

常见有两种外部调用情况可以激活垃圾回收：

❑ 外部显式调用 system.gc 触发。一般来说，如果我们没有设置 DisableExplicitGC（默认为 false），表示可以接受这个函数显式地触发 GC。这个时候触发的 GC 都是 Full GC，但是如果设置了 ExplicitGCInvokesConcurrent，则表示可以进行并发的混合回收。

❑ 如果和 JNI 交互，JNI 代码进入了临界区（比如 JNI 代码为了优化性能，提供了一个函数 jni_GetPrimitiveArrayCritical/jni_GetStringCritical 用于直接访问原始内存数据，但是为了保证安全必须使用 GCLocker 进行加锁。当加锁后发生了 GC 请求，此时 GC 会被延迟，直到 GCLocker 执行了 unlock 会重新补一个 GC），而且设置了 GCLockerInvokesConcurrent，则可以进行并发混合回收，如果没有设置则可能启动新生代回收。

实际上 JVM 还提供了 WhiteBox API 用于 JVM 内部测试，也可以执行 GC，因此也会触发新生代回收、FGC 等。

3.5　参数介绍和调优

本章详细介绍了 G1 中对象的快速分配和慢速分配，其中快速分配和 TLAB 相关。本节给出实际应用中对象分配用到的相关参数和一些个人经验，如下所示：

- ❑ 在优化调试 TLAB 的时候，在调试环境中可以通过打开 PrintTLAB 来观察 TLAB 分配和使用的情况。
- ❑ 参数 UseTLAB，指是否使用 TLAB。大量的实验可以证明使用 TLAB 能够加速对象分配；该参数默认是打开的，不要关闭它。
- ❑ 参数 ResizeTLAB，指是否允许 TLAB 大小动态调整。前面提到 TLAB 会进行动态化调整，主要是基于历史信息（分配大小、线程数等），有基准测试表明使用动态调整 TLAB 大小效率更高[⊖]。
- ❑ 参数 MinTLABSize，指设置 TLAB 的最小值。实际应用需要设置该值，比如 64K，一般可以根据情况设置和调整该值。
- ❑ 参数 TLABSize，指设置 TLAB 的大小。实际中不要设置 TLABSize，设置之后 TLAB 就不能动态调整了，即会使用一个固定大小的 TLAB，前面我们提到 GC 可以根据情况动态调整 TLAB，在分配效率和内存碎片之间找到一个平衡点，如果设置该值则这种平衡就失效了。
- ❑ 参数 TLABWasteTargetPercent，指的是 TLAB 可占用的 Eden 空间的百分比，默认值是 1。可以根据情况调整 TLABWasteTargetPercent，增大则可以分配更多的 TLAB，3.1 节中给出了具体的计算方式；另外如果实际中线程数目很多，

⊖　https://umumble.com/blogs/java/how-does-jvm-allocate-objects%3F/

建议增大该值，这样每个线程的 TLAB 不至于太小。

❑ 参数 TLABRefillWasteFraction，指的是 TLAB 中浪费空间和 TLAB 块的比例，默认值是 64。可以根据情况调整 TLABRefillWasteFraction，主要考量点是内存碎片和分配效率的平衡，如果发现日志 waste 中的 slow 和 fast 很大，说明浪费严重，可以适当减少该参数值。

❑ 参数 TLABWasteIncrement，指的是动态的增加浪费空间的字节数，默认值是4。增加该值会增加 TLAB 浪费的空间；一般不用设置。

❑ 参数 GCLockerRetryAllocationCount 默认值为 2，表示当分配中的垃圾回收次数超过这个阈值之后则直接失败。

最后再强调一点，TLAB 不是 G1 才引入的，对象分配是 JVM 提供的基础分配功能，只不过 G1 结合自己内存分区的特征，以及垃圾回收的具体实现，重新实现了分配的策略，重用了这些参数的功能和使用方法，且没有引入额外的参数，所以这一部分内容不仅适用于 G1 的调优，其他的垃圾回收器同样适用。

G1 的 Refine 线程

从本章开始将介绍 G1 垃圾回收的内容。前面介绍过 G1 算法中有一个重要的概念：**记忆集**（Remember Set，简称 RSet）和卡表。RSet 和卡表是为了记录对象在不同代际之间的引用关系，目的是在垃圾回收时能够快速地找到活跃对象，而不必遍历整个堆空间。为此在 G1 中还引入了新的 Refine 线程用于处理这种引用关系。本章将介绍 RSet 和 Refine 线程基本概念，以及和他们相关的 refinement zone、与 RSet 相关的写屏障、日志解读，最后介绍与调优相关的参数。

4.1　记忆集

记忆集 RSet 是一种抽象概念，记录对象在不同代际之间的引用关系，目的是为了加速垃圾回收的速度。JVM 使用根对象引用的收集算法，即从根集合出发，标记所有存活的对象，然后遍历对象的每一个字段继续标记，直到所有的对象标记完毕。在分代 GC 中，我们知道新生代和老生代处于不同的收集阶段，如果还是按照这样的标记方法，既不合理也没必要。假设我们只收集新生代，我们把老生代全部标记，但是并没有收集老生代，浪费了时间。同理，在收集老生代时有同样的问题。当且仅当，我们要进行 Full GC 才需要做全部标记。所以算法设计者做了这样的设计，用一个 RSet

记录从非收集部分指向收集部分的指针的集合，而这个集合描述对象的引用关系。

通常有两种方法记录引用关系，第一成为 Point Out，第二是 Point in。如 ObjA.Field = ObjB，对于 Point out 来说在 ObjA 的 RSet 中记录 ObjB 的地址，对于 Point in 来说在 ObjB 的 RSet 中记录 ObjA 的地方，这相当于一种反向引用。这两者的区别在于处理有所不同，Point Out 记录操作简单，但是需要对 RSet 做全部扫描；Point In 记录操作复杂，但是在标记扫描时直接可以找到有用和无用的对象，不需要额外的扫描，因为 RSet 里面的对象可以认为就是根对象。

在 G1 中提供了 3 种收集算法。新生代回收、混合回收和 Full GC。新生代回收总是收集所有新生代分区，混合回收会收集所有的新生代分区以及部分老生代分区，而 Full GC 则是对所有的分区处理。

根据这个思路，我们首先分析一些不同分区之间的 RSet 应该如何设计。分区之间的引用关系可以归纳为：

❑ 分区内部有引用关系。

❑ 新生代分区到新生代分区之间有引用关系。

❑ 新生代分区到老生代分区之间有引用关系。

❑ 老生代分区到新生代分区之间有引用关系。

❑ 老生代分区到老生代分区之间有引用关系。

这里的引用关系指的是分区里面有一个对象存在一个指针指向另一个分区的对象。针对这 5 种情况，最简单的方式就是在 RSet 中记录所有的引用关系，但这并不是最优的设计方案。因为使用 RSet 进行回收实际上有两个重大的缺点：

❑ 需要额外内存空间；这一部分通常是 JVM 最大的额外开销，一般在 1% ～ 20% 之间。

❑ 可能导致浮动垃圾；由于根据 RSet 回收，而 RSet 里面的对象可能已经死亡，这个时候被引用对象会被认为是活跃对象，实质上它是浮动垃圾。

所以有必要对 RSet 进行优化，根据垃圾回收的原理，我们来逐一分析哪些引用关系是需要记录在 RSet 中：

☐ 分区内部有引用关系，无论是新生代分区还是老生代分区内部的引用，都**无需记录**引用关系，因为回收的时候是针对一个分区而言，即这个分区要么被回收要么不回收，回收的时候会遍历整个分区，所以无需记录这种额外的引用关系。

☐ 新生代分区到新生代分区之间有引用关系，这个**无需记录**，原因在于 G1 的这 3 中回收算法都会全量处理新生代分区，所以它们都会被遍历，所以无需记录新生代到新生代之间的引用。

☐ 新生代分区到老生代分区之间有引用关系，这个**无需记录**，对于 G1 中 YGC 针对的新生代分区，无需这个引用关系，混合 GC 发生的时候，G1 会使用新生代分区作为根，那么遍历新生代分区的时候自然能找到老生代分区，所以也无需这个引用，对于 FGC 来说更无需这个引用关系，所有的分区都会被处理。

☐ 老生代分区到新生代分区之间有引用关系，这个**需要记录**，在 YGC 的时候有两种根，一个就是栈空间/全局空间变量的引用，另外一个就是老生代分区到新生代分区的引用。

☐ 老生代分区到老生代分区之间有引用关系，这个**需要记录**，在混合 GC 的时候可能只有部分分区被回收，所以必须记录引用关系，快速找到哪些对象是活跃的。

表 4-1 总结了上面的关系。

表 4-1　哪些情况需要保存引用关系

引用关系	是否需要 RSet
分区内部	不需要
新生代分区到新生代分区	不需要
新生代分区到老生代分区	不需要
老生代分区到新生代分区	需要
老生代分区到老生代分区	需要

前面已经介绍过卡表和位图，那么 RSet 与卡表、位图又是什么关系？我们已经知道 RSet 记录引用者的地址。我们可以使用 RSet 直接记录对象的地址，带来的问题就是 RSet 会急剧膨胀，一个位可以表示 512 个字节区域到被引用区的关系。RSet 用分区

的起始地址和位图表示一个分区所有的引用信息。

这里结合 RSet 从一个具体的例子来看看他们是如何工作。假定有两个新生代分区 YHR，两个老生代分区 OHR。为了方便，定义：obj1_YHR1.Field1 = Obj2_HYR1，表示对象 obj1 在新生代分区 YHR1，它有一个字段 Field1 指向对象 obj2 在新生代分区 YHR2。

假设我们的引用关系如表 4-2 所示。

表 4-2　引用关系保存例子

引用	RSet 所在的分区	存储的位置
Obj1_YHR1.field1 = obj1_YHR2	无	NA
Obj1_YHR1.field2 = obj2_OHR1	无	NA
Obj1_OHR2.field1 = obj2_OHR1	记录在 OHR1 分区中	Obj1_OHR2 地址模 512 对应的位置
Obj2_OHR1.field1 = obj2_YHR1	记录在 YHR1 分区中	Obj2_OHR1 地址模 512 对应的位置
Obj2_OHR1.field2 = obj1_YHR2	记录在 YHR2 分区中	Obj2_OHR1 地址模 512 对应的位置
Obj2_OHR1.field3 = obj1_OHR2	记录在 OHR2 分区中	Obj2_OHR1 地址模 512 对应的位置

图 4-1 是 G1 中关于 RSet 和卡表的整体概述。在这里需要注意一点。卡表是一个全局表，这个卡表的作用并不是记录引用关系，而是记录该区域中对象垃圾回收过程中的状态信息，且能描述对象所处的内存区域块，它能快速描述内存的使用情况，卡表在后文中还会有涉及。RSet 里面有足够的信息定位到引用对象所在分区的块中，下面将详细介绍 RSet。

在 G1 回收器里面，使用了 Point In 的方法。算法可以简化为找到需要收集的分区 HeapRegion 集合，所以 YGC 扫描 Root Set 和 RSet 就可以了。

在线程运行过程中，如果对象的引用发生了变化（通常就是赋值操作），就必须要通知 RSet，更改其中的记录，但对于一个分区来说，里面的对象有可能被很多分区所引用，这就要求这个分区记录所有引用者的信息。为此 G1 回收器使用了一种新的数据结构 PRT（Per region Table）来记录这种变化。每个 HeapRegion 都包含了一个 PRT，它是通过 HeapRegion 里面的一个结构 HeapRegionRemSet 获得，而 HeapRegionRemSet 包含了一个 OtherRegionsTable，也就是我们所说的 PRT，代码如下所示：

```
hotspot/src/share/vm/gc_implementation/g1/heapRegionRemSet.hpp

class OtherRegionsTable VALUE_OBJ_CLASS_SPEC {
```

```
BitMap              _coarse_map;
PerRegionTable**    _fine_grain_regions;
SparsePRT           _sparse_table;
};
```

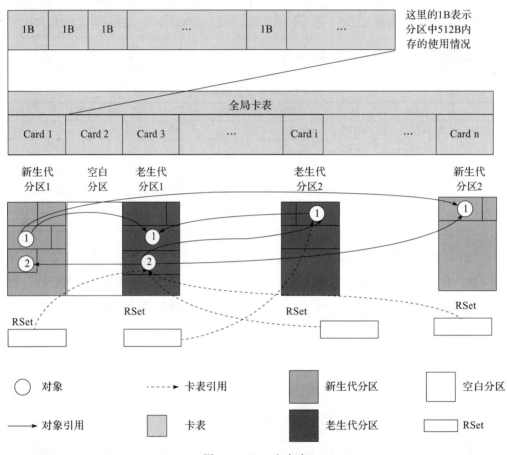

图 4-1　RSet 和卡表

OtherRegionsTable 使用了三种不同的粒度来描述引用，如图 4-2 所示。原因是前面提到的 Point In 的缺点，一个对象可能被引用的次数不固定。引用的次数可能很多也可能很少，为了提高效率，才用了动态化的数据结构存储。主要有以下三种粒度：

❏ 稀疏 PRT：通过哈希表方式来存储。默认长度为 4。

❏ 细粒度 PRT：通过 PRT 指针的指针，所以可以简单地理解为 PRT 指针的数组。

其数组长度可以指定也可以自动计算得到。

❑ 粗粒度：通过位图来指示，每一位表示对应的分区有引用到该分区数据结构。

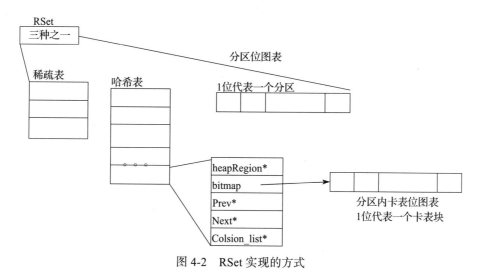

图 4-2　RSet 实现的方式

我们来看一下 RSet 是如何管理引用的，主要代码在 add_reference 中，即把引用者对象对应的卡表地址存放在 RSet 里面。在 RSet 里面记录一个区域到这个对象所在分区的引用。代码如下所示：

hotspot/src/share/vm/gc_implementation/g1/heapRegionRemSet.cpp

```cpp
void OtherRegionsTable::add_reference(OopOrNarrowOopStar from, int tid) {
  uint cur_hrm_ind = hr()->hrm_index();
  int from_card = (int)(uintptr_t(from) >> CardTableModRefBS::card_shift);

  //为了提高效率，有一个卡表的缓存，在缓存中发现引用已经处理则返回
  if (FromCardCache::contains_or_replace((uint)tid, cur_hrm_ind, from_card)) {
    return;
  }

  //Note that this may be a continued H region.
  HeapRegion* from_hr = _g1h->heap_region_containing_raw(from);
  RegionIdx_t from_hrm_ind = (RegionIdx_t) from_hr->hrm_index();

  //如果 RSet 已经变成粗粒度的关系，也就是说 RSet 里面记录的是引用者对象所在的分区而不是
  //对象对应的卡表地址，那么可以直接返回
  if (_coarse_map.at(from_hrm_ind)) {
    return;
```

```
}

// 添加 PRT 引用关系到 RSet 中
size_t ind = from_hrm_ind & _mod_max_fine_entries_mask;
PerRegionTable* prt = find_region_table(ind, from_hr);
if (prt == NULL) {
  // 这里需要加锁，因为可能有多个线程同时访问一个分区对应的 RSet 信息
  MutexLockerEx x(_m, Mutex::_no_safepoint_check_flag);

  prt = find_region_table(ind, from_hr);
  if (prt == NULL) {

    // 使用稀疏矩阵存储
    uintptr_t from_hr_bot_card_index =   uintptr_t(from_hr->bottom())
      >> CardTableModRefBS::card_shift;
    CardIdx_t card_index = from_card - from_hr_bot_card_index;
    if (G1HRRSUseSparseTable &&   _sparse_table.add_card(from_hrm_ind,
      card_index)) {
      return;
    }

    // 细粒度卡表已经满了，删除所有的 PRT，然后他们放入粗粒度卡表，这是针对分区的 BitMap
    if (_n_fine_entries == _max_fine_entries) {
      prt = delete_region_table();
      prt->init(from_hr, false /* clear_links_to_all_list */);
    } else {
      // 稀疏矩阵已经满了，需要分配一个新的细粒度卡表来存储
      prt = PerRegionTable::alloc(from_hr);
      link_to_all(prt);
    }

    PerRegionTable* first_prt = _fine_grain_regions[ind];
    prt->set_collision_list_next(first_prt);
    _fine_grain_regions[ind] = prt;
    _n_fine_entries++;

    // 把稀疏矩阵里面的数据迁移到细粒度卡表中，添加成功后删除稀疏矩阵
    if (G1HRRSUseSparseTable) {
      SparsePRTEntry *sprt_entry = _sparse_table.get_entry(from_hrm_ind);
      for (int i = 0; i < SparsePRTEntry::cards_num(); i++) {
        CardIdx_t c = sprt_entry->card(i);
        if (c != SparsePRTEntry::NullEntry) {
          prt->add_card(c);
        }
      }

      bool res = _sparse_table.delete_entry(from_hrm_ind);
```

```
      }
    }
  }

  // 添加引用
  prt->add_reference(from);

}
```

前面我们提到 RSet 记录的是引用者的地址，这只是一个概述，实际上在细粒度表中，每一项都是 PRT，这个 PRT 使用的是 HeapRegion 的起始地址加上一个位图，这个位图描述这一个分区的引用情况，所以它的大小为 HeapRegionSize%512。不直接记录地址而是通过一个起始地址和位图，这样可以使用更少的内存存储更多的引用关系，记录引用的代码如下：

```
hotspot/src/share/vm/gc_implementation/g1/heapRegionRemSet.cpp

void PerRegionTable::add_reference_work(OopOrNarrowOopStar from, bool par) {

  HeapRegion* loc_hr = hr();
  if (loc_hr->is_in_reserved_raw(from)) {
    size_t hw_offset = pointer_delta((HeapWord*)from, loc_hr->bottom());
    CardIdx_t from_card = (CardIdx_t)  hw_offset >>
      (CardTableModRefBS::card_shift - LogHeapWordSize);

    add_card_work(from_card, par);
  }
}

  void PerRegionTable::add_card_work(CardIdx_t from_card, bool par) {
  if (!_bm.at(from_card)) {
    if (par) {
      if (_bm.par_at_put(from_card, 1)) {
        Atomic::inc(&_occupied);
      }
    } else {
      _bm.at_put(from_card, 1);
      _occupied++;
    }
  }
}
```

这里面有几个开发选项，比如 G1TraceHeapRegionRememberedSet、G1HRRSUseSparseTable、G1RecordHRRSOops，在调试版本中打开它们可以输出更多的信息。

4.2 Refine 线程的功能及原理

Refine 线程是 G1 新引入的并发线程池，线程默认数目为 G1ConcRefinementThreads + 1，它分为两大功能：

❑ 用于处理新生代分区的抽样，并且在满足响应时间的这个指标下，更新 YHR 的数目。通常有一个线程来处理。

❑ 管理 RSet，这是 Refine 最主要的功能。RSet 的更新并不是同步完成的，G1 会把所有的引用关系都先放入到一个队列中，称为 dirty card queue（DCQ），然后使用线程来消费这个队列以完成更新。正常来说有 G1ConcRefinementThreads 个线程处理；实际上除了 Refine 线程更新 RSet 之外，GC 线程或者 Mutator 也可能会更新 RSet；DCQ 通过 Dirty Card Queue Set（DCQS）来管理；为了能够并发地处理，每个 Refine 线程只负责 DCQS 中的某几个 DCQ。

对于处理 DirtyCard 的 Refine 线程有两个关注点：Mutator 如何把引用对象放入到 DCQS 供 Refine 线程处理，以及当 Refine 线程太忙的话 Mutator 如何帮助线程。我们先介绍比较独立的抽样线程，再介绍一般的 Refine 线程。

4.2.1 抽样线程

Refine 线程池中的最后一个线程就是抽样线程，它的主要作用是设置新生代分区的个数，使 G1 满足垃圾回收的预测停顿时间。抽样线程的代码在 run_young_rs_sampling，如下所示：

```
hotspot/src/share/vm/gc_implementation/g1/concurrentG1RefineThread.cpp

void ConcurrentG1RefineThread::run_young_rs_sampling() {
  ...
  while(!_should_terminate) {
    sample_young_list_rs_lengths();

    //时间统计（略）...

    MutexLockerEx x(_monitor, Mutex::_no_safepoint_check_flag);
    if (_should_terminate) {
      break;
    }
  }
/* 可以看到这里使用参数 G1ConcRefinementServiceIntervalMillis 控制抽样线程运行的
```

频度，生产中如果发现采样不足可以减少该时间，如果系统运行稳定满足预测时间，可以增大该值减少采样 */
```
    _monitor->wait(Mutex::_no_safepoint_check_flag,
      G1ConcRefinementServiceIntervalMillis);
  }
}
```

抽样的具体代码在 sample_young_list_rs_lengths，代码如下：

hotspot/src/share/vm/gc_implementation/g1/concurrentG1RefineThread.cpp

```
void ConcurrentG1RefineThread::sample_young_list_rs_lengths() {
  SuspendibleThreadSetJoiner sts;
  G1CollectedHeap* g1h = G1CollectedHeap::heap();
  G1CollectorPolicy* g1p = g1h->g1_policy();
  if (g1p->adaptive_young_list_length()) {
    int regions_visited = 0;
g1h->young_list()->rs_length_sampling_init();
// young_list 是所有新生代分区形成的一个链表
while (g1h->young_list()->rs_length_sampling_more()) {
/* 这里的关键是 rs_length_sampling_next，其值为在本次循环中有多少个分区可以加入到
    新生代分区，其思路也非常简单：当前分区有多少个引用的分区，包括稀疏、细粒度和粗粒度的
    分区个数，把这个数字加入到新生代总回收的要处理的分区数目。从这里也可以看到停顿时间指
    回收新生代分区要花费的时间，这个时间当然也包括分区之间引用的处理 */
      g1h->young_list()->rs_length_sampling_next();
      ++regions_visited;

      // 每 10 次即每处理 10 个分区，主动让出 CPU，目的是为了在 GC 发生时 VMThread
      // 能顺利进入到安全点，关于进入安全点的详细解释参见第 10 章
      if (regions_visited == 10) {
        if (sts.should_yield()) {
          sts.yield();
          break;
        }
        regions_visited = 0;
      }
    }

    // 这里就是利用上面的抽样数据更新新生代分区数目
    g1p->revise_young_list_target_length_if_necessary();
  }
}
```

修正新生代分区数目的代码如下所示：

hotspot/src/share/vm/gc_implementation/g1/g1CollectorPolicy.cpp

```
void G1CollectorPolicy::revise_young_list_target_length_if_necessary() {

  size_t rs_lengths = _g1->young_list()->sampled_rs_lengths();
  if (rs_lengths > _rs_lengths_prediction) {
    // 增加 10% 的冗余
    size_t rs_lengths_prediction = rs_lengths * 1100 / 1000;
    update_young_list_target_length(rs_lengths_prediction);
  }
}
```

具体的计算方式在 update_young_list_target_length，传递的参数就是我们采样得到的分区数目，使用的方法就是我们在第 2 章介绍的停顿预测模型。在预测时，还需要考虑最小分区的下限和上限，不过代码逻辑并不复杂，特别是理解了停顿预测模型的思路，很容易读懂，这里就不再列出源代码。

4.2.2　管理 RSet

前面提到 RSet 用于管理对象引用关系，但是我们并没有提及怎么管理这种关系。G1 中使用 Refine 线程异步地维护和管理引用关系。因为要异步处理，所以必须有一个数据结构来维护这些需要引用的对象。

JVM 在设计的时候，声明了一个全局的静态变量 DirtyCardQueueSet（DCQS），DCQS 里面存放的是 DCQ，为了性能的考虑，所有处理引用关系的线程共享一个 DCQS，每个 Mutator（线程）在初始化的时候都关联这个 DCQS。每个 Mutator 都有一个私有的队列，每个队列的最大长度由 G1UpdateBufferSize（默认值为 256）确定，即最多存放 256 个引用关系对象，在本线程中如果产生新的对象引用关系则把引用者放入 DCQ 中，当满 256 个时，就会把这个队列放入到 DCQS 中（DCQS 可以被所有线程共享，所以放入时需要加锁），当然可以手动提交当前线程的队列（当队列还没有满的时候，提交时要指明有多少个引用关系）。而 DCQ 的处理则是通过 Refine 线程。DCQS 初始化代码如下：

```
hotspot/src/share/vm/gc_implementation/g1/g1CollectedHeap.cpp
```

```
dirty_card_queue_set().initialize(NULL, // 初始化动作只应由 JVM 完成
                                  DirtyCardQ_CBL_mon,
                                  DirtyCardQ_FL_lock,
                                  -1, // 设置无需处理
```

```
             -1,  // 不设置 GCQS 的长度
             Shared_DirtyCardQ_lock,
             &JavaThread::dirty_card_queue_set());
```

在这里有一个全局的 Monitor，即 DirtyCardQ_CBL_mon，它的目的是什么？我们知道任意的 Mutator 都可以通过 JavaThread 中的静态方法找到 DCQS 这个静态成员变量，每当 DCQ 满了之后都会把这个 DCQ 加入到 DCQS 中。当 DCQ 加入成功，并且满足一定条件时（这里的条件是 DCQS 中 DCQ 的个数大于一个阈值，这个阈值和后文的 Green Zone 相关），调用就是通过这个 Monitor 发送 Notify 通知 0 号 Refine 线程启动。因为 0 号 Refine 线程可能会被任意一个 Mutator 来通知，所以这里的 Monitor 是一个全局变量，可以被任意的 Mutator 访问。

把 DCQ 加入到 DCQS 的方法是 enqueue_complete_buffer，它定义在 PtrQueueSet 中，PtrQueueSet 是 DirtyCardQueueSet 的父类。enqueue_complete_buffer 是通过 process_or_enqueue_complete_buffer 完成添加的。在 process_or_enqueue_complete_buffer 中如果 Mutator 发现 DCQS 已经满了，那么就不继续往 DCQS 中添加了，这个时候说明引用变更太多了，Refine 线程负载太重，这个 Mutator 就会暂停其他代码执行，替代 Refine 线程来更新 RSet。把对象加入到 DCQ 的代码如下所示：

```
hotspot/src/share/vm/gc_implementation/g1/ptrQueue.hpp
```

```
// 把对象放入到 DCQ 中，实际上 DCQ 就是一个 buffer
void PtrQueue::enqueue(void* ptr) {
  if (!_active) return;
  else enqueue_known_active(ptr);
}
```

上面的 enqueue_known_active 就是判断当前 DCQ 是否还有空间，如果有则直接加入，如果没有则调用 handle_zero_index，它再调用 process_or_enqueue_complete_buffer 并根据返回值决定是否申请新的 DCQ，代码如下所示：

```
hotspot/src/share/vm/gc_implementation/g1/ptrQueue.cpp
```

```
void PtrQueue::enqueue_known_active(void* ptr) {
  // index 为 0，表示 DCQ 已经满了，需要把 DCQ 加入到 DCQS 中，并申请新的 DCQ
  while (_index == 0) {
    handle_zero_index();
  }
```

```
        // 在这里，无论如何都会有合适的 DCQ 可以使用，因为满的 DCQ 会申请新的。直接加入对象
        _index -= oopSize;
        _buf[byte_index_to_index((int)_index)] = ptr;
}

// 下面就是处理 DCQ 满的情况
void PtrQueue::handle_zero_index() {
    // 这里先进行二次判断，是为了防止 DCQ 满的情况下同一线程多次进入分配
    if (_buf != NULL) {
        if (!should_enqueue_buffer()) {
            return;
        }

        if (_lock) {
            /* 进入这里，说明使用的是全局的 DCQ。这里需要考虑多线程的情况。大体可以总结为：把
               全局 DCQ 放入到 DCQS 中，然后再为全局的 DCQ 申请新的空间。这里引入一个局部变量
               buf 的目的在于处理多线程的竞争。*/
            void** buf = _buf;      // local pointer to completed buffer
            _buf = NULL;            // clear shared _buf field
            /* 这里的 locking_enqueue_completed_buffer 和后面的 enqueue_completed_
               buffer 几乎是一样的，唯一的区别就是锁的处理，因为这里是全局 DCQ 所以涉及加锁
               和解锁。*/
            locking_enqueue_completed_buffer(buf);
            // 如果 _buf 不为 null，说明其他的线程已经成功地为全局 DCQ 申请到空间了，直接返回
            if (_buf != NULL) return;
    } else {
            // 此处就是普通的 DCQ 处理
            if (qset()->process_or_enqueue_complete_buffer(_buf)) {
                // 返回值为真，说明 Mutator 暂停执行应用代码，帮助处理 DCQ，所以此时可以重用 DCQ
                _sz = qset()->buffer_size();
                _index = _sz;
                return;
            }
        }
    }
    // 为 DCQ 申请新的空间
    _buf = qset()->allocate_buffer();
    _sz = qset()->buffer_size();
    _index = _sz;
}

// 处理 DCQ，根据情况判定是否需要 Mutator 介入
bool PtrQueueSet::process_or_enqueue_complete_buffer(void** buf) {
    if (Thread::current()->is_Java_thread()) {
// 条件为真，就说明需要 Mutator 介入这里没有加锁，允许一定的竞争，原因在于如果条件不满足
// 最坏的后果就是 Mutator 处理
```

```
    if (_max_completed_queue == 0 || _max_completed_queue > 0 &&
        _n_completed_buffers >= _max_completed_queue + _completed_queue_
            padding) {
      bool b = mut_process_buffer(buf);
      if (b)            return true;
    }
  }
  // 把 buffer 加入到 DCQS 中，注意这里加入之后调用者将会分配一个新的 buffer
  // 是否生成新的 buffer 依赖于返回值，false 表示需要新的 buffer
  enqueue_complete_buffer(buf);
  return false;
}

// 其实这个函数也非常简单，就是 DCQ 形成一个链表
void PtrQueueSet::enqueue_complete_buffer(void** buf, size_t index) {
  MutexLockerEx x(_cbl_mon, Mutex::_no_safepoint_check_flag);
  BufferNode* cbn = BufferNode::new_from_buffer(buf);
  cbn->set_index(index);
  if (_completed_buffers_tail == NULL) {
    assert(_completed_buffers_head == NULL, "Well-formedness");
    _completed_buffers_head = cbn;
    _completed_buffers_tail = cbn;
  } else {
    _completed_buffers_tail->set_next(cbn);
    _completed_buffers_tail = cbn;
  }
  _n_completed_buffers++;
  // 这里是判断是否需要有 Refine 线程工作，如果没有线程工作通过 notify 通知启动
  if (!_process_completed && _process_completed_threshold >= 0 &&
      _n_completed_buffers >= _process_completed_threshold) {
    _process_completed = true;
  if (_notify_when_complete)
    // 这里其实就是通知 0 号 Refine 线程
      _cbl_mon->notify();
  }
}
```

我们提到当 Refine 线程忙不过来的时候，G1 让 Mutator 帮忙处理引用变更。当然 Refine 线程个数可以由用户设置，但是通过上面数据结构的描述，可以发现仍然可能存在因对象引用修改太多，导致 Refine 线程太忙，处理不过来。所以 Mutator 来处理引用变更，就会导致业务暂停处理，如果发生了这种情况，说明修改太多，或者 Refine 数目设置得太少。我们可以通过参数 G1SummarizeRSetStats 打开 RSet 处理过程中的日志，从中能发现处理线程的信息。下面我们看一下 Mutator 是如何处理 DCQ 的。

4.2.3 Mutator 处理 DCQ

队列 set 的最大长度依赖于 Refine 线程的个数，最大为 Red Zone 的个数（关于 Red Zone 见下一节介绍，这里简单理解为一个数字），当队列 set 里面的队列个数超过 Red Zone 的个数时，提交队列的 Mutator 就不能把这个队列放入到 set 中，此时，Mutator 就会直接处理这个队列的引用。代码如下：

hotspot/src/share/vm/gc_implementation/g1/dirtyCardQueue.cpp

```
bool DirtyCardQueueSet::mut_process_buffer(void** buf) {
/* 实现比较简单，直接使用 Mutator 线程处理 DCQ。其处理方法和 Refine 线程完全一样，关键
    是调用 DirtyCardQueue::apply_closure_to_buffer，在一下节统一介绍，完成后增加
    Mutator 的统计信息。*/
......
}
```

4.2.4 Refine 线程的工作原理

Refine 线程的初始化是在 GC 管理器初始化的时候进行，但是如果没有足够多的引用关系变更，这些 Refine 线程都是空转，所以需要一个机制能动态激活和冻结线程，JVM 通过 wait 和 notify 机制来实现。设计思想是：从 0 到 $n-1$ 线程（n 表示 Refine 线程的个数），都是由前一个线程发现自己太忙，激活后一个；后一个线程发现自己太闲的时候则主动冻结自己。那么第 0 个线程在何时被激活？第 0 个线程是由正在运行的 Java 线程来激活的，当 Java 线程（Mutator）尝试把修改的引用放入到队列时，如果 0 号线程还没激活，则发送 notify 信号激活它。所以在设计的时候，0 号线程可能会由任意一个 Mutator 来通知，而 1 号到 $n-1$ 号线程只能有前一个标号的 Refine 线程通知。因为 0 号线程可以由任意 Mutator 通知，所以 0 号线程等待的 Monitor 是一个全局变量，而 1 号到 $n-1$ 号线程中的 Monitor 则是局部变量。

Refine 线程的主要工作在 run 方法中，代码如下：

hotspot/src/share/vm/gc_implementation/g1/concurrentG1RefineThread.cpp

```
void ConcurrentG1RefineThread::run() {
  // 初始化线程私有信息

  // Refine 的最后一个线程用于处理 YHR 的抽样，抽样的作用在前面已经提到，就是为了预测
  // 停顿时间并调整分区数目
```

```
if (_worker_id >= cg1r()->worker_thread_num()) {
  run_young_rs_sampling();
  terminate();
  return;
}

// 0~n-1 线程是真正的 Refine 线程，处理 RSet
while (!_should_terminate) {
  DirtyCardQueueSet& dcqs = JavaThread::dirty_card_queue_set();

  // 这个就是我们上面提到的前一个线程通知后一个线程，0 号线程由 Mutator 通知
  wait_for_completed_buffers();

  if (_should_terminate) {
    break;
  }

  {
    SuspendibleThreadSetJoiner sts;

    do {
      ......

      // 根据负载判断是否需要停止当前的 Refine 线程，如果需要则停止。
      if (_worker_id > 0 && curr_buffer_num <= _deactivation_threshold) {
        deactivate();
        break;
      }

      // 根据负载判断是否需要通知 / 启动新的 Refine 线程，如果需要则发一个通知。
      if (_next != NULL && !_next->is_active() && curr_buffer_num >
        _next->_threshold) {
        _next->activate();
      }
    } while (dcqs.apply_closure_to_completed_buffer(_refine_closure,
      _worker_id + _worker_id_offset, cg1r()->green_zone()));

    // 当有 yield 请求时退出循环，目的是为了进入安全点，可以参考第 10 章
    if (is_active()) {
      deactivate();
    }
  }
}

terminate();
}
```

Refine 线程主要工作就是处理 DCQS，具体在这个 while 循环中：(dcqs.apply_closure_to_completed_buffer(_refine_closure, _worker_id + _worker_id_offset, cg1r()->green_zone())); 循环调用 apply_closure_to_completed_buffer，这个方法传递了几个参数：

❑ 参数 Closure，真正处理卡表。

❑ 参数 worker id + workerid offset，工作线程要处理的开始位置，让不同的 Refine 线程处理 DCQS 中不同的 DCQ，这个值在 4.3 节介绍。

❑ 参数 cg1r()->green zone()，就是 Green Zone 的数值，也就是说所有的 Refine 线程在处理的时候都知道要跳过至少 Green 的个数的 DCQ，即忽略 DCQS 中 DCQ 的区域。同时也可以想象到，在 GC 收集的地方这个参数一定会传入 0，表示要处理所有的 DCQ。可以参看下文新生代回收中的 G1CollectedHeap::iterate_dirty_card_closure。

另外因为 queue set 是全局共享，对 queue set 的处理是需要加锁的。这个方法会调用 DirtyCardQueue::apply_closure_to_buffer，代码如下所示：

```
hotspot/src/share/vm/gc_implementation/g1/dirtyCardQueue.cpp

bool DirtyCardQueue::apply_closure_to_buffer(CardTableEntryClosure* cl,
                                             void** buf,
                                             size_t index, size_t sz,
                                             bool consume,
                                             uint worker_i) {
  if (cl == NULL) return true;
  for (size_t i = index; i < sz; i += oopSize) {
    int ind = byte_index_to_index((int)i);
    jbyte* card_ptr = (jbyte*)buf[ind];
    if (card_ptr != NULL) {
      // 设置 buf 为 NULL，再对 buf 遍历时就可以快速跳过 NULL
      if (consume) buf[ind] = NULL;
      if (!cl->do_card_ptr(card_ptr, worker_i)) return false;
    }
  }
  return true;
}
```

最终会调用 refine_card，代码如下所示：

```
hotspot/src/share/vm/gc_implementation/g1/g1RemSet.cpp
```

```
bool G1RemSet::refine_card(jbyte* card_ptr, uint worker_i,
                           bool check_for_refs_into_cset) {
```

// 如果卡表指针对应的值已经不是 dirty，说明该指针已经处理过了，所以不再需要处理，直接返回
```
  if (*card_ptr != CardTableModRefBS::dirty_card_val()) {
    return false;
  }
```

// 找到卡表指针所在的分区
```
  HeapWord* start = _ct_bs->addr_for(card_ptr);
  HeapRegion* r = _g1->heap_region_containing(start);
```

/* 引用者是新生代或者在 CSet 都不需要更新，因为他们都会在 GC 中被收集。实际上在引用关系
　　进入到队列的时候会被过滤，4.4 节写屏障时会介绍。问题是为什么我们还需要再次过滤？主
　　要是考虑并发的因素。比如并发分配或者并行任务窃取等。*/
```
  if (r->is_young()) {
    return false;
  }
```

```
  if (r->in_collection_set()) {
    return false;
  }
```

/* 对于热表可以通过参数控制，处理的时候如果发现它不热，则直接处理；
　　如果热的话则留待后续批量处理。
　　如果热表存的对象太多，最老的则会被赶出继续处理。*/
```
  G1HotCardCache* hot_card_cache = _cg1r->hot_card_cache();
  if (hot_card_cache->use_cache()) {
    card_ptr = hot_card_cache->insert(card_ptr);
    if (card_ptr == NULL) {
      return false;
    }
```

```
    start = _ct_bs->addr_for(card_ptr);
    r = _g1->heap_region_containing(start);
  }
```

// 确定要处理的内存块为 512 个字节
```
  HeapWord* end  = start + CardTableModRefBS::card_size_in_words;
  MemRegion dirtyRegion(start, end);
```

// 定义 Closure 处理对象，最主要的是 G1ParPushHeapRSClosure
```
  G1ParPushHeapRSClosure* oops_in_heap_closure = NULL;
  if (check_for_refs_into_cset) {
    oops_in_heap_closure = _cset_rs_update_cl[worker_i];
  }
```

```
G1UpdateRSOrPushRefOopClosure update_rs_oop_cl(_g1,
                                               _g1->g1_rem_set(),
                                               oops_in_heap_closure,
                                               check_for_refs_into_cset,
                                               worker_i);
update_rs_oop_cl.set_from(r);

G1TriggerClosure trigger_cl;
FilterIntoCSClosure into_cs_cl(NULL, _g1, &trigger_cl);
G1InvokeIfNotTriggeredClosure invoke_cl(&trigger_cl, &into_cs_cl);
G1Mux2Closure mux(&invoke_cl, &update_rs_oop_cl);

FilterOutOfRegionClosure filter_then_update_rs_oop_cl(r,
                    (check_for_refs_into_cset ?
                            (OopClosure*)&mux :
                            (OopClosure*)&update_rs_oop_cl));

bool filter_young = true;

// 具体的处理在这里
HeapWord* stop_point =
  r->oops_on_card_seq_iterate_careful(dirtyRegion,
                                      &filter_then_update_rs_oop_cl,
                                      filter_young,
                                      card_ptr);

// 如果处理中出现问题，比如内存不连续等，则把该引用放入到公共的 DCQS，等待后续处理
if (stop_point != NULL) {
  if (*card_ptr != CardTableModRefBS::dirty_card_val()) {
    *card_ptr = CardTableModRefBS::dirty_card_val();
    MutexLockerEx x(Shared_DirtyCardQ_lock,
                    Mutex::_no_safepoint_check_flag);
    DirtyCardQueue* sdcq =
      JavaThread::dirty_card_queue_set().shared_dirty_card_queue();
    sdcq->enqueue(card_ptr);
  }
} else {
  _conc_refine_cards++;
}

bool has_refs_into_cset = trigger_cl.triggered();
return has_refs_into_cset;
}
```

上面只是给出这 512 字节的区域需要处理，但是这个区域里面第一个对象的地址在哪里？这需要遍历该堆分区，跳过这个内存块之前的地址，然后找到第一个对象，

把这 512 字节里面的内存块都作为引用者来处理。这就是为什么会产生浮动垃圾的原因之一。代码如下所示：

```
hotspot/src/share/vm/gc_implementation/g1/heapRegion.cpp
```

```cpp
HeapWord* HeapRegion::oops_on_card_seq_iterate_careful(MemRegion mr,
                                    FilterOutOfRegionClosure* cl,
                                    bool filter_young,
                                    jbyte* card_ptr) {

    if (g1h->is_gc_active()) {
      mr = mr.intersection(MemRegion(bottom(), scan_top()));
    } else {
      mr = mr.intersection(used_region());
    }
    if (mr.is_empty()) return NULL;
    if (is_young() && filter_young)      return NULL;

    // 把卡表改变成 clean 状态, 这是为了说明该内存块正在被处理
    if (card_ptr != NULL) {
      *card_ptr = CardTableModRefBS::clean_card_val();
      OrderAccess::storeload();
    }

    HeapWord* const start = mr.start();
    HeapWord* const end = mr.end();
    HeapWord* cur = block_start(start);

    // 跳过不在处理区域的对象
    oop obj;
    HeapWord* next = cur;
    do {
      cur = next;
      obj = oop(cur);
      if (obj->klass_or_null() == NULL)     return cur;
      next = cur + block_size(cur);
    } while (next <= start);

    // 直到达到这 512 字节的内存块, 然后遍历这个内存块
    do {
      obj = oop(cur);
      if (obj->klass_or_null() == NULL)      return cur;

      cur = cur + block_size(cur);
      // 此处判断对象是否死亡的依据是根据内存的快照, 这个在并发标记中会提到
```

```
        if (!g1h->is_obj_dead(obj)) {
        //遍历对象
          if (!obj->is_objArray() || (((HeapWord*)obj) >= start && cur <= end))
          {
            obj->oop_iterate(cl);
          } else {
            obj->oop_iterate(cl, mr);
          }
        }
      } while (cur < end);

      return NULL;
    }
```

遍历到的每一个对象都会使用 G1UpdateRSOrPushRefOopClosure 更新 RSet，代码如下所示：

hotspot/src/share/vm/gc_implementation/g1/g1OopClosures.inline.hpp

```
template <class T> inline void G1UpdateRSOrPushRefOopClosure::do_oop_nv(T* p) {
    oop obj = oopDesc::load_decode_heap_oop(p);
    if (obj == NULL)      return;

    HeapRegion* to = _g1->heap_region_containing(obj);
    //只处理不同分区之间的引用关系
    if (_from == to)      return;

    if (_record_refs_into_cset && to->in_collection_set()) {
    /* Evac 的情况才能进入到这里，对于正常情况把对象放入栈中继续处理，这里主要处理分区内部的引用，
        只需要复制对象，不必维护引用关系。失败的情况则需要通过特殊路径来处理，参见7.1节 */
      if (!self_forwarded(obj)) {
        //对于成功转移的对象放入 G1ParScanThreadState 的队列中处理
        _push_ref_cl->do_oop(p);
        }
    } else {
      to->rem_set()->add_reference(p, _worker_i);
    }
}
```

更新的方法就是 add_reference，这个前面已经提到，就是更新 PRT 信息。

整个 RSet 更新流程简单一句话总结就是，根据引用者找到被引用者，然后在被引用者所在的分区的 RSet 中记录引用关系。这里有没有关于并发执行的疑问？会不会存在 Refine 线程在执行过程中被引用者的地址发生变化，从而不能从引用者准确地找

到被引用者对象？这个情况并不会发生，因为在 Refine 线程执行的过程中并不会发生 GC，也不会发生对象的移动，即对象地址都是固定的。

4.3 Refinement Zone

Refine 线程最主要的工作正如上文所讲就是维护 RSet。实际上这也是 G1 调优中很重要的一部分，据资料测试表明 RSet 在很多情况下要浪费 1% ～ 20% 左右的空间，比如 100G 的空间，有可能高达 20G 给 RSet 使用；另一方面，有可能过多 RSet 的更新会导致 Mutator 很慢，因为 Mutator 发现 DCQS 太满会主动帮助 Refine 线程处理。这和 Refine 线程的设计有关。通常我们可以设置多个 Refine 线程工作，在不同的工作负载下启用的线程不同，这个工作负载通过 Refinement Zone 控制。G1 提供三个值，分别是 Green、Yellow 和 Red，将整个 Queue set 划分成 4 个区，姑且称为白、绿、黄和红。

❑ 白区：[0，Green)，对于该区，Refine 线程并不处理，交由 GC 线程来处理 DCQ。

❑ 绿区：[Green，Yellow)，在该区中，Refine 线程开始启动，并且根据 queue set 数值的大小启动不同数量的 Refine 线程来处理 DCQ。

❑ 黄区：[Yellow，Red)，在该区，所有的 Refine 线程（除了抽样线程）都参与 DCQ 处理。

❑ 红区：[Red，+ 无穷)，在该区，不仅仅所有的 Refine 线程参与处理 RSet，而且连 Mutator 也参与处理 dcq。

这三个值通过三个参数设置：G1ConcRefinementGreenZone、G1ConcRefinement YellowZone、G1ConcRefinementRedZone，默认值都是 0。如果没有设置这三个值，G1 则自动推断这三个区的阈值大小，如下所示：

❑ G1ConcRefinementGreenZone 为 ParallelGCThreads。

❑ G1ConcRefinementYellowZone 和 G1ConcRefinementRedZone 是 G1Conc RefinementGreenZone 的 3 倍和 6 倍。这里留一个小小的问题，为什么 JDK 的设计者要把 G1ConcRefinementGreenZone 和并行线程数 ParallelGCThreads 关联？

上面提到在黄区时所有的 Refine 线程都会参与 DCQ 处理，那么有多少个线程？这个值可以通过参数 G1ConcRefinementThreads 设置，默认值为 0，当没有设置该值时 G1 可以启发式推断，设置为 ParallelGCThreads。ParallelGCThreads 也可以通过参数设置，默认值为 0，如果没有设置，G1 也可以启发式推断出来，如下所示：

$$ParallelGCThreads = ncpus，当 ncpus 小于等于 8，ncpus 为 cpu 内核的个数$$
$$8 + (ncpus - 8) * 5/8，当 ncpus > 8，ncpus 为 cpu 内核的个数$$

在绿区的时候，Refine 线程会根据 DCQS 数值的大小启动不同数量的 Refine 线程，有一个参数用于控制每个 Refine 线程消费队列的步长，这个参数是：G1ConcRefinementThresholdStep，如果不设置，可以自动推断为：Refine 线程 + 1。

假设 ParallelGCThreads = 4，G1ConcRefinementThreads = 3，G1ConcRefinementThresholdStep = 黄区个数 - 绿区个数 / (worknum + 1)，则自动推断为 2。绿黄红的个数分别为 = {4，12，24}。

这里将有 4 个 Refine 线程，0 号线程：DCQS 中的 DCQ 超过 4 个开始启动，低于 4 个终止；1 号线程：DCQS 中的 DCQ 到达 9 个开始启动，低于 6 个终止；2 号线程：DCQS 中的 DCQ 达到 11 个开始启动，低于 8 个终止，3 号线程：处理新生代分区的抽样。当 DCQS 中的 DCQ 超过 24 个时，Mutator 开始工作。即 DCQS 最多 24 个。

4.4　RSet 涉及的写屏障

我们一直提到一个概念就是引用关系。Refine 主要关注的就是引用关系的变更，更准确地说就是对象的赋值。那么如何识别引用关系的变更？这就需要写屏障。

写屏障是指在改变特定内存的值时（实际上也就是写入内存）额外执行的一些动作。在大多数的垃圾回收算法中，都用到了写屏障。写屏障通常用于在运行时探测并记录回收相关指针（interesting pointer），在回收器只回收堆中部分区域的时候，任何来自该区域外的指针都需要被写屏障捕获，这些指针将会在垃圾回收的时候作为标记开始的根。典型的 CMS 中也是通过写屏障记录引用关系，G1 也是如此。举例来说，每一次将一个老生代对象的引用修改为指向新生代对象，都会被写屏障捕获，并且记录下来。因此在新生代回收的时候，就可以避免扫描整个老生代来查找根。

G1 垃圾回收器的 RSet 就是通过写屏障完成的，在写变更的时候通过插入一条额外的代码把引用关系放入到 DCQ 中，随后 Refine 线程更新 RSet，记录堆分区内部中对象的指针。这种记录发生在写操作之后。对于一个写屏障来说，过滤掉不必要的写操作是十分必要的。这种过滤既能加快赋值器的速度，也能减轻回收器的负担。G1 垃圾回收器采用三重过滤：

❑ 不记录新生代到新生代的引用或者新生代到老生代的引用（因为在垃圾回收时，新生代的堆分区都会被会收集），在写屏障时过滤。

❑ 过滤掉同一个分区内部引用，在 RSet 处理时过滤。

❑ 过滤掉空引用，在 RSet 处理时过滤。

过滤掉之后，可以使 RSet 的大小大大减小。这里还有一个问题，就是何时触发写屏障更新 DCQ，关于这一点在混合回收中涉及写屏障时还会更为详细地介绍。

G1 垃圾回收器的写屏障使用一种两级的缓存结构（用 queue set 实现）：

❑ 线程 queue set：每个线程自己的 queue set。所有的线程都会把写屏障的记录先放入自己的 queue set 中，装满了之后，就会把 queue set 放到 global set of filled queue 中，而后再申请一个 queue set。

❑ global set of filled buffer：所有线程共享的一个全局的、存放填满了的 DCQS 的集合。

4.5　日志解读

为了模拟写屏障，这里给出一个例子，在代码中分配较大的内存以保证这些对象直接分配到老生代中，这样我们就能发现 RSet 的更多信息，如下所示：

```
public class RSetTest {

    static Object[] largeObject1 = new Object[1024 * 1024];
```

```
static Object[] largeObject2 = new Object[1024 * 1024];
static int[] temp;

public static void main(String[] args) {
  int numGCs = 200;

  for (int k = 0; k < numGCs - 1; k++) {
    for (int i = 0; i < largeObject1.length; i++) {
      largeObject1[i] = largeObject2;
    }

    for (int i = 0; i < largeObject2.length; i++) {
      largeObject2[i] = largeObject1;
    }

    for (int i = 0; i < 1024 ; i++) {
        temp = new int[1024];
    }

    System.gc();
  }
}
}
```

通过打开 G1TraceConcRefinement 观察 Refine 线程的工作情况：

```
-Xmx256M -XX:+UseG1GC -XX:G1ConcRefinementThreads=4
-XX:G1ConcRefinementGreenZone=1 -XX:G1ConcRefinementYellowZone=2
-XX:G1ConcRefinementRedZone=3 -XX:+UnlockExperimentalVMOptions
-XX:G1LogLevel=finest -XX:+UnlockDiagnosticVMOptions
-XX:+G1TraceConcRefinement -XX:+PrintGCTimeStamps
```

得到的日志如下：

```
1.725: [Full GC (System.gc())  12M->8854K(29M), 0.0150339 secs]
  [Eden: 5120.0K(10.0M)->0.0B(10.0M) Survivors: 0.0B->0.0B Heap:
    12.9M(29.0M)->8854.2K(29.0M)], [Metaspace: 3484K->3484K(1056768K)]
  [Times: user=0.01 sys=0.00, real=0.02 secs]
G1-Refine-activated worker 1, on threshold 1, current 2
G1-Refine-deactivated worker 1, off threshold 1, current 1
G1-Refine-activated worker 1, on threshold 1, current 3
G1-Refine-activated worker 2, on threshold 1, current 2
G1-Refine-deactivated worker 2, off threshold 1, current 1
```

在这个日志中我们能看到多个 Refine 线程的工作状况，能看到不同的 Refine 线程在不同的阈值下激活或者消亡。

通过打开 G1SummarizeRSetStats 来观察 RSet 更新的详细信息，如下所示：

```
-Xmx256M -XX:+UseG1GC  -XX:+UnlockExperimentalVMOptions
-XX:G1LogLevel=finest -XX:+UnlockDiagnosticVMOptions
-XX:+G1SummarizeRSetStats  -XX:G1SummarizeRSetStatsPeriod=1
-XX:+PrintGCTimeStamps
```

下面是具体的日志：

```
Cumulative RS summary

  Recent concurrent refinement statistics
    Processed 3110803 cards
    Of 12941 completed buffers:
        12941 ( 100.0%) by concurrent RS threads.
          0 (  0.0%) by mutator threads.
    Did 0 coarsenings.
```

一共处理了 3 110 803 个内存块，其中使用了 12 941 个队列。按照每个队列最大 256 个元素来就算，最多有 3 312 896 个元素，这说明在处理的时候有些队列并没有满。

其中 12 941 个队列是由 Refine 线程处理的，0 个是没有 Mutator 参与处理，0 个也表示分区里面的 PRT 粗粒度化的分区个数为 0。

由上面的日志可知 Refine 线程一共有 9 个，8 个用于处理 RSet，1 个用于抽样。其中有两个 Refine 线程分别花费 200ms 和 80ms，其他 6 个线程可能都没有启动：

```
Concurrent RS threads times (s)
      0.20    0.08    0.00    0.00    0.00    0.00    0.00    0.00
Concurrent sampling threads times (s)
      0.00
```

这一部分给出的是 RSet 占用的额外内存空间信息：

```
Current rem set statistics
  Total per region rem sets sizes = 85K. Max = 4K.
        2K (  3.3%) by 1 Young regions
       31K ( 36.4%) by 10 Humonguous regions
       48K ( 56.5%) by 17 Free regions
        3K (  3.8%) by 1 Old regions
  Static structures = 16K, free_lists = 0K.
```

这一部分给出的是 RSet 中 PRT 表中被设置了多少次，也可以说是内存块被引用

了多少次:

```
16388 occupied cards represented.
        0 (  0.0%) entries by 1 Young regions
    16388 (100.0%) entries by 10 Humonguous regions
        0 (  0.0%) entries by 17 Free regions
        0 (  0.0%) entries by 1 Old regions
Region with largest rem set = 0:(HS)[0x00000000f0000000,0x00000000f0400010,
    0x00000000f0500000], size = 4K, occupied = 8K.
```

这一部分给出的是 HeapRegion 中 JIT 代码的信息:

```
Total heap region code root sets sizes = 0K.  Max = 0K.
        0K (  1.8%) by 1 Young regions
        0K ( 17.7%) by 10 Humonguous regions
        0K ( 30.1%) by 17 Free regions
        0K ( 50.4%) by 1 Old regions
    16 code roots represented.
        0 (  0.0%) elements by 1 Young regions
        0 (  0.0%) elements by 10 Humonguous regions
        0 (  0.0%) elements by 17 Free regions
       16 (100.0%) elements by 1 Old regions
Region with largest amount of code roots = 10:(O)[0x00000000f0a00000,
    0x00000000f0aae898,0x00000000f0b00000], size = 0K, num_elems = 0
```

4.6 参数介绍和调优

本章主要讨论 G1 新引入的 Refine 线程,用于处理分区间的引用,快速地识别活跃对象。以下是本章涉及的参数以及用法:

❑ 参数 G1ConcRefinementThreads,指的是 G1 Refine 线程的个数,默认值为 0,G1 可以启发式推断,将并行的线程数 ParallelGCThreads 作为并发线程数,其中并行线程数可以设置,也可以启发式推断。通常大家不用设置这个参数,并行线程数可以简单总结为 CPU 个数的 5/8,具体的推断方法见上文。

❑ 参数 G1UpdateBufferSize,指的是 DCQ 的长度,默认值是 256,增大该值可以保存更多的待处理引用关系。

❑ 参数 G1UseAdaptiveConcRefinement,默认值为 true,表示可以动态调整 Refinement Zone 的数字区间,调整的依据在于 RSet 时间是否满足目标时间。

● 参数 G1RSetUpdatingPauseTimePercent,默认值为 10,即 RSet 所用的全部

时间不超过 GC 完成时间的 10%。如果超过并且设置了参数 G1UseAdaptive
ConcRefinement 为 true，更新 Green Zone 的方法为：当 RSet 处理时间超过
目标时间，Green zone 变成原来的 0.9 倍，否则如果更新的处理过的队列大
于 Green Zone，增大 Green zone 为原来的 1.1 倍，否则不变；对于 Yellow
Zone 和 Red Zone 分别为 Green Zone 的 3 倍和 6 倍。这里特别要注意的是当
动态变化时，可能导致 Green Zone 为 0，那么 Yellow Zone 和 Red Zone 都为
0，如果这种情况发生，意味着 Refine 线程不再工作，利用 Mutator 来处理
RSet，这通常绝非我们想要的结果。所以在设置的时候，可以关闭动态调整，
或者设置合理的 RSet 处理时间。关闭动态调整需要有更好的经验，所以设置
合理的 RSet 处理时间更为常见。

❑ 参数 G1ConcRefinementThresholdStep，默认值为 0，如果没有定义 G1 会启发
式推断，依赖于 Yellow Zone 和 Green Zone。这个值表示的是多个更新 RSet 的
Refine 线程对于整个 DirtyCardQueueSet 的处理步长。

❑ 参数 G1ConcRefinementServiceIntervalMillis，默认值为 300，表示 RS 对新生代
的抽样线程间隔时间为 300ms。

❑ 参数 G1ConcRefinementGreenZone，指定 Green Zone 的大小，默认值为 0，G1
可以启发式推断。如果设置为 0，那么当动态调整关闭，将导致 Refine 工作线
程不工作，如果不进行动态调整，意味着 GC 会处理所有的队列；如果该值不
为 0，表示 Refine 线程在每次工作时会留下这些区域，不处理这些 RSet。这个
值如果需要设置生效的话，要把动态调整关闭。通常并不设置这个参数。

❑ 参数 G1ConcRefinementYellowZone，指定 Yellow Zone 的大小，默认值为 0，
G1 可以启发式推断，是 Green Zone 的 3 倍。

❑ 参数 G1ConcRefinementRedZone，指定 Red Zone 的大小，默认值为 0，G1 可以启
发式推断，是 Green Zone 的 6 倍，通常来说并不需要调整 G1ConcRefinement
GreenZone、G1ConcRefinementYellowZone 和 G1ConcRefinementRedZone 这 3 个参数，
但是如果遇到 RSet 处理太慢的情况，也可以关闭 G1UseAdaptiveConcRefinement，
然后根据 Refine 线程数目设置合理的值。

❑ 参数 G1ConcRSLogCacheSize，默认值为 10，即存储 hot card 最多为 2^{10}，也就

是 1024 个。那么超过 1024 个该如何处理？实际上 JVM 设计得很简单，超过 1024，直接把老的那个 card 拿出去处理，相当于认为它不再是 hot card。

❑ 参数 G1ConcRSHotCardLimit，默认值为 4，当一个 card 被修改 4 次，则认为是 hot card，设计 hot card 的目的是为了减少该对象修改的次数，因为 RSet 在被引用的分区存储，所以可能有多个对象引用这个对象，再处理这个对象的时候，可以一次性地把这多个对象都作为根。

❑ 参数 G1RSetRegionEntries，默认值为 0，G1 可以启发式推断。base * (log(region_size/1M) + 1)，base 的默认值是 256，base 仅允许在开发版本设置，在发布版本不能更改 base。这个值很关键，太小将会导致 RSet 的粒度从细变粗，导致追踪标记对象将花费更多的时间。另外，从上面的公式中也可以得到：通过调整 HeapRegionSize 来影响该值的推断，如人工设置 HeapRegionSize。实际工作中也可以根据业务情况直接设置该值（如设置为 1024）；这样能保持较高的性能，此时每个分区中的细粒度卡表都使用 1024 项，所有分区中这一部分占用的额外空间加起来就是个不小的数字了，这也是为什么 RSet 浪费空间的地方。

❑ 参数 G1SummarizeRSetStats 打印 RSet 的统计信息，G1SummarizeRSetStatsPeriod = n，表示 GC 每发生 n 次就统计一次，默认值是 0，表示不会周期性地收集信息。在生产中通常不会使用信息收集。

第 5 章 *Chapter 5*

新生代回收

当内存分配的时候，剩余的空间不能满足要分配的对象时就会优先触发**新生代回收**（Young GC，YGC）。G1 的 YGC 是针对部分内存进行的垃圾回收，所以 YGC 花费的时间通常都比较小。G1 的内存被划分为众多小的分区，分区可能属于新生代，也可能属于老生代。G1 的 YGC 收集的内存是不固定的，每次回收的内存可能并不相同，即每次回收的分区数目是不固定的，但是每一次 YGC 都是收集所有的新生代分区，所以每一次 GC 之后都会调整新生代分区的数目。如何调整新生代分区的数目？就是根据我们在第 2 章里面提到的预测停顿模型。本章介绍的主要内容有：YGC 算法、YGC 代码剖析、YGC 算法演示、日志解析和如何进行 YGC 调优。

5.1 YGC 算法概述

YGC 算法主要分为两部分：并行部分和其他部分。我们根据 YGC 的执行顺序来看一下整个收集过程的主要步骤。

1）进行收集之前需要 STW。

2）选择要收集的 CSet，对于 YGC 来说整个新生代分区就是 CSet。

3）进入并行任务处理：

❑ 根扫描并处理；处理过程会把根直接引用的对象复制到新的 Survivor 区，然后把被引用对象的 field 入栈等待后续的复制处理。

❑ 处理老生代分区到新生代分区的引用；首先会更新所有的代际引用，即更新 RSet[⊖]，然后从 RSet 出发，把 RSet 所在卡表对应的分区内存块中所有的对象都认为是根，把这些根引用的对象复制到新的 Survivor 区，然后把被引用对象的 field 入栈等待后续的复制处理。

❑ JIT 代码扫描。

❑ 根据栈中的对象，进行深度递归遍历复制对象。

4）下面是其他任务处理，大部分都是串行执行：

❑ JIT 代码位置更新，在并行任务中已经对代码进行了扫描和复制，这里会更新相关指针所指向的位置。

❑ 引用处理，即把引用中使用的存活对象也要复制到新的分区，否则就会造成错误；引用处理在第 8 章中介绍。

❑ 字符串去重优化回收，这个是 JDK8 G1 新引入的功能。是为了优化字符串使用的效率，字符串去重优化在第 9 章中介绍。

❑ 清除卡表，就是把全局卡表中已经处理过的分区对应的卡表清空。

❑ JIT 代码回收，代码已经可以回收，实际上是删除相关的引用，这一部分代码对 GC 影响不大，所以本文不再涉及。

❑ 如果 Evac 失败，则进行处理，主要的工作就是恢复对象头；关于 Evac 失败的具体可以参考第 7 章中的介绍。

❑ 引用再处理，把引用中还活着的对象放入引用队列中，这个和引用特殊的设计有关；可以参考后文中引用处理的介绍。

❑ 进行 Redirty，主要工作就是重构 RSet，包括收集过程中，因为对象移动需要重构老生代分区到新生代分区新分区的引用，这个过程不仅仅是收集成功也包括回收失败，不过收集失败需要做额外的记录；Redirty 通常是并行执行的。

❑ 释放 CSet，在这个位置可以启动释放内存，即把这些分区放入自由列表（Free List），供后续使用，这里的后续指的是对象分配时如果需要新的分区，可以直接

⊖ 注意这里的 RSet 是上一章中 Refine 线程没有处理的 DCQ，在 GC 发生时 Refine 线程也会暂停，GC 线程处理的 DCQ 就是 Refine 线程没有处理的。

从自由列表获取。当然分区可能作为新生代分区也可能作为老生代分区。

❑ 尝试大对象回收，处理比较简单，只要判定这些大对象所在的分区是否有 RSet 引用，且只需要判断大对象所在第一个分区，如果没有引用则说明整个大对象肯定已经死亡，有引用则说明大对象可能还活着，在并发标记中进一步处理。

❑ 尝试扩展内存，这里的扩展就是用到我们在前面讲到的根据 GCTimeRatio 和 G1ExpandByPercentOfAvailable 来判断是否可以扩展，如果可以，扩展多大的内存。

❑ 调整新生代分区的数目，调整 Refinement Zone 阈值等；主要是根据 GC 的执行时间和目标停顿时间预测下次可能发生垃圾回收时能接受的最大分区数。在 GC 中因为处理了 RSet，如果这个时间过大，说明上一章中 DCQS 白、绿、黄、红四个区域设置不合理，需要调整；调整的方法也是根据 G1RSetUpdatingPauseTimePercent 来计算目标停顿时间，具体的内容前面已经介绍。

❑ 如果可能的话，启动并发标记；使用的内存超过一定的阈值则可以启动，具体在混合回收中介绍。

整体流程如图 5-1 所示。

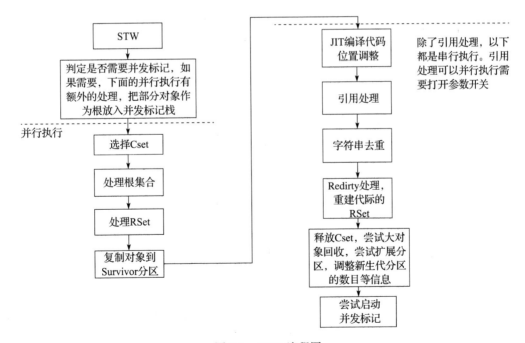

图 5-1　YGC 流程图

本章从代码入手，介绍 YGC 的原理，再给出一个例子，演示 YGC 每一步所做的工作，最后给出一些调参的建议。

5.2 YGC 代码分析

正如上面提到的，YGC 分为两大部分，并行任务和其他任务。并行任务是 YGC 最重要的部分，我们在介绍的时候也主要关注并行任务。

5.2.1 并行任务

并行任务处理是通过第 2 章中的工作线程 FlexibleWorkGang 来执行任务 G1ParTask，这个任务主要分为：

1）根扫描并处理。针对所有的根，对可达对象做：

a）如果对象还没有设置过标记信息，把对象从 Eden 复制到 Survivor，然后针对对象的每一个 field，如果 field 所引用的分区在 CSet，则把对象的地址加入到 G1ParScanThreadState（PSS）的队列中待扫描处理；如果字段不在 CSet，则更新该对象所在堆分区对应的 RSet。

b）更新根对象到对象新的位置。

注意　更新根对象后，对象发生了复制，所以一个对象对应两个内存区域，通常我们以对象的老位置和新位置来区分对象复制前后的内存。在下文中有时候我们也用老对象表示对象的老位置的引用，新对象表示对象的新位置的引用，请注意这些概念。

2）处理老生代分区到新生代分区的引用。

a）处理 Dirty card，更新 RSet，更新老生代分区到新生代分区的引用。

b）扫描 RSet，把引用者作为根，从根出发，对可达对象进行根扫描并处理（参见第 1 步）。

3）复制。在 PSS 中队列的对象都是活跃对象，每一个对象都要复制到 Survivor 区，然后针对该对象的每一个字段：如果字段所引用的分区在 CSet，则把对象的地址加入到 G1ParScanThreadState（PSS）的队列中待扫描处理；循环直到队列中没有对象。

并行处理的入口在 G1ParTask::work，它是通过工作线程激活，工作线程的数目由 ParallelGCThreads 控制，这个值默认为 0，G1 可以自行推断线程数。并行处理代码如下所示：

```
hotspot/src/share/vm/gc_implementation/g1/g1CollectedHeap.cpp

G1ParTask::work(){
  ......
  // 处理根
  _root_processor->evacuate_roots(…);

  ......
  // 处理 DCQS 中剩下的 dcq, 以及把 RSet 作为根处理
  _root_processor->scan_remembered_sets(…);

  // 开始复制
  G1ParEvacuateFollowersClosure evac(_g1h, &pss, _queues, &_terminator);
  evac.do_void();
}
```

1. 根处理

JVM 中的根在这里也称为强根，指的是 JVM 的堆外空间引用到堆空间的对象，有栈或者全局变量等。整个根分为两大类：

❑ Java 根：主要指类加载器和线程栈。

- 类加载器主要是遍历这个类加载器中所有存活的 Klass 并复制（copy）到 Survivor 或者晋升到老生代。
- 线程栈既会处理普通的 Java 线程栈分配的局部变量，也会处理本地方法栈访问的堆对象，在介绍线程栈的时候已经介绍了如何把栈对象和堆对象进行关联。

❑ JVM 根：通常是全局对象，比如 Universe、JNIHandles、ObjectSynchronizer、FlatProfiler、Management、JvmtiExport、SystemDictionary、StringTable。

提示 Klass 指的是 JVM 对 Java 对象的元数据描述，Java 对象的创建都需要通过元数据获得。这里不展开介绍这些概念，如需进一步了解可阅读相关书籍。

根处理代码如下：

```
hotspot/src/share/vm/gc_implementation/g1/g1RootProcessor.cpp
```

```cpp
void G1RootProcessor::evacuate_roots(…) {

    // 这里使用的 BufferingOopClosure，主要是为了缓存对象，然后一次性处理，大小为 1024，
    // 溢出时先处理。是为了提高处理的效率
    BufferingOopClosure buf_scan_non_heap_roots(scan_non_heap_roots);
    BufferingOopClosure buf_scan_non_heap_weak_roots(scan_non_heap_weak_roots);

    OopClosure* const weak_roots = &buf_scan_non_heap_weak_roots;
    OopClosure* const strong_roots = &buf_scan_non_heap_roots;

    G1CodeBlobClosure root_code_blobs(scan_non_heap_roots);

    // 处理 Java 根
    process_java_roots(…);

    if (trace_metadata) {
      worker_has_discovered_all_strong_classes();
    }

    // 处理 JVM 根
    process_vm_roots(strong_roots, weak_roots, phase_times, worker_i);

    {
      // 处理引用发现
      G1GCParPhaseTimesTracker x(phase_times, G1GCPhaseTimes::CMRefRoots, worker_i);
      if (!_process_strong_tasks->is_task_claimed(G1RP_PS_refProcessor_oops_do)) {
        _g1h->ref_processor_cm()->weak_oops_do(&buf_scan_non_heap_roots);
      }
    }

    {
      // 在混合回收的时候，把并发标记中已经失效的引用关系移除。YGC 并不会执行到这里
      G1GCParPhaseTimesTracker x(phase_times, G1GCPhaseTimes::SATBFiltering,
        worker_i);
      if (!_process_strong_tasks->is_task_claimed(G1RP_PS_filter_satb_buffers)
        && _g1h->mark_in_progress()) {
        JavaThread::satb_mark_queue_set().filter_thread_buffers();
```

```
        }
    }

    // 等待所有的任务结束
    _process_strong_tasks->all_tasks_completed();
}
```

在 Java 根中处理 Klass 的部分比较简单，主要通过 G1KlassScanClosure::do_klass
完成，代码如下所示：

```
hotspot/src/share/vm/gc_implementation/g1/g1CollectedHeap.cpp
```

```
void G1KlassScanClosure::do_klass(Klass* klass) {
    if (!_process_only_dirty || klass->has_modified_oops()) {
        klass->clear_modified_oops();
        _closure->set_scanned_klass(klass);
        // 通过 G1ParCopyHelper 来把活跃的对象复制到新的分区中
        klass->oops_do(_closure);
        _closure->set_scanned_klass(NULL);
    }
    _count++;
}
```

Java 的栈处理通过静态函数 Threads::possibly_parallel_oops_do 遍历所有的 Java
线程和 VMThread 线程，代码如下所示：

```
hotspot/src/share/vm/runtime/thread.cpp
```

```
void Threads::possibly_parallel_oops_do(OopClosure* f, CLDClosure* cld_f,
    CodeBlobClosure* cf) {
    ……

    ALL_JAVA_THREADS(p) {
        if (p->claim_oops_do(is_par, cp)) {
            p->oops_do(f, cld_f, cf);
        }
    }
    VMThread* vmt = VMThread::vm_thread();
    if (vmt->claim_oops_do(is_par, cp)) {
        vmt->oops_do(f, cld_f, cf);
    }
}
```

下面是 Java 线程遍历的代码：

```
hotspot/src/share/vm/runtime/thread.cpp
```

```
void JavaThread::oops_do(OopClosure* f, CLDClosure* cld_f, CodeBlobClosure* cf) {
  Thread::oops_do(f, cld_f, cf);
  // 处理 JNI 本地代码栈
  active_handles()->oops_do(f);
  // 以及 JVM 内部本地方法栈
  handle_area()->oops_do(f);

  if (has_last_Java_frame()) {
    // Record JavaThread to GC thread
    RememberProcessedThread rpt(this);

    // privileged_stack 用于实现 Java 安全功能的类
    if (_privileged_stack_top != NULL) {
      _privileged_stack_top->oops_do(f);
    }

    if (_array_for_gc != NULL) {
      for (int index = 0; index < _array_for_gc->length(); index++) {
        f->do_oop(_array_for_gc->adr_at(index));
      }
    }

    // 遍历 Monitor 块
    for (MonitorChunk* chunk = monitor_chunks(); chunk != NULL; chunk =
      chunk->next()) {
      chunk->oops_do(f);
    }

    // 遍历栈
    for(StackFrameStream fst(this); !fst.is_done(); fst.next()) {
      fst.current()->oops_do(f, cld_f, cf, fst.register_map());
    }
  }

  // 遍历 jvmti
  GrowableArray<jvmtiDeferredLocalVariableSet*>* list = deferred_locals();
  if (list != NULL) {
    for (int i = 0; i < list->length(); i++) {
      list->at(i)->oops_do(f);
    }
  }

  // 遍历这些实例对象，这些对象可能也引用了堆对象
  f->do_oop((oop*) &_threadObj);
  f->do_oop((oop*) &_vm_result);
  f->do_oop((oop*) &_exception_oop);
```

```
    f->do_oop((oop*) &_pending_async_exception);

    if (jvmti_thread_state() != NULL) {
      jvmti_thread_state()->oops_do(f);
    }
}
```

重点关注一下 Java 栈的遍历，对不同类型的栈帧处理不同，我们只看一下解释型栈帧的处理，代码如下所示：

hotspot/src/share/vm/runtime/frame.cpp

```
void frame::oops_interpreted_arguments_do(Symbol* signature, bool has_
    receiver, OopClosure* f) {
  InterpretedArgumentOopFinder finder(signature, has_receiver, this, f);
  finder.oops_do();
}

void InterpretedArgumentOopFinder::oop_offset_do() {
    oop* addr;
    addr = (oop*)_fr->interpreter_frame_tos_at(_offset);
    _f->do_oop(addr);
}
```

其中 f 为 G1ParCopyClosure 实例化的对象，它的真正工作在 do_oop_work，用于把对象复制到新的分区（Survivor 或者老生代分区）。在这里就会用到对象头的信息了，当发现对象需要被复制，先复制对象到新的位置，复制之后把老对象（对象老位置的引用）的对象头标记为 11，然后把对象头里面的指针指向新的对象（对象新位置的引用）。这样当一个对象被多个对象引用时，只有第一次遍历对象时候才需要复制，后续都不需要复制了，直接通过这个指针就能找到新的对象，后面的重复引用直接修改自己的指针指向新的对象就完成了遍历。代码如下所示：

hotspot/src/share/vm/gc_implementation/g1/g1CollectedHeap.cpp

```
void G1ParCopyClosure<barrier, do_mark_object>::do_oop_work(T* p) {
  T heap_oop = oopDesc::load_heap_oop(p);
  if (oopDesc::is_null(heap_oop))     return;
  oop obj = oopDesc::decode_heap_oop_not_null(heap_oop);

  const InCSetState state = _g1->in_cset_state(obj);
  if (state.is_in_cset()) {
    oop forwardee;
```

```
        markOop m = obj->mark();
        // 对象是否已经复制完成
        if (m->is_marked()) {
        // 如果完成，直接找到新的对象
          forwardee = (oop) m->decode_pointer();
        } else {
        // 如果对象还没有复制，则复制对象
          forwardee = _par_scan_state->copy_to_survivor_space(state, obj, m);
        }
        oopDesc::encode_store_heap_oop(p, forwardee);
        if (do_mark_object != G1MarkNone && forwardee != obj) {
          // 如果对象成功复制，把新对象的地址设置到老对象的对象头
          mark_forwarded_object(obj, forwardee);
        }

        if (barrier == G1BarrierKlass) {
          do_klass_barrier(p, forwardee);
        }
      } else {
        // 对于不在 CSet 中的对象，先把对象标记为活的，在并发标记的时候作为根对象
        if (state.is_humongous()) {
          _g1->set_humongous_is_live(obj);
        }

        if (do_mark_object == G1MarkFromRoot) {
          mark_object(obj);
        }
      }

      if (barrier == G1BarrierEvac) {
        // 如果是 Evac 失败情况，则需要将对象记录到一个特殊的队列中，在最后 Redirty 时需要
        // 重构 RSet
        _par_scan_state->update_rs(_from, p, _worker_id);
      }
    }
```

我们简单看一下对象复制的具体实现，代码如下所示：

```
hotspot/src/share/vm/gc_implementation/g1/g1ParScanThreadState.cpp
```

```
oop G1ParScanThreadState::copy_to_survivor_space(InCSetState const state,
                                                 oop const old,
                                                 markOop const old_mark) {
    const size_t word_sz = old->size();
    HeapRegion* const from_region = _g1h->heap_region_containing_raw(old);
    const int young_index = from_region->young_index_in_cset()+1;
```

```
uint age = 0;
/* 判断对象是要到 Survivor 还是到 Old 区，判断的依据是根据对象 age。这里的 AgeTable
   是一个数组，描述不同 age 所用到的总空间。当发现对象超过晋升的阈值或者 Survivor 不能
   存放的时候需要把对象晋升到老生代分区。*/

InCSetState dest_state = next_state(state, old_mark, age);
// 使用 PLAB 方法直接在 PLAB 中分配新的对象
HeapWord* obj_ptr = _g1_par_allocator->plab_allocate(dest_state, word_sz,
    context);

if (obj_ptr == NULL) {
/* 如果分配失败，则尝试分配一个 PLAB 或者直接在堆中分配对象。这里和 TLAB 类似，先计算
   是否需要分配一个新的 PLAB，也是由参数控制。对于新生代分区，PLAB 的大小为 16KB（32 位
   JVM），由 YoungPLABSize 控制；对于老生代 PLAB 的大小为 4KB（32 位 JVM）由 OldPLABSize
   控制。
     还有一个参数，由 ParallelGCBufferWastePct 控制，表示 PLAB 浪费的比例，当 PLAB 剩
   余的空间小于 PLABSize×10%，即 1634 或者 409 个字节（根据目标是在 Survivor 还是老
   生代分区），可以分配一个新的 PLAB，否则直接在堆中分配。同样的道理如果要分配一个新的
   PLAB 的时候，需要把 PLAB 里面碎片部分填充为 dummy 对象。*/
    obj_ptr = _g1_par_allocator->allocate_direct_or_new_plab(dest_state,
        word_sz, context);
    if (obj_ptr == NULL) {
// 仍然失败，如果此次尝试是在 Survivor 中，则再次尝试在老生代分区分配，如果此次尝试为
// 在老生代分区分配，则直接报错，因为上面已经尝试过了
        obj_ptr = allocate_in_next_plab(state, &dest_state, word_sz, context);
        if (obj_ptr == NULL) {
            // 还是失败，说明无法复制对象，需要把对象头设置为自己
            return _g1h->handle_evacuation_failure_par(this, old);
        }
    }
}

......

const oop obj = oop(obj_ptr);
const oop forward_ptr = old->forward_to_atomic(obj);
if (forward_ptr == NULL) {
/* 对象头里面没有指针，说明这是第一次复制，注意这里的复制是内存的完全复制，所以复制后
   引用关系不变，相当于对被引用者多了一个新的引用 */
    Copy::aligned_disjoint_words((HeapWord*) old, obj_ptr, word_sz);

    // 更新 age 信息和对象头
    if (dest_state.is_young()) {
        if (age < markOopDesc::max_age) {
            age++;
        }
```

```
    if (old_mark->has_displaced_mark_helper()) {
/* 对于重量级锁，前面的 ptr 指向的是 Monitor 对象，其中 ObjectMonitor 的第一个字段
   是 oopDes，所以要先设置 old mark 再获得 Monitor，最后再更新 age */
      obj->set_mark(old_mark);
      markOop new_mark = old_mark->displaced_mark_helper()->set_age(age);
      old_mark->set_displaced_mark_helper(new_mark);
    } else {
      obj->set_mark(old_mark->set_age(age));
    }
    age_table()->add(age, word_sz);
  } else {
    obj->set_mark(old_mark);
  }

  // 把字符串对象送入字符串去重的队列，由去重线程处理。具体参见第 9 章
  if (G1StringDedup::is_enabled()) {
    G1StringDedup::enqueue_from_evacuation(…);
  }

  size_t* const surv_young_words = surviving_young_words();
  surv_young_words[young_index] += word_sz;

  /* 如果对象是一个对象类型的数组，即数组里面的元素都是一个对象而不是原始值，并且它的
     长度超过阈值 ParGCArrayScanChunk（默认值为 50），则可以先把它放入到队列中而不是
     放入到深度搜索的对象栈中。目的是为了防止在遍历对象数组里面的每一个元素时因为数组
     太长而导致处理队列溢出。所以这里只是把原始对象放入，后续还会继续处理 */
  if (obj->is_objArray() && arrayOop(obj)->length() >= ParGCArrayScanChunk) {
    arrayOop(obj)->set_length(0);
    oop* old_p = set_partial_array_mask(old);
    push_on_queue(old_p);
  } else {
    HeapRegion* const to_region = _g1h->heap_region_containing_raw(obj_ptr);
    _scanner.set_region(to_region);
    // 把 obj 的每一个 Field 对象都通过 scanner
    obj->oop_iterate_backwards(&_scanner);
    // oop_iterate_backwards 方法实际上是一个宏，定义在 oopDesc::oop_iterate_
    // backwards，在这里最终会调用到 klass()->oop_oop_iterate_backwards##nv_
    // suffix(this, blk)
  }
  return obj;
} else {
  // 已经分配过了，则不需要重复分配
  _g1_par_allocator->undo_allocation(dest_state, obj_ptr, word_sz, context);
  return forward_ptr;
}
}
```

最后我们再看一下如何处理 obj 的每一个 field，将所有的 field 都放入到待处理的队列中。触发的位置在 obj->oop_iterate_backwards(&_scanner)，真正的工作在 G1ParScanClosure 中，代码如下所示：

```
hotspot/src/share/vm/gc_implementation/g1/g1OopClosures.inline.hpp

template <class T> inline void G1ParScanClosure::do_oop_nv(T* p) {
  T heap_oop = oopDesc::load_heap_oop(p);

  if (!oopDesc::is_null(heap_oop)) {
    oop obj = oopDesc::decode_heap_oop_not_null(heap_oop);
    const InCSetState state = _g1->in_cset_state(obj);
    if (state.is_in_cset()) {
    // 如果 field 需要回收，即在 CSet 中，放入队列，准备后续复制
      _par_scan_state->push_on_queue(p);
    } else {
      if (state.is_humongous()) {
        _g1->set_humongous_is_live(obj);
      }
      // 如果不需要，仅仅只需要在后面重构 RSet，保持引用关系
      _par_scan_state->update_rs(_from, p, _worker_id);
    }
  }
}
```

2. RSet 处理

RSet 处理的入口在 G1RootProcessor::scan_remembered_sets，会调用 G1RemSet::oops_into_collection_set_do，它的工作是更新 RSet 和扫描 RSet。代码如下所示：

```
hotspot/src/share/vm/gc_implementation/g1/g1RemSet.cpp

void G1RemSet::oops_into_collection_set_do(…) {
  /* 这里使用的 DCQ 不同于 JavaThread 里面的 DCQ，JavaThread 里面的 DCQ 是为了记录 Mutator
     在运行时的引用关系，而这个 DCQ 是为了记录 GC 过程中发生失败时要保留的引用关系 */
  DirtyCardQueue into_cset_dcq(&_g1->into_cset_dirty_card_queue_set());

  updateRS(&into_cset_dcq, worker_i);
  scanRS(oc, code_root_cl, worker_i);
}
```

更新 RSet 就是把引用关系存储到 RSet 对应的 PRT 中；扫描 RSet 则是根据 RSet 的存储信息扫描找到对应的引用者，即根，注意因为 RSet 内部使用了 3 种不同粒度的

存储类型，所以根的大小也会不同，简单地说这个根指的是引用者对应的内存块，这里可能是 512 字节也可能是一整个分区，然后根据内存块找到引用者对象。

（1）更新 RSet

在第 4 章介绍了 Refine 线程处理 DCQS 中绿区和黄区 DCQ，白区的 DCQ 留给 GC 线程处理，红区的 DCQ 直接在 Mutator 中处理。前面已经介绍了绿区、黄区和红区的处理。在 YGC 中会处理白区，其处理方式和 Refine 线程完全一样，区别就是处理的 DCQ 对象不同。YGC 通过 UpdateRS 方法来更新 RSet，可以看到它最终调用 dcqs. apply_closure_to_completed_buffer(cl, worker_i, 0, true)，UpdateRS 在调用时传递的第三个参数为 0，表示处理所有的 DCQ。代码如下：

```
hotspot/src/share/vm/gc_implementation/g1/g1RemSet.cpp

void G1RemSet::updateRS(DirtyCardQueue* into_cset_dcq, uint worker_i) {
  G1GCParPhaseTimesTracker x(_g1p->phase_times(), G1GCPhaseTimes::UpdateRS,
    worker_i);
  // 使用 closure 处理尚未处理的 DCQ
  RefineRecordRefsIntoCSCardTableEntryClosure into_cset_update_rs_cl(_g1,
    into_cset_dcq);

  _g1->iterate_dirty_card_closure(&into_cset_update_rs_cl, into_cset_dcq,
    false, worker_i);
}

void G1CollectedHeap::iterate_dirty_card_closure(CardTableEntryClosure* cl,
                                                 DirtyCardQueue* into_cset_dcq,
                                                 bool concurrent,
                                                 uint worker_i) {
  // 先处理热表
  G1HotCardCache* hot_card_cache = _cg1r->hot_card_cache();
  hot_card_cache->drain(worker_i, g1_rem_set(), into_cset_dcq);

  // 处理 DCQS 中剩下的 DCQ
  DirtyCardQueueSet& dcqs = JavaThread::dirty_card_queue_set();
  size_t n_completed_buffers = 0;
  while (dcqs.apply_closure_to_completed_buffer(cl, worker_i, 0, true)) {
    n_completed_buffers++;
  }

  dcqs.clear_n_completed_buffers();
}
```

（2）扫描 RSet

扫描 RSet 会处理 CSet 中所有待回收的分区。先找到 RSet 中的老生代分区对象，这些对象指向 CSet 中的对象。然后对这些老生代对象处理，把老生代对象 field 指向的对象的地址放入队列中待后续处理。代码如下：

```
hotspot/src/share/vm/gc_implementation/g1/g1RemSet.cpp
```

```
void G1RemSet::scanRS(…) {
    // 在这里可以看出每个 GC 线程都只会针对部分的分区处理，这也就是为什么它们之间能够并行
    // 运行的原因
    HeapRegion *startRegion = _g1->start_cset_region_for_worker(worker_i);
    ScanRSClosure scanRScl(oc, code_root_cl, worker_i);
    // 第一次扫描，处理一般对象
    _g1->collection_set_iterate_from(startRegion, &scanRScl);
    // 第二次扫描，处理代码对象
    scanRScl.set_try_claimed();
    _g1->collection_set_iterate_from(startRegion, &scanRScl);
}
```

对所有需要本线程处理的堆分区，逐一处理，代码如下所示：

```
hotspot/src/share/vm/gc_implementation/g1/g1CollectedHeap.cpp
```

```
void G1CollectedHeap::collection_set_iterate_from(HeapRegion* r,
                                                  HeapRegionClosure *cl) {
    // 处理本线程的第一个分区
    HeapRegion* cur = r;
    while (cur != NULL) {
        HeapRegion* next = cur->next_in_collection_set();
        if (cl->doHeapRegion(cur) && false) {
            cl->incomplete();
            return;
        }
        cur = next;
    }

    // 如果本线程已经处理完属于自己处理的分区，窃取其他线程待处理的分区
    cur = g1_policy()->collection_set();
    while (cur != r) {
        HeapRegion* next = cur->next_in_collection_set();
        if (cl->doHeapRegion(cur) && false) {
            cl->incomplete();
            return;
        }
    }
```

```
    cur = next;
  }
}
```

每一个分区的处理过程在 **ScanRSClosure::doHeapRegion** 中，它最主要的功能就是找到引用者分区并扫描分区，代码如下所示：

hotspot/src/share/vm/gc_implementation/g1/g1RemSet.cpp

```
bool ScanRSClosure::doHeapRegion(HeapRegion* r) {

  HeapRegionRemSet* hrrs = r->rem_set();
  if (hrrs->iter_is_complete()) return false; //All done.
  if (!_try_claimed && !hrrs->claim_iter()) return false;

  _g1h->push_dirty_cards_region(r);

  HeapRegionRemSetIterator iter(hrrs);
  size_t card_index;

  /* 这里 _block_size 由参数 G1RSetScanBlockSize 控制，默认值为 64。这个值表示一次扫
     描多少个分区块，这个值是为了提高效率，越大说明扫描的吞吐量越大。例如 RSet 是细粒度 PRT
     表存储，则一次处理 64 个元素。*/

  size_t jump_to_card = hrrs->iter_claimed_next(_block_size);
  for (size_t current_card = 0; iter.has_next(card_index); current_card++) {
    if (current_card >= jump_to_card + _block_size) {
      jump_to_card = hrrs->iter_claimed_next(_block_size);
    }
    if (current_card < jump_to_card) continue;
    HeapWord* card_start = _g1h->bot_shared()->address_for_index(card_index);

    // 找引用者的分区地址，注意这里不是引用者的对象地址，因为此时也找不到对象地址
    HeapRegion* card_region = _g1h->heap_region_containing(card_start);
    _cards++;

    // 只有引用者分区不在 CSet 才需要扫描，因为这里是处理 RSet 根，在 CSet 的分区肯定会被
    // 回收。如果引用者还没有被处理，则处理这个分区
    if (!card_region->in_collection_set() &&  !_ct_bs->is_card_dirty(card_index)) {
      scanCard(card_index, card_region);
    }
  }
  if (!_try_claimed) {
    // 处理编译的代码。这里不详细展开，在日志分析中有例子演示为什么需要处理代码
    scan_strong_code_roots(r);
    hrrs->set_iter_complete();
```

```
    }
    return false;
}
```

引用者分区处理的思路，是找到卡表所在的区域，因为 RSet 中存储的是对象起始地址所对应的卡表地址，所以肯定可以找到对象。但是这个卡表对应 512 个字节的区域，而区域可能有多个对象，这个时候就会可能产生浮动垃圾。scancard 代码如下所示：

hotspot/src/share/vm/gc_implementation/g1/g1RemSet.cpp

```
void ScanRSClosure::scanCard(size_t index, HeapRegion *r) {
  HeapRegionDCTOC cl(_g1h, r, _oc,  CardTableModRefBS::Precise);

  _oc->set_region(r);
  MemRegion card_region(_bot_shared->address_for_index(index),
    G1BlockOffsetSharedArray::N_words);
  MemRegion pre_gc_allocated(r->bottom(), r->scan_top());
  MemRegion mr = pre_gc_allocated.intersection(card_region);
  if (!mr.is_empty() && !_ct_bs->is_card_claimed(index)) {
    _ct_bs->set_card_claimed(index);
    _cards_done++;
    cl.do_MemRegion(mr);
  }
}
```

对这个内存块扫描，它通过 DirtyCardToOopClosure::do_MemRegion 调用 HeapRegionDCTOC::walk_mem_region，代码如下所示：

hotspot/src/share/vm/gc_implementation/g1/heapRegion.cpp

```
void HeapRegionDCTOC::walk_mem_region(MemRegion mr,
                                      HeapWord* bottom,
                                      HeapWord* top) {
  G1CollectedHeap* g1h = _g1;
  size_t oop_size;
  HeapWord* cur = bottom;

  /* 从内存块所在的分区的头部（第一个字节）开始处理，注意这里 bottom 已经指向 mr 中第一个
     对象的地址，top 是最后一个对象的地址。从这个循环也可以看出，这里主要是为遍历这 512
     字节里面所有的对象 */
  if (!g1h->is_obj_dead(oop(cur), _hr)) {
    oop_size = oop(cur)->oop_iterate(_rs_scan, mr);
  } else {
```

```
      oop_size = _hr->block_size(cur);
    }

  cur += oop_size;

  if (cur < top) {
    oop cur_oop = oop(cur);
    oop_size = _hr->block_size(cur);
    HeapWord* next_obj = cur + oop_size;
    while (next_obj < top) {
      // Keep filtering the remembered set.
      if (!g1h->is_obj_dead(cur_oop, _hr)) {
        cur_oop->oop_iterate(_rs_scan);
      }
      cur = next_obj;
      cur_oop = oop(cur);
      oop_size = _hr->block_size(cur);
      // 这里就是为什么需要对 TLAB、PLAB 填充 dummy 对象的原因，也是需要 heap parsable
      // 的原因
      next_obj = cur + oop_size;
    }

    // 最后一个对象，注意这个对象的起始地址在这个内存块中，结束位置有可能跨内存块，这就是
    // 为什么最后一个对象要特殊处理
    if (!g1h->is_obj_dead(oop(cur), _hr)) {
      oop(cur)->oop_iterate(_rs_scan, mr);
    }
  }
}
```

此处 oop_iterate 将遍历这个引用者的每一个 field，当发现 field 指向的对象（即被引用者）在 CSet 中则把对象放入队列中，如果不在则跳过这个 field，代码如下所示：

hotspot/src/share/vm/gc_implementation/g1/g1OopClosures.inline.hpp

```
template <class T> inline void G1ParPushHeapRSClosure::do_oop_nv(T* p) {
  T heap_oop = oopDesc::load_heap_oop(p);
  if (!oopDesc::is_null(heap_oop)) {
    oop obj = oopDesc::decode_heap_oop_not_null(heap_oop);
    if (_g1->is_in_cset_or_humongous(obj)) {
      _par_scan_state->push_on_queue(p);
    }
  }
}
```

为什么有 is_in_cset_or_humongous 这样的判断，仅仅处理被引用者在 CSet 的情

况？因为 field 引用的对象不在 CSet 说明它不会被回收，也就不涉及位置变化。

另外要注意这里放入队列中的对象和 Java 根处理有点不同，Java 根处理的时候对根的直接引用对象会复制到新的分区，但是这里仅仅是把指向 field 对象的地址放入队列中。这种处理方式的不同在于对 Java 根的处理发生了复制，在后续不需要再次遍历这些根。

为了更清晰地说明这部分逻辑，通过图 5-2 进一步解释。

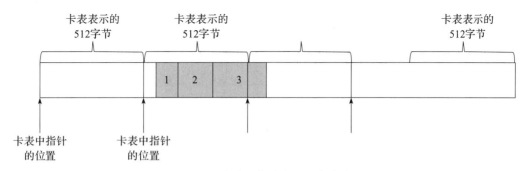

图 5-2　多个对象共享一个卡表位

图 5-2 中描述了一个分区的大小，我们知道每个分区里面的引用关系通过 RSet 的形式来存储。其中 RSet 里面的每一个 PRT 存储的就是对应卡表的位置（即指针）。在图中我们假设对象 1、2、3 分配连续图中第 2 个卡表所指向的内存。由于卡表是按照 512 字节对齐，所以对象 1、2、3 的卡表指针是相同的。当对象 1、2、3 之一引用到新生代的对象时，在新生代里面的 PRT 都只能找到图中第 2 个卡表的起始位置。而这个卡表指针不能明确地说明是对象 1、2 或者 3，所以当通过 RSet 找引用者的时候，这个指针只能理解为对象 1、2、3 都可能引用到生代了。

另外需要注意一点，图中第 2 个卡表所指向的 512 字节可能被前一个对象占用一部分，但这并不影响对象 1、2、3 的卡表位置，因为对象 1、2、3 的地址都会按照 512 对齐。

针对这一情况，要找的新生代准确的引用者，必须有以下两步：

❑ 先找到对象 1 的起始位置，有两种方案，第一是从整个分区的头部开始扫描，然后针对每一个对象将地址对齐到卡表，跳过所有不在这个卡表的对象。第二种方案是借助额外的数据结构来标记对象所在块的起始位置，G1 中使用了 G1BlockOffsetTable 来记录。

❑ 遍历从第一个对象到最后一个对象为止，查找对象 1、2、3 所有的 field 是否都有到待回收分区的引用，如果有，说明该 field 是一个有效地引用，把该 field 放入到待处理队列用于后续的遍历和复制。

 提示　G1BlockOffsetTable 内部也是用类似位图来存储第一个对象距离卡表起始位置的偏移量，在内部使用的字符数组来存储。我们知道 512 字节如果在 32 位机器中就是 128 个字，而一个字符的范围是 0 ~ 255，所以足够存储了。另外当一个对象非常大的时候，超过了一个卡表的空间，为了让后续的卡表能够快速地找到对象所在的第一个卡表的位置，所以设计了复杂的滑动窗口机制，这里不再介绍。

---

3. 复制

接下来就进入到复制 Evac 处理。这个处理实际上就是将在 Java 根和 RSet 根找到的子对象全部复制到新的分区中。入口在 G1ParEvacuateFollowersClosure::do_void，代码如下所示：

```
hotspot/src/share/vm/gc_implementation/g1/g1CollectedHeap.cpp

void G1ParEvacuateFollowersClosure::do_void() {
  G1ParScanThreadState* const pss = par_scan_state();
  // 处理刚才插入队列的每一个对象
  pss->trim_queue();
  do {
    // 线程处理完了，可以尝试去窃取别的线程还没有处理的对象
    pss->steal_and_trim_queue(queues());
  } while (!offer_termination());
}
```

具体的处理我们看一下 G1ParScanThreadState::trim_queue。这个函数就是把每一个待处理的对象拿出来处理。代码如下所示：

```
hotspot/src/share/vm/gc_implementation/g1/g1ParScanThreadState.cpp

void G1ParScanThreadState::trim_queue() {
```

```
StarTask ref;
do {
  // 取出每一个对象，处理
  while (_refs->pop_overflow(ref)) {
    dispatch_reference(ref);
  }

  while (_refs->pop_local(ref)) {
    dispatch_reference(ref);
  }
} while (!_refs->is_empty());
}
```

dispatch_reference 会根据不同的对象，做不同的处理，最终会调用 deal_with_reference，代码如下所示：

```
template <class T> inline void G1ParScanThreadState::deal_with_reference
  (T* ref_to_scan) {
  if (!has_partial_array_mask(ref_to_scan)) {
    // 这是对一般对象处理
    HeapRegion* r = _g1h->heap_region_containing_raw(ref_to_scan);
    do_oop_evac(ref_to_scan, r);
  } else {
  // 这里就是我们在前面提到的如果待处理对象是对象数组，并且长度比较大，设置特殊的标志位，待处理
    do_oop_partial_array((oop*)ref_to_scan);
  }
}
```

真正的处理工作在 do_oop_evac，代码如下所示：

```
template <class T> void G1ParScanThreadState::do_oop_evac(T* p, HeapRegion*
  from) {
  // 注意这里传递的参数为 *p，其实是引用者中 field 的地址
  oop obj = oopDesc::load_decode_heap_oop_not_null(p);

  const InCSetState in_cset_state = _g1h->in_cset_state(obj);
  if (in_cset_state.is_in_cset()) {
    oop forwardee;
    markOop m = obj->mark();
    if (m->is_marked()) {
    // 如果对象已经标记，说明对象已经被复制
      forwardee = (oop) m->decode_pointer();
    } else {
    // 如果对象没有标记，复制对象到新的分区
```

```
        forwardee = copy_to_survivor_space(in_cset_state, obj, m);
    }
    //更新引用者 field 所引用对象的地址
    oopDesc::encode_store_heap_oop(p, forwardee);
} else if (in_cset_state.is_humongous()) {
    _g1h->set_humongous_is_live(obj);
}
//最后要维护一下新生成对象的 RSet
update_rs(from, p, queue_num());
}
```

如果一切顺利，在 CSet 中所有活跃的对象都将被复制到新的分区中，并且在复制的过程中，引用关系也随之处理。如果发生了失败，处理流程也基本类似，但是对于失败的对象要进行额外的处理，具体可见 7.1 节。

至此，GC 线程中大部分工作已经介绍。GC 继续执行将进入其他处理部分。在进入其他处理之前，我们看一下 GC 在处理过程中如何并行执行。

如何并行处理？方法如下：

❑ 对于 Java 根处理来说，根对象有多个，所以分配一个数组来存储各个并行任务的状态，如 _tasks = NEW_C_HEAP_ARRAY(uint, n, mtInternal)，在使用的时候多个线程通过 CAS 获取数组中的元素来保证并行执行任务。代码如下所示：

hotspot/src/share/vm/utilities/workgroup.cpp

```
bool SubTasksDone::is_task_claimed(uint t) {
    uint old = _tasks[t];
    if (old == 0) {
        old = Atomic::cmpxchg(1, &_tasks[t], 0);
    }
    assert(_tasks[t] == 1, "What else?");
    bool res = old != 0;

    return res;
}
```

❑ 对于 RSet 根来说，处理的时候是根据分区来并行处理。即使老生代对象引用了多个 CSet 中不同的分区，也没问题，因为此时仅仅标记对象，即便一个引用对象被处理多次，也只是标记出来，所以没有问题。

❑ 在 Evac 中，因为每次处理对象的时候，需要对对象进行复制，这个时候是需要多个线程使用 CAS 来保证串行，先把对象标记为待回收，之后才能复制，即只能有一个线程复制成功，其他线程都会重用这个新复制的对象。

> **提示**　在 Evac 因为涉及对象复制，这将是非常耗时的。所以在这个阶段还提供**任务窃取**的功能。在并发执行的过程中，GC 线程优先处理本地的队列。当本地的队列没有任务的时候，窃取别的队列的任务，帮助别的队列。实际中这一点非常有用，比如 GC Root 有很多，但是每个 GC Root 处理的对象不同，所需要的时间也不同，例如对于线程栈这个根来说，可能对象很多，而处理 Universe 可能比较少，当处理 Universe 的线程完成处理后，可以帮助线程栈的线程来处理剩下的对象，具体窃取方法也非常简单，因为 Evac 保证了并行执行时的冲突问题，所以从别的对象队列里面取几个待处理对象直接处理即可。

5.2.2　其他处理

其他处理通常是串行处理，大多是因为处理过程需要同步等待，需要独占访问临界区，通常在这一部分花费的时间都不多[⊖]，其他处理大部分工作是在并行工作之后完成开始（其他处理在日志里面有单独的一部分，比对本章开头的 YGC 顺序，可以发现有几步是发生在并行工作之前），除了几个特别的任务如 Redirty，字符串去重和引用外都是串行处理。实际上 GC 一直致力于提高运行的效率，所以未来不排除把一些串行化处理并行化。这些串行处理的内容例如引用处理、字符串去重优化、Evac 失败等在后文将有详细的介绍，对于 refinement 区域的调整在上一章已经介绍。这里我们只了解一下 YGC 是如何调整新生代大小来满足预测停顿时间。

如前所述，每次进行 YGC 时，会对全部的新生代分区做扫描处理。那么如何根据预测时间来控制 CSet 的大小？实际上这个问题在第 2 章中关于新生代的时候已经介绍，这里再稍微回顾一下：

❑ 如果在启动时设置了最大和最小新生代的大小，若最大值和最小值相等，即固定了新生代的空间，这种情况下预测时间对新生代无效。也就是说，YGC 不受预测时

⊖　有一些例外，比如处理引用非常耗时，可以参考第 8 章引用处理。Evac 失败也可能非常耗时，可参考第 7 章的介绍。

间的控制。在这种情况下，要满足预测时间，只能调整新生代的最大值和最小值。

☐ 如果没有设置固定的新生代空间，即新生代空间可以自动调整，G1 如何满足预测时间？答案是在初始化或者每次 YGC 结束后，会重新设置新生代分区的数量。这个数量是根据预测时间来设置的。逻辑如下：

● 首先计算最小分区的数目，其值为 Survivor 的长度 + 1，即每次除了 Survivor 外只有一个 Eden 分区用于数据分配；如果最小分区数目的收集都不能满足预测时间，则使用最小的分区数目。

● 计算最大分区的数目，其值为新生代最大分区数目或者除去保留空间的最大自由空间数目的较小值，然后在这个最大值和最小值之间选择一个满足预测时间的合适的值作为新生代分区的数目。

● 在这种情况下，需要选择合适的预测停顿时间来满足业务的需要。

5.3 YGC 算法演示

YGC 的原理已经介绍完毕，下面我们将根据一个例子来理解 YGC 中每一步所做的具体工作。

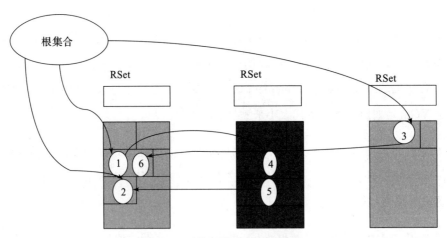

图 5-3　回收开始之前存储情况

有 6 个对象是在不同的地方分配出来的，运行到当前位置时它们的内存布局如图 5-3 所示，并且执行了以下赋值语句：

```
Obj1_YHR1.Field1 = obj4_OHR1;
Obj3_YHR2.Field1 = obj6_YHR1;
Obj5_OHR1.Field1 = obj2_YHR1;
Obj2_YHR1.Field1 = new Object;
Obj4_OHR1= NULL;
Obj5_OHR1 = NULL;
```

5.3.1　选择 CSet

GC 发生时第一步就是选择收集集合 CSet，正如前面所说 YGC 会把所有的新生代分区加入到 CSet，这里就是 YHR1 和 YHR2。

5.3.2　根处理

根处理主要是从根出发，把活跃对象复制到新的分区，同时把对象的每一个 field 都加入到一个栈中，如图 5-4 所示。

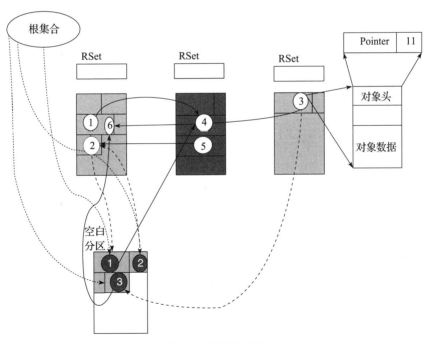

图 5-4　根集合处理

根处理的过程是并行处理，并且不同的根负载可能不同，上文提到在处理的过程可能会发生负载均衡。

这里有三个对象 Obj1_YHR1、obj2_YHR1 和 Obj3_YHR2 可以从根直达。那么会将这三个对象复制到一个空白的分区中（空白分区中深颜色对象就是对象复制后的新位置）。复制结束后这些根的指针将会指向新的对象。同时老的对象里面的对象头也会发生改变，即对象头里面的指针会指向新的对象，且对象头的最后两位会被设置成 11，表示该对象已经被标记。

图 5-4 中使用了三种类型连接线，其中实线表示原来对象的引用关系，虚线用于维持对象复制后新对象，点线是指因对象复制指向新位置对象的连接线。

对象 Obj1_YHR1、Obj2_YHR1 和 Obj3_YHR2 里面的 field 也会加入到栈中等待后续的进一步处理。

5.3.3　RSet 处理

就是把 RSet 当成根，扫描活跃对象，如图 5-5 所示。

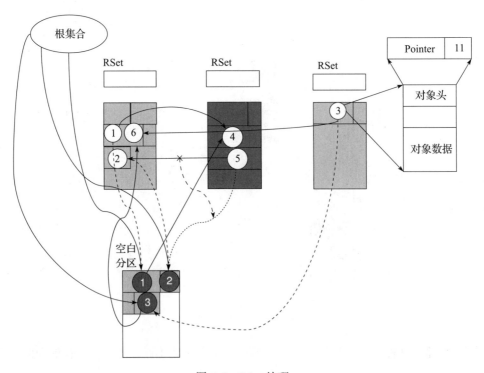

图 5-5　RSet 处理

在这一步中，根据前面对 RSet 的分析，因为 Obj5_OHR1.Field1 = obj2_YHR1，所以在 YHR1 的 RSet 中有一个指针指向卡表，这个卡表对应的是 OHR1 里面的一个 512 字节的区域。当处理到 Obj5_OHR1，发现它对应的引用已经被复制，所以只需要更新指针即可。

5.3.4　复制

前面提到在处理根和 RSet 之后，对象里面 field 对应的对象会被放入一个栈中，所以在这一步，会处理在新分区 YHR3 里面的新对象 Obj1_YHR3、obj2_YHR3 和 Obj3_YHR3，这里的处理指的是栈里面的对象地址。根据图 5-5 发现，只有 Obj3_YHR3 有一个字段指向 Obj6_YHR1。另外要注意的是，Obj1_YHR3 有一个字段指向老生代 Obj4_OHR1 的引用，但是这个对象不在 CSet 中，不需要处理。所以这一步只需要复制 Obj6_YHR1，如图 5-6 所示。

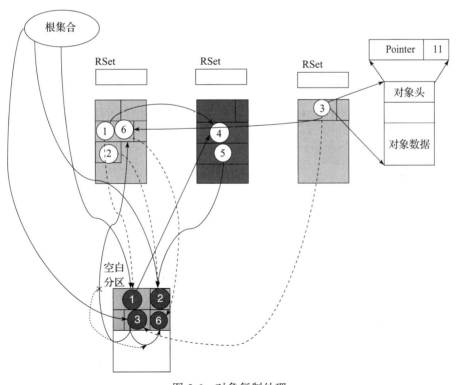

图 5-6　对象复制处理

5.3.5　Redirty

　　Redirty 的目的就是为了重构 RSet，保证引用关系的正确性，我们发现因为对象发生了复制，此时 Obj5_OHR1.Field1 的引用指向 Obj2_YHR3，相当于 Obj5_OHR1. Field1 = Obj2_YHR3，为了保持正确性，所以要重构 RSet，如图 5-7 所示。

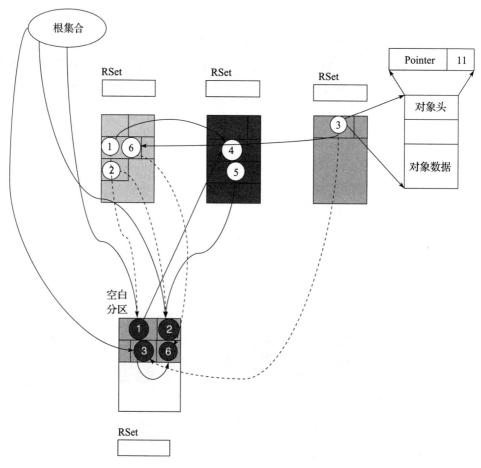

图 5-7　Redirty 处理

5.3.6　释放空间

　　最后一步就是清空各种空间，把复制到的分区设置为 Survivor 等操作。所以最后整个堆空间的内存布局如图 5-8 所示。

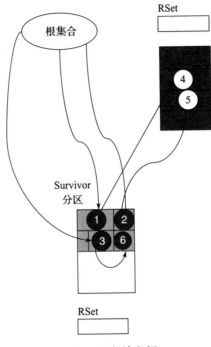

图 5-8　释放空间

5.4　日志解读

5.4.1　YGC 日志

运行第 3 章中代码发生 YGC 后的日志。运行程序使用的参数为：

```
-Xmx256M -XX:+UseG1GC  -XX:+UnlockExperimentalVMOptions
-XX:G1LogLevel=finest -XX:+PrintGCTimeStamps
```

其中，G1LogLevel 是一个实验选项，需要打开 -XX:+UnlockExperimentalVMOptions，打开之后能获得更为详细的日志信息，如下所示：

```
0.184: [GC pause (G1 Evacuation Pause) (young), 0.0182341 secs]
// 并行 GC 线程，一共有 8 个
    [Parallel Time: 16.7 ms, GC Workers: 8]
```

　　/* 这一行信息说明的是这 8 个线程开始的时间，Min 表示最早开始的线程时间，Avg 表示平均
　　开始时间，Max 表示的是最晚开始时间，Diff 为最早和最晚的时间差。这个值越大说明线程
　　启动时间越不均衡。线程启动的时间依赖于 GC 进入安全点的情况。关于安全点可以参考后

文的介绍。*/
[GC Worker Start (ms): 184.2 184.2 184.2 184.3 184.3 184.4 186.1 186.1
 Min: 184.2, Avg: 184.7, Max: 186.1, Diff: 1.9]

/* 根处理的时间，这个时间包含了所有强根的时间，分为 Java 根，分别为 Thread、JNI、
   CLDG; 和 JVM 根下面的 StringTable、Universe、JNI Handles、ObjectSynchronizer、
   FlatProfiler、Management、SystemDictionary、JVMTI */
[Ext Root Scanning (ms): 0.3 0.2 0.2 0.1 0.1 0.0 0.0 0.0
 Min: 0.0, Avg: 0.1, Max: 0.3, Diff: 0.3, Sum: 0.8]

   /*Java 线程处理时间，主要是线程栈。这个时间包含了根直接引用对象的复制时间，
     如果根超级大，这个时间可能会增加 */
   [Thread Roots (ms): 0.0 0.0 0.0 0.0 0.0 0.0 0.0 0.0
    Min: 0.0, Avg: 0.0, Max: 0.0, Diff: 0.0, Sum: 0.1]
   [StringTable Roots (ms): 0.0 0.1 0.1 0.1 0.1 0.0 0.0 0.0
    Min: 0.0, Avg: 0.0, Max: 0.1, Diff: 0.1, Sum: 0.4]
   [Universe Roots (ms): 0.0 0.0 0.0 0.0 0.0 0.0 0.0 0.0
    Min: 0.0, Avg: 0.0, Max: 0.0, Diff: 0.0, Sum: 0.0]
   [JNI Handles Roots (ms): 0.0 0.0 0.0 0.0 0.0 0.0 0.0 0.0
    Min: 0.0, Avg: 0.0, Max: 0.0, Diff: 0.0, Sum: 0.0]
   [ObjectSynchronizer Roots (ms): 0.0 0.0 0.0 0.0 0.0 0.0 0.0 0.0
    Min: 0.0, Avg: 0.0, Max: 0.0, Diff: 0.0, Sum: 0.0]
   [FlatProfiler Roots (ms): 0.0 0.0 0.0 0.0 0.0 0.0 0.0 0.0
    Min: 0.0, Avg: 0.0, Max: 0.0, Diff: 0.0, Sum: 0.0]
   [Management Roots (ms): 0.0 0.0 0.0 0.0 0.0 0.0 0.0 0.0
    Min: 0.0, Avg: 0.0, Max: 0.0, Diff: 0.0, Sum: 0.0]
   [SystemDictionary Roots (ms): 0.0 0.0 0.0 0.0 0.0 0.0 0.0 0.0
    Min: 0.0, Avg: 0.0, Max: 0.0, Diff: 0.0, Sum: 0.0]
   [CLDG Roots (ms): 0.3 0.0 0.0 0.0 0.0 0.0 0.0 0.0
    Min: 0.0, Avg: 0.0, Max: 0.3, Diff: 0.3, Sum: 0.3]
   [JVMTI Roots (ms): 0.0 0.0 0.0 0.0 0.0 0.0 0.0 0.0
    Min: 0.0, Avg: 0.0, Max: 0.0, Diff: 0.0, Sum: 0.0]

// CodeCache Roots 实际上是在处理 Rset 的时候的统计值，它包含下面的
// UpdateRS, ScanRS 和 Code Root Scanning
   [CodeCache Roots (ms): 5.0 3.9 2.2 3.3 2.1 2.2 0.6 2.2
    Min: 0.6, Avg: 2.7, Max: 5.0, Diff: 4.4, Sum: 21.6]
   [CM RefProcessor Roots (ms): 0.0 0.0 0.0 0.0 0.0 0.0 0.0 0.0
    Min: 0.0, Avg: 0.0, Max: 0.0, Diff: 0.0, Sum: 0.0]
   [Wait For Strong CLD (ms): 0.0 0.0 0.0 0.0 0.0 0.0 0.0 0.0
    Min: 0.0, Avg: 0.0, Max: 0.0, Diff: 0.0, Sum: 0.0]
   [Weak CLD Roots (ms): 0.0 0.0 0.0 0.0 0.0 0.0 0.0 0.0
    Min: 0.0, Avg: 0.0, Max: 0.0, Diff: 0.0, Sum: 0.0]
   [SATB Filtering (ms): 0.0 0.0 0.0 0.0 0.0 0.0 0.0 0.0
    Min: 0.0, Avg: 0.0, Max: 0.0, Diff: 0.0, Sum: 0.0]

// 这个就是 GC 线程更新 RSet 的时间花费，注意这里的时间和我们在 Refine 里面处理 RSet

```
// 的时间没有关系，因为它们是不同的线程处理
[Update RS (ms):    5.0   3.9   2.2   3.3   2.1   2.2   0.6   2.2
  Min: 0.6, Avg: 2.7, Max: 5.0, Diff: 4.4, Sum: 21.5]
    // 这里就是 GC 线程处理的白区中的 dcq 个数
  [Processed Buffers:   8   8   7   8   8   7   2   4
    Min: 2, Avg: 6.5, Max: 8, Diff: 6, Sum: 52]
```

```
// 扫描 RSet 找到被引用的对象
[Scan RS (ms):   0.0   0.0   0.0   0.0   0.0   0.0   0.0   0.0
  Min: 0.0, Avg: 0.0, Max: 0.0, Diff: 0.0, Sum: 0.0]
```

```
[Code Root Scanning (ms):   0.0   0.0   0.0   0.0   0.0   0.1   0.0   0.0
  Min: 0.0, Avg: 0.0, Max: 0.1, Diff: 0.1, Sum: 0.1]
```

```
// 这个就是所有活着的对象（除了强根直接引用的对象，在 Java 根处理时会直接复制）复制
// 到新的分区花费的时间。从这里也可以看出复制基本上是最花费时间的操作。
[Object Copy (ms):   11.3   12.5   14.2   13.1   14.3   14.2   14.2   12.5
  Min: 11.3, Avg: 13.3, Max: 14.3, Diff: 3.0, Sum: 106.3]
```

```
// GC 线程结束的时间信息。
[Termination (ms):   0.0   0.0   0.0   0.0   0.0   0.0   0.0   0.0
  Min: 0.0, Avg: 0.0, Max: 0.0, Diff: 0.0, Sum: 0.0]
    [Termination Attempts:   1   1   1   1   1   1   1   1
    Min: 1, Avg: 1.0, Max: 1, Diff: 0, Sum: 8]
```

```
// 这个是并行处理时其他处理所花费的时间，通常是由于 JVM 析构释放资源等
[GC Worker Other (ms):   0.0   0.0   0.0   0.0   0.0   0.0   0.0   0.0
  Min: 0.0, Avg: 0.0, Max: 0.0, Diff: 0.0, Sum: 0.1]
```

```
// 并行 GC 花费的总体时间
[GC Worker Total (ms):   16.6   16.6   16.6   16.5   16.5   16.4   14.7   14.7
  Min: 14.7, Avg: 16.1, Max: 16.6, Diff: 1.9, Sum: 128.7]
```

```
// GC 线程结束的时间信息
[GC Worker End (ms):   200.8   200.8   200.8   200.8   200.8   200.8   200.8   200.8
  Min: 200.8, Avg: 200.8, Max: 200.8, Diff: 0.0]
```

```
// 下面是其他任务部分。
// 代码扫描属于并行执行部分，包含了代码的调整和回收时间
[Code Root Fixup: 0.0 ms]
[Code Root Purge: 0.0 ms]
```

```
// 清除卡表的时间
[Clear CT: 0.1 ms]
[Other: 1.5 ms]
```

```
  // 选择 CSet 的时间，YGC 通常是 0
```

```
[Choose CSet: 0.0 ms]
```

// 引用处理的时间，这个时间是发现哪些引用对象可以清除，这个是可以并行处理的
```
[Ref Proc: 1.1 ms]
```
// 引用重新激活
```
[Ref Enq: 0.2 ms]
```

// 重构 RSet 花费的时间
```
[Redirty Cards: 0.1 ms]
    [Parallel Redirty:  0.0  0.0  0.0  0.0  0.0  0.0  0.0  0.0
     Min: 0.0, Avg: 0.0, Max: 0.0, Diff: 0.0, Sum: 0.1]
    [Redirtied Cards:  8118  7583  6892  4496  0  0  0  0
     Min: 0, Avg: 3386.1, Max: 8118, Diff: 8118, Sum: 27089]
```
　　　// 这个信息是是可以并行处理的，这里是线程重构 RSet 的数目

// 大对象处理时间
```
[Humongous Register: 0.0 ms]
    [Humongous Total: 2]
```
　　　// 这里说明有 2 个大对象
```
    [Humongous Candidate: 0]
```
　　　// 可回收的大对象 0 个

// 如果有大对象要回收，回收花费的时间，回收的个数
```
[Humongous Reclaim: 0.0 ms]
    [Humongous Reclaimed: 0]
```

// 释放 CSet 中的分区花费的时间，有新生代的信息和老生代的信息。

```
[Free CSet: 0.0 ms]
    [Young Free CSet: 0.0 ms]
    [Non-Young Free CSet: 0.0 ms]
```

// GC 结束后 Eden 从 15M 变成 0，下一次使用的空间为 21M，S 从 2M 变成 3M，整个堆从
// 23.7M 变成 20M
```
[Eden: 15.0M(15.0M)->0.0B(21.0M) Survivors: 2048.0K->3072.0K
 Heap: 23.7M(256.0M)->20.0M(256.0M)]
```

在 GC 日志的最后稍微提一下日志为什么需要对 Code Root 扫描和调整。假设我们有下面的 Java 代码，在实际中 codeRootTest 这个代码在满足一定条件之后（比如执行多次），JIT 编译器会把这样的代码进行编译，这样的代码中有直接访问 OOP 对象的语句，如下所示：

```
static final MyIntHolder staticVariable = new MyIntHolder();
// 假设 MyIntHolder 有一个公有的 int 变量 x
```

```
public int codeRootTest() {
return staticVariable.x;
}
```

这样的代码很有可能翻译成这样的汇编指令：

```
movabs $0x7111b5108,%r10 # staticVariable oop
mov 0xc(%r10),%edx # getfield x
```

对于这种情况当对象发生移动之后，必须重新调整代码中对象的引用位置，所以需要对 Code Root 进行扫描、调整，如果能释放的话还会进行释放。

5.4.2　大对象日志分析

G1TraceEagerReclaimHumongousObjects 实验选项（默认值为 false）打开后可以看到大对象的收集情况，选项包括：

```
-Xmx256M -XX:+UseG1GC  -XX:+PrintGCDetails -XX:+PrintGCTimeStamps
-XX:+UnlockExperimentalVMOptions -XX:+G1TraceEagerReclaimHumongousObjects
```

日志信息如下：

```
Live humongous region 0 size 4194320 start 0x00000000f0000000 length 5 with
  remset 8194 code roots 0 is marked 0 reclaim candidate 0 type array 0
Live humongous region 5 size 4194320 start 0x00000000f0500000 length 5 with
  remset 8194 code roots 0 is marked 0 reclaim candidate 0 type array 0
```

以上日志表示 0 号分区、5 号分区活跃的大对象分区；大小都是 4M；起始地址分别是 0x00000000f0000000、0x00000000f0500000；都占用 5 个分区；RSet 更新过 8194 次，代码块长度为 0；并有被标记；0 表示不能被回收；都不是数组类型。

5.4.3　对象年龄日志分析

打开 PrintTenuringDistribution 选项可以查看对象的年龄情况，选项包括：

```
-Xmx256M -XX:+UseG1GC  -XX:+PrintGCDetails -XX:+PrintGCTimeStamps
-XX:+PrintTenuringDistribution
```

日志如下所示：

```
Desired survivor size 75497472 bytes, new threshold 2 (max 15)

- age   1:   68407384 bytes,   68407384 total
```

```
- age    2:    12494576 bytes,    80901960 total
- age    3:      79376 bytes,    80981336 total
- age    4:    2904256 bytes,    83885592 total
, 0.1216628 secs
```

Survivor 的大小为 75 497 472，MaxTenuringThreshold 是 15，此处的 2 表示 age 为 2 的对象都将送入到老生代分区。

这四个年龄输出指的是 age 分别为 1，2，3，4 对象的大小。

这里看一下期望 Survivor 大小的计算方法。G1 中会根据新生代分区的数目来计算 Survivor 区的大小，公式为 _young_list_target_length/SurvivorRatio（SurvivorRatio 默认值为 8），之后对这个结果取上界作为 S0 和 S1 两个分区的大小，

然后，通过参数 TargetSurvivorRatio（TargetSurvivorRatio 默认值为 50）对整个 Survivor 空间进行划分。期望 Survivor 大小就是整个空间 × TargetSurvivorRatio/100，如果 TargetSurvivorRatio 增大，则用于下一次 Survivor 的空间会变大，即晋升到 Old 分区的概率会减少，实际上也会导致 G1 给 Survivor 分配更多的内存。

SurvivorRatio 默认值为 8，TargetSurvivorRatio 默认值为 50。从日志可以看出，Max TenuringThreshold 是 15。

5.5　参数介绍和调优

本章介绍了 G1 如何进行新生代回收。本节总结新生代回收过程中涉及的参数，以及该如何调整参数。

❑ 参数 ParallelGCThreads，默认值为 0，表示的是并行执行 GC 的线程个数。G1 可以根据 CPU 的个数自行推断线程数；GC 是 CPU 密集型的任务，通常来说线程个数不应该超过 CPU 核数，一般不用设置该值。

❑ 在对新生代收集的过程中，如果对象在 YGC 发生了一定次数之后还存活，这意味着对象有很大的概率存活更长的时间，所以通常会把它晋升到老生代。而这个次数可以通过参数 MaxTenuringThreshold 控制，默认值是 15，即发生 15 次

YGC 后，对象仍然存活，存活的对象会晋升到老生代。这个值最大只能是 15。减小该值可以会把对象更早地提升到老生代。

❑ 参数 G1RsetScanBlockSize，默认值为 64，指扫描 Rset 时一次处理的量，其目的是为了加速处理速度；如果计算能力较强，可以增大该值。

❑ 参数 SurvivorRatio，默认值为 8，指 Eden 和一个 Survivor 分区之间的比例；减小该值，将导致 Survivor 分区大小变大，G1 中并不会因为增大该值直接导致 Eden 变小，Eden 是根据 GC 的时间来预测的。

❑ 参数 TargetSurvivorRatio，默认值为 50，表示期望 Survivor 的大小。增大该值，则用于下一次 Survivor 的空间变大，晋升到 Old 分区的概率会减少。

❑ 参数 ParGCArrayScanChunk，默认值为 50，表示当一个对象数组的长度超过这个阈值之后，不会一次性遍历它，而是分多次处理，每次的长度都是这个阈值，只有最后一次处理的长度在 ParGCArrayScanChunk 和 2 × ParGCArrayScan Chunk 之间。减小该值会减少栈溢出的情况，增大该值效率会略有提升。G1 中的处理和其他的收集器略有不同，其他的收集器中当使用对象压缩指针，并且发生 Evac 失败时可能导致信息丢失，所以如果你在使用其他的收集器，当发生这种问题时[一]，可以 -XX:-UseCompressedOops 或者把 ParGCArrayScanChunk 设置成最大的对象数组长度，即永远都不要对对象数组分多次处理。

❑ 参数 ResizePLAB，默认值为 true，表示在垃圾回收结束后会根据内存的使用情况来调整 PLAB 的大小，但是目前 G1 中的 GC 线程在不同的阶段如 Evac，引用处理等都会涉及内存分配，所以在 PLAB 的调整上是根据整体内存的使用情况进行的，这个成本比较高[二]。因此在一些基准测试中发现禁止该选项可能有更好的效果，但这并不一定也适用于你的应用，关于 PLAB 效率和性能有一个 bug[三]，如果使用该选项也可以进行调整并测试。关于 PLAB 在 JDK9 等后面的版本中会引入相关参数。

❑ 参数 YoungPLABSize，默认值为 4096，是新生代 PLAB 缓存大小。在 32 位 JVM 中 PLAB 为 16KB，在 64 位 JVM 中为 32KB，表示对象从 Eden 复制到 Survivor

---

[一] https://bugs.java.com/view_bug.do?bug_id = 6819891

[二] https://bugs.java.com/view_bug.do?bug_id = 8040162

[三] https://bugs.java.com/view_bug.do?bug_id = 8030849

时，每次请求 16KB 作为分配缓存，提高分配效率。增大该值可以提高分配的效率，但是可能增加内存碎片，同时可能使得 S 分区很快耗尽；实际调优中可以尝试先减小该值。

❑ 参数 OldPLABSize，默认值为 1024，指老生代 PLAB 缓存大小。在 32 位 JVM 中 PLAB 为 4KB，64 位 JVM 中为 8KB，表示对象从 Eden 复制到 Old 时，每次请求 4KB 作为分配缓存，提高分配效率。增大该值可以提高分配的效率，但是可能增加内存碎片；通常来说 Old 分区空间更大，实际调优中可以尝试先增大该值。

❑ 参数 ParallelGCBufferWastePct，默认值为 10，表示对象从 Eden 到 Survivor 或者 Old 区的时候，如果剩余空间小于这个比例，且不能分配新对象时可以丢弃这个 PLAB 块，申请一个新的 PLAB，所以这个值越大分配的效率越高，内存浪费也越严重；这个参数和 TLABRefillWasteFraction 类似。

❑ 参数 G1EagerReclaimHumongousObjects，默认值为 true，表示在 YGC 时收集大对象；有应用测试发现 YGC 时回收大对象会引起性能问题[一]，如果遇到可以关闭选项。

❑ 参数 G1EagerReclaimHumongousObjectsWithStaleRefs，默认值为 true，表示在 YGC 时判定哪些大对象分区可以收集，如果为 true 表示当时大对象分区 RSet 的引用关系数小于 G1RSetSparseRegionEntries（默认值为 0）可以尝试收集，如果为 false 则只有 RSet 中的引用数为 0 才会收集。

⊖ https://bugs.openjdk.java.net/browse/JDK-8141637

第 6 章 *Chapter 6*

混 合 回 收

在上一章介绍新生代回收的时候我们提到，新生代回收会收集所有的 YHR ；而本章介绍的混合回收（Mixed GC，也称为混合 GC）既收集 YHR 也收集 OHR。因为涉及老生代的回收，通常来说老生代的空间比较大，收集老生代可能会花费更多的时间。所以涉及老生代的混合收集算法也不同于新生代回收算法，最明显的是引入并发标记，这里的并发标记指的是标记工作线程可以和 Mutator 同时运行，当然并发标记引入了复杂度。

混合回收可以总结为两个阶段：

❑ 并发标记，目的是识别老生代分区中的活跃对象，并计算分区中垃圾对象所占空间的多少，用于垃圾回收过程中判断是否回收分区。

❑ 垃圾回收，这个过程和新生代回收的步骤完全一致，重用了新生代回收的代码，最大的不同是在回收时不仅仅回收新生代分区，同时回收并发标记中识别到的垃圾多的老生代分区。

本章主要介绍混合回收中用到的并发标记算法，同时解释了并发标记算法的难点，G1 中混合回收的步骤以及混合回收中并发标记算法，着重介绍了算法中的并发标记子阶段、Remark（再标记）子阶段和清理子阶段，并分析了相关的代码；演示了并发标记算法每一步所做的工作，总结了 G1 中 YGC 和混合回收整体活动图；最后介绍了如何解读日志和参数调优。

> **注意** 在有些文档中混合回收仅仅指第二阶段即垃圾回收过程，并不包含并发标记过程；在另一些文档中并发标记指的是并发标记过程中的并发标记子阶段。

6.1 并发标记算法详解

并发标记算法是混合回收中最重要的算法。并发标记指的是标记线程和 Mutator 并发运行。那么标记线程如何并发地进行标记？正如我们前面提到的并发标记的难点，一边标记垃圾对象，一边还在生成垃圾对象。为了解决这个问题，以前的算法采用串行执行，这里的串行指的是标记工作和对象生成工作不同时进行，但在 G1 中引入了新的算法。在介绍并发标记算法之前我们首先回顾一下对象分配，再来讨论这个问题。前面我们提到在堆分区中分配对象的时候，对象都是连续分配。在介绍 TLAB 时提到为了效率对还没有填充满的 TLAB 填充一个 dummy 的 Int[] 之类。所以可以设计几个指针分别是 Bottom、Prev、Next 和 Top，用 Prev 指针指向上一次并发处理后的地址，用 Next 指向并发标记开始之前内存已经分配成功的地址，当并发标记开始之后，如果有新的对象分配，可以移动 Top 指针，使 Top 指针指向当前内存分配成功的地址。Next 指针和 Top 指针之间的地址就是 Mutator 新增的对象使用的地址。如果我们假设 Prev 指针之前的对象已经标记成功，在并发标记的时候从根出发，不仅仅标记 Prev 和 Next 之间的对象，还标记了 Prev 指针之前活跃的对象。当并发标记结束之后，只需要把 Prev 指针设置为 Next 指针即可开始新一轮的标记处理。

Prev 和 Next 指针解决了并发标记工作内存区域的问题，还需要在引入两个额外的数据结构来记录内存标记的状态，典型的是使用位图来指示哪块内存已经使用，哪块内存还未使用。所以并发标记引入两个位图 PrevBitMap 和 NextBitMap，用

PrevBitmap 记录 prev 指针之前内存的标记状况，用 NextBitmap 来表示整个内存到 next 指针之前的标记状态。

这里很多人都很奇怪 NextBitmap 包含了整个使用内存的标记状态，为什么要引入 PrevBitmap 这个数据结构？这个数据结构在什么时候使用？我们可以想象如果并发标记每次都成功，我们确实可以不需要 PrevBitmap，只需要根据这个 BitMap 对对象进行清除即可。但是如果发生标记失败将会发生什么？我们将丢失上一次对 Prev 指针之前所有内存的标记状况，也就是说当发生失败不能完成并发标记时将需要重新标记整个内存，这显然是不对的。

如图 6-1 所示，这里用 Bottom 表示分区的底部，Top 表示分区空间使用的顶部，TAMS 指的是 Top-at-Mark-Start，Prev 就是前一次标记的地址即 Prev TAMS，Next 指向的是当前开始标记时最新的地址即 Next TAMS。并发标记会从根对象出发开始进行并发标记。在第一次标记时 PrevBitmap 为空，NextBitmap 待标记。

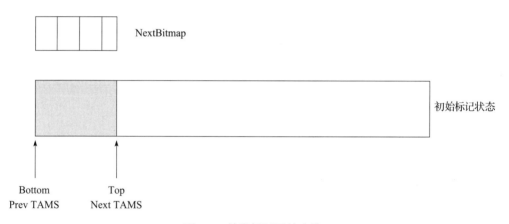

图 6-1　并发标记开始之前

并发标记结束后，NextBitmap 标记了分区对象存活的情况，如图 6-2 所示。假定图 6-2 的位图中黑色区域表示堆分区中对应的对象还活着。在并发标记的同时 Mutator 继续运行，所以 Top 会继续增长。

新一轮的并发标记开始，交换位图，重置指针。如图 6-3 和图 6-4 所示。

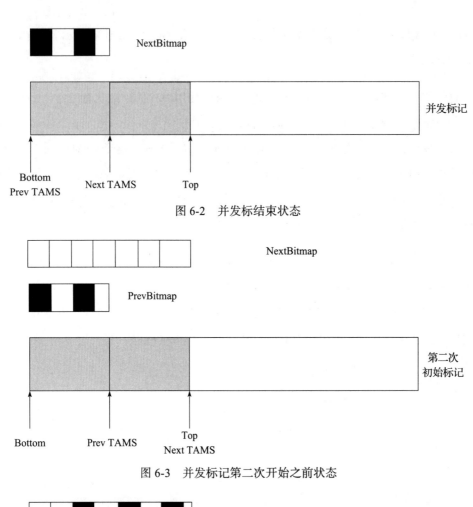

图 6-2 并发标结束状态

图 6-3 并发标记第二次开始之前状态

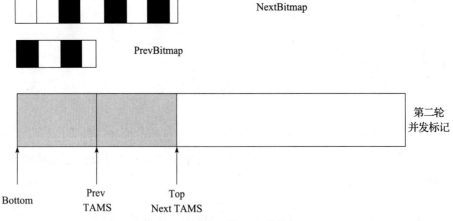

图 6-4 并发标记第二次结束状态

6.2 并发标记算法的难点

并发标记的主要问题是垃圾回收器在标记对象的过程中，Mutator可能正在改变对象引用关系图，从而造成漏标和错标。错标不会影响程序的正确性，只是造成所谓的浮动垃圾。但漏标则会导致可达对象被当做垃圾收集掉，从而影响程序的正确性。为了区别对象的不同状态，引入了三色标记法。

6.2.1 三色标记法

三色标记法是一个逻辑上的抽象，将对象分成白色（white），表示还没有被收集器标记的对象；灰色（gray），表示自身已经被标记到，但其拥有的field字段引用到的其他对象还没有被处理；黑色（black），表示自身已经被标记到，且对象本身所有的field引用到的对象也已经被标记。对象在并发标记阶段会被漏标的充分必要条件是：

❏ Mutator插入了一个从黑色对象到该白色对象的新引用，因为黑色对象已经被标记，如果不对黑色对象重新处理，那么白色对象将被漏标，造成错误。

❏ Mutator删除了所有从灰色对象到该白色对象的直接或者间接引用，因为灰色对象正在标记，字段引用的对象还没有被标记，如果这个引用的白色对象被删除了（引用发生了变化），那么这个引用对象也有可能被漏标。

因此，要避免对象的漏标，只需要打破上述两个条件中的任何一个即可[一]。所以在并发标记的时候也对应地有两种不同的实现：

❏ 增量更新算法关注对象引用插入，把被更新的黑色或者白色对象标记成灰色，打破第一个条件。

❏ SATB关注引用的删除，即在对象被赋值前，把老的被引用对象记录下来，然后根据这些对象为根重新标记一遍，打破第二个条件。

6.2.2 难点示意图

为了直观地理解并发标记的难点，用一个例子来演示，如图6-5所示。

一 http://www.memorymanagement.org/glossary/

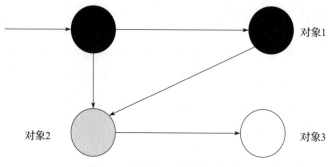

图 6-5   并发标记的中间状态

图中有 4 个对象，3 种颜色分别是黑色，灰色和白色。我们仅仅关注图中对象 1、对象 2 和对象 3。其中对象 1 和对象 2 都可以通过根对象到达。假定对象 1 已经被标记，所以设置为黑色。处理完对象 1 会把对象 1 的 field 指向的对象地址放入到待标记栈。当对象 2 已经标记完成，需要把对象 2 的 field 指向的对象栈，即对象 3 入栈待处理。如果此时并发标记线程让出 CPU，Mutator 执行并修改了引用关系。对象 2.field = NULL，对象 1.field = 对象 3，如图 6-6 所示：

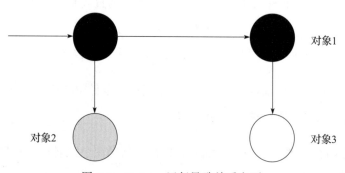

图 6-6   Mutator 运行导致关系变更

这时候并发线程重新获得执行，将会发生什么？对象 1 已经变成黑色，说明 field 都标记完了。对象 2 灰色待处理 field，但是 field 已经为 NULL，所以不需要处理。那么对象 3 怎么办？如果不进行额外的处理就会导致漏标。这里就需要上面提到的两种解决漏标的方法。第一个就是增量更新，它的思路就是当发生了对象 1.field = 对象 3，就把对象 1 重新标记为灰色，意味着对象 1 的 field 需要被再次处理一遍，如图 6-7 所示：

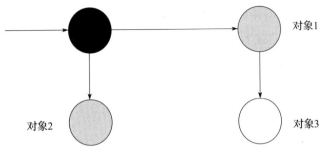

图 6-7　增量更新算法

第二种方法就是 SATB，这个思路就是在发生对象 2.field = NULL 之前把老的对象 2.field 指向的对象 3 放入待标记栈中，相当于把对象 3 设置成灰色，如图 6-8 所示。

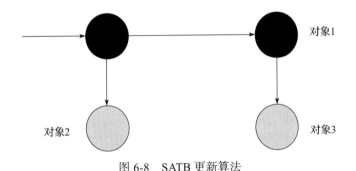

图 6-8　SATB 更新算法

6.2.3　再谈写屏障

在介绍 RSet 的时候就涉及了写屏障，这里也会有写屏障。RSet 中写屏障的主要目的是为了标记引用关系，STAB 中写屏障主要是为了保证并行标记的正确性，STAB 主要记录的是目的对象修改之前的对象。我们从一段 Java 代码出发，看看 JVM 如何处理写屏障。

假定有一个 TestExample 类，里面有一个字符，并且对这个字符赋值，如下所示。

```java
public class TestExample {
  private Object obj;
  public TestExample() {
    obj = new Object();
  }
}
```

这段 Java 代码会被编译成**字节码**（Bytecode），关于字节码的知识可以参考其他书籍或者文章。我们这里直接看一下这段代码对应的字节码，其中的成员变量赋值会被翻译成 putField。对应字节码如下：

```
public class TestExample {

    // 反编译文件 : TestExample.java

    // 访问控制符 0x2 标识 private
    private Ljava/lang/Object; obj

    // 访问控制符 0x1 标识 public
    public <init>()V
      L0
        LINENUMBER 6 L0
        ALOAD 0
        INVOKESPECIAL java/lang/Object.<init> ()V
      L1
        LINENUMBER 7 L1
        ALOAD 0
        NEW java/lang/Object
        DUP
        INVOKESPECIAL java/lang/Object.<init> ()V
        PUTFIELD TestExample.obj : Ljava/lang/Object;
      L2
        LINENUMBER 8 L2
        RETURN
      L3
        LOCALVARIABLE this LTestExample; L0 L3 0
        MAXSTACK = 3
        MAXLOCALS = 1

}
```

Putfield 这个字节码是怎么实现的？早期的 JVM 使用的是**字节解释器**（Bytecode Interpreter），后来使用**模板解释器**（TemplateTable）。它们的功能是一样的，只不过实现的方式不同，字节解释器还需要再次解释执行到目标机器的代码，而模板解释器是针对平台的，JVM 内部使用的是模板解释器，它是汇编语言编写的，为了简单起见，我们先看字节码解释器的代码。代码如下所示：

```
hotspot/src/share/vm/interpreter/bytecodeInterpreter.cpp

CASE(_putfield):
```

```
CASE(_putstatic):
  {
    ...

    obj->obj_field_put(field_offset, STACK_OBJECT(-1));

...
```

这两个字节码会找到对象，并调用 obj_put_field，而 obj_put_Field 会调用 oop_store，代码如下所示：

hotspot/src/share/vm/oops/oop.inline.hpp

```
inline void oopDesc::obj_field_put(int offset, oop value) {
  UseCompressedOops ? oop_store(obj_field_addr<narrowOop>(offset), value) :
                      oop_store(obj_field_addr<oop>(offset),        value);
}
```

真正的写屏障在 oop_store 中，代码如下所示：

hotspot/src/share/vm/oops/oop.inline.hpp

```
template <class T> inline void oop_store(volatile T* p, oop v) {
  // 赋值前处理
  update_barrier_set_pre((T*)p, v);
  // 赋值动作
  oopDesc::release_encode_store_heap_oop(p, v);
  // 赋值后处理，注意这里使用的是 (*) P，表示取 p 指向的对象，即 new obj 源对象
  update_barrier_set((void*)p, v, true /* release */);     // cast away type
}
```

可以总结为：

```
JVM ----> Insert Pre-write barrier
  Object.Field = other_object; 真正的代码
JVM ----> Insert Post-write Barrier
```

赋值前处理会调用 G1SATBCardTableModRefBS:inline_write_ref_field_pre，这是一个模板方法，最终就是把要写的目标对象放入到 STAB 的队列中，代码如下所示：

hotspot/src/share/vm/gc_implementation/g1/g1SATBCardTableModRefBS.cpp

```
void G1SATBCardTableModRefBS::enqueue(oop pre_val) {
```

```
if (!JavaThread::satb_mark_queue_set().is_active()) return;
Thread* thr = Thread::current();
// 对于一般的 Mutator 直接放入到线程的队列中。
if (thr->is_Java_thread()) {
  JavaThread* jt = (JavaThread*)thr;
  jt->satb_mark_queue().enqueue(pre_val);
} else {
  // 对于本地代码则放入到全局共享队列中，因为是全局共享队列所以需要锁
  MutexLockerEx x(Shared_SATB_Q_lock, Mutex::_no_safepoint_check_flag);
JavaThread::satb_mark_queue_set().shared_satb_queue()->enqueue(pre_val);
  }
}
```

> 🎯提示 G1 中为了代码阅读和理解的一致性，这里把赋值前处理也称为"写屏障"。其实更为准确的称呼应该是读屏障，把赋值前的对象先读出来进行标记处理，所以称为读屏障更为合适。为什么强调这个概念，就是希望大家能更加清晰地理解并发标记的原理。比如在 ZGC 中我们经常看到 Load Barrier，也就是所谓的读屏障，指的是什么？也是在读对象的时候对对象做额外的处理，由此可以推断出 ZGC 中的并发标记算法应该和 G1 中的并发标记使用了同一算法。当然 ZGC 中因为对内存做了额外的设计，所以在具体实现的时候与 G1 有所不同，关于 ZGC 的介绍可以参考第 12 章。

赋值处理很简单，直接写对象地址到目标地址。

赋值后处理主要是通过 G1SATBCardTableLoggingModRefBS::write_ref_field_work 完成，把源对象放入到 dirty card 队列，代码如下所示：

```
hotspot/src/share/vm/gc_implementation/g1/g1SATBCardTableModRefBS.cpp
```

```
void write_ref_field_work(void* field,  oop new_val, bool release) {
// 这里是源对象的地址
  volatile jbyte* byte = byte_for(field);
// 如果源对象是新生代则不处理，因为不需要记录到新生代的引用，新生代不管是在哪种回收中都
// 会处理，所以不需要额外的记录。
  if (*byte == g1_young_gen) {
    return;
  }
// 这里调用的 storeload 目的是为了保持数据的可见性
  OrderAccess::storeload();
```

```
    if (*byte != dirty_card) {
      *byte = dirty_card;
      Thread* thr = Thread::current();
      // 对于一般的 Mutator 直接放入到线程的队列中。
      if (thr->is_Java_thread()) {
        JavaThread* jt = (JavaThread*)thr;
        jt->dirty_card_queue().enqueue(byte);
      } else {
      // 对于本地代码则放入到全局共享队列中，因为是全局共享队列所以需要锁
        MutexLockerEx x(Shared_DirtyCardQ_lock,
                        Mutex::_no_safepoint_check_flag);
        _dcqs.shared_dirty_card_queue()->enqueue(byte);
      }
    }
  }
```

实际上模板解释器代码也很清晰，putField 会调用 putfield_or_static，它会调用汇编的 do_oop_store，代码如下所示：

```
hotspot/src/cpu/x86/vm/templateTable_x86_32.cpp
```

```
void TemplateTable::putfield_or_static(int byte_no, bool is_static) {
  ......

  // atos
  {
    __ pop(atos);
    if (!is_static) pop_and_check_object(obj);
    // Store into the field
    do_oop_store(_masm, field, rax, _bs->kind(), false);
    if (!is_static) {
      patch_bytecode(Bytecodes::_fast_aputfield, bc, rbx, true, byte_no);
    }
    __ jmp(Done);
  }

  ......
}
```

这里 do_oop_store 和上面的 oop_store 功能类似，都是处理写前屏障、写动作和写后屏障，代码如下：

```
hotspot/src/cpu/x86/vm/templateTable_x86_32.cpp
```

```
static void do_oop_store(InterpreterMacroAssembler* _masm,
```

```
                          Address obj,
                          Register val,
                          BarrierSet::Name barrier,
                          bool precise) {

switch (barrier) {
#if INCLUDE_ALL_GCS
  case BarrierSet::G1SATBCT:
  case BarrierSet::G1SATBCTLogging:
    {
      ……
        // 这个就是处理 SATB
      __ g1_write_barrier_pre(rdx /* obj */,
                              rbx /* pre_val */,
                              rcx /* thread */,
                              rsi /* tmp */,
                              val != noreg /* tosca_live */,
                              false /* expand_call */);

      if (val == noreg) {
        // 赋值，对于赋值为空的对象不需要 DCQ
        __ movptr(Address(rdx, 0), NULL_WORD);
        // No post barrier for NULL
      } else {
        // 赋值
        __ movl(Address(rdx, 0), val);
        // 处理 DCQ
        __ g1_write_barrier_post(rdx /* store_adr */,
                              val /* new_val */,
                              rcx /* thread */,
                              rbx /* tmp */,
                              rsi /* tmp2 */);
      }
      ……

    }
    break;
 #endif // INCLUDE_ALL_GCS

  }
}
```

g1_write_barrier_pre 和 g1_write_barrier_post 通过汇编调用函数 g1_wb_pre 和 g1_wb_post，它们的作用是把对象放入 SATB 和 DCQ 中。

6.3　G1 中混合回收的步骤

混合回收分为两个阶段：并发标记和垃圾回收，其中并发标记阶段可以分为：初始标记子阶段，并发标记子阶段，再标记子阶段和清理子阶段。垃圾回收阶段一定发生在并发标记阶段之后。

第一阶段：并发标记

1）初始标记子阶段

2）并发标记子阶段

3）再标记子阶段

4）清理子阶段

第二阶段：垃圾回收

本节按照混合回收发生的逻辑顺序依次来介绍这些内容，并在最后分析了并发标记算法的正确性。

1. 初始标记子阶段

负责标记所有直接可达的根对象（栈对象、全局对象、JNI 对象等），根是对象图的起点，因此初始标记需要将 Mutator 线程暂停，也就是需要一个 STW 的时间段。混合收集中的初始标记和新生代的初始标记几乎一样。实际上混合收集的初始标记是借用了新生代收集的结果，即新生代垃圾回收后的新生代 Survivor 分区作为根，所以混合收集一定发生在新生代回收之后，且不需要再进行一次初始标记。这个阶段在 YGC 中已经介绍，不再赘述。

2. 并发标记子阶段

当 YGC 执行结束之后，如果发现满足并发标记的条件，并发线程就开始进行并发标记。根据新生代的 Survivor 分区以及老生代的 RSet 开始并发标记。并发标记的时机是在 YGC 后，只有达到 InitiatingHeapOccupancyPercent 阈值后，才会触发并发标记。InitiatingHeapOccupancyPercent 默认值是 45，表示的是当已经分配的内存加上即将分配的内存超过内存总容量的 45% 就可以开始并发标记。并发标记线程在并发标记阶段启动，由参

数 -XX:ConcGCThreads（默认 GC 线程数的 1/4，即 -XX:ParallelGCThreads/4）控制启动数量，每个线程每次只扫描一个分区，从而标记出存活对象。在标记的时候还会计算存活的数量（Live Data Accounting），只要一个对象被标记，同时会计算字节数，并计入分区空间，这和并发算法相关。

并发标记会对所有的分区进行标记。这个阶段并不需要 STW，故标记线程和 Mutator 并发运行。

3. 再标记子阶段

再标记（Remark）是最后一个标记阶段。在该阶段中，G1 需要一个暂停的时间，找出所有未被访问的存活对象，同时完成存活内存数据计算。引入该阶段的目的，是为了能够达到结束标记的目标。要结束标记的过程，要满足三个条件：

❑ 从根（Survivor）出发，并发标记子阶段已经追踪了所有的存活对象。
❑ 标记栈是空的。
❑ 所有的引用变更都被处理了；这里的引用变更包括新增空间分配和引用变更，新增的空间所有对象都认为是活的，引用变更处理 SATB。

前两个条件是很容易达到的，但是最后一个是很困难的。如果不引入一个 STW 的再标记过程，那么应用会不断地更新引用，也就是说，会不断产生新的引用变更，因而永远也无法达成完成标记的条件。

这个阶段也是并行执行的，通过参数 -XX:ParallelGCThreads 可设置 GC 暂停时可用的 GC 线程数。同时，引用处理也是再标记阶段的一部分，所有重度使用引用对象（弱引用、软引用、虚引用、最终引用）的应用都需要不少的开销来处理引用。

4. 清理子阶段

再标记阶段之后进入清理子阶段，也是需要 STW 的。清理子阶段主要执行以下操作：

❑ 统计存活对象，这是利用 RSet 和 BitMap 来完成的，统计的结果将会用来排序分区 gion，以用于下一次的 CSet 的选择；根据 SATB 算法，需要把新分配的对象，即不在本次并发标记范围内的新分配对象，都视为活跃对象。

❑ 交换标记位图，为下次并发标记准备。

❑ 重置 RSet，此时老生代分区已经标记完成，如果标记后的分区没有引用对象，这说明引用已经改变，这个时候可以删除原来的 RSet 里面的引用关系。

❑ 把空闲分区放到空闲分区列表中；这里的空闲指的是全都是垃圾对象的分区；如果分区还有任何分区活跃对象都不会释放，真正释放是在混合 GC 中。

该阶段比较容易引起误解地方在于，清理操作并不会清理垃圾对象，也不会执行存活对象的拷贝。也就是说，在极端情况下，该阶段结束之后，空闲分区列表将毫无变化，JVM 的内存使用情况也毫无变化。

5. 混合回收阶段的分析

混合回收实际上与 YGC 是一样的：第一个步骤是从分区中选出若干个分区进行回收，这些被选中的分区称为 Collect Set（简称 CSet）；第二个步骤是把这些分区中存活的对象复制到空闲的分区中去，同时把这些已经被回收的分区放到空闲分区列表中。垃圾回收总是要在一次新的 YGC 开始才会发生的。

6. 并发标记的正确性分析

并发标记的目的是为了识别老生代分区的使用情况，在下一次回收的时候优先选择垃圾比较多的分区进行回收。

在介绍并发标记的时候我们提到使用 SATB 来存储变更前的引用关系，把变更前的对象都作为活跃对象进行标记，保证了标记的正确性。但是在 G1 并发标记的实现步骤中，提到并发标记是以 Survivor 分区为根对整个老生代进行标记。这里有没有问题？实际上存在 Java 根直接引用老生代对象，而不存在新生代对象到老生代的引用，由此来看并发标记并不是对老生代的完全标记，老生代分区里面可能存在一些对象是通过 Java 根到达的。这些对象在并发标记的时候并不会被标记，所以导致可能存活的对象因没有标记而被错误回收。

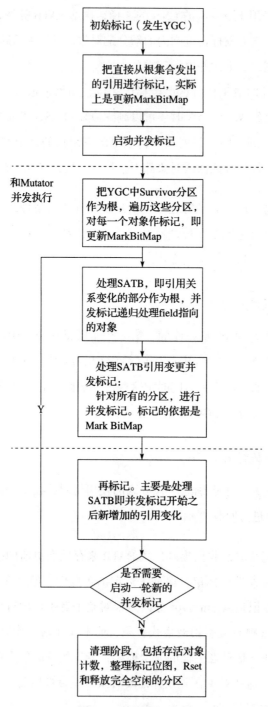

图 6-9　并发标记流程

从这一点来说，仅仅收集 Survivor 是不够的，但是只需要把直接从根出发到老生代的引用或者大对象分区的引用补上就完整了。其实这个内容前面我们已经提到，这里为了加深理解，我们把代码再拿出来，如下所示：

hotspot/src/share/vm/gc_implementation/g1/g1CollectedHeap.cpp

```
void G1ParCopyClosure<barrier, do_mark_object>::do_oop_work(T* p) {
  const InCSetState state = _g1->in_cset_state(obj);
  if (state.is_in_cset()) {
// 前面提到过对象所在分区处于 CSet 中，可以复制
  } else {
// 对于不在 CSet 中的对象，先把对象标记为活的，在并发标记的时候认为是根对象并作并发标记

// 如果是大对象，直接把大对象标记为活跃对象
    if (state.is_humongous()) {
      _g1->set_humongous_is_live(obj);
    }

// 如果发现处于并发标记周期前的 YGC，则需要把对象放入到标记栈
    if (do_mark_object == G1MarkFromRoot) {
      mark_object(obj);

/* 这里的 mark_object 其实就是调用 _cm->grayRoot(obj, (size_t) obj->size(),
    _worker_id)，也就是把这个对象标记为灰色，在并发标记的时候作为根，稍后分析 Survivor
    分区处理的时候同样调用这个代码。留待后续分析 */
    }
  }

  ......
}
```

在这个模板类中为了区别一般的 YGC 和混合 GC 的初始标记阶段，使用了一个参数 do_mark_object，当进行一般的 YGC 时，参数设置为 G1MarkNone，当发现开启了并发标记则设置为 G1MarkFromRoot。

图 6-9 是并发标记的整体流程图。

6.4 混合回收中并发标记处理的线程

混合回收中，并发标记的代码在 concurrentMarkThread::run 中。根据图 6-9 并发标记流程图非常容易理解实现。我们看一下关键点，代码如下所示：

```
hotspot/src/share/vm/gc_implementation/g1/concurrentMarkThread.cpp
```

```
void ConcurrentMarkThread::run() {

  while (!_should_terminate) {
    // 并发标记线程在创建后并不会立即启动，在一定的条件下才能启动
    sleepBeforeNextCycle();
    if (_should_terminate)        break;

      {
      // 并发发标记启动之后，从 Survivor 分区开始进行扫描，具体参见 6.4.2 节
      if (!cm()->has_aborted())        _cm->scanRootRegions();

      do {
        // 这是并发标记子阶段的地方
        if (!cm()->has_aborted())        _cm->markFromRoots();
        // 这是再标记操作
        if (!cm()->has_aborted()) {
          CMCheckpointRootsFinalClosure final_cl(_cm);
          VM_CGC_Operation op(&final_cl, "GC remark", true /* needs_pll */);
          VMThread::execute(&op);
        }
        // 这里的循环是和前面并发标记子阶段的 do 对应的。所以在循环中执行上面的并发标记子
        // 阶段的操作，当并发标记对象时如果栈空间溢出则会继续循环
      } while (cm()->restart_for_overflow());

      // 这是执行清理的地方
      if (!cm()->has_aborted()) {
        CMCleanUp cl_cl(_cm);
        VM_CGC_Operation op(&cl_cl, "GC cleanup", false /* needs_pll */);
        VMThread::execute(&op);
      } else {
      // 并发标记对象被终止，设置一些标志
        SuspendibleThreadSetJoiner sts;
        g1h->set_marking_complete();
      }

      {
        SuspendibleThreadSetJoiner sts;
        // 这里是通知下一次 GC 发生时，应该启动混合 YC，即要回收老生代分区
        if (!cm()->has_aborted()) {
          g1_policy->record_concurrent_mark_cleanup_completed();
        }
      }

      // 这里是在清理工作之后交换了 MarkBitmap，此时需要对 nextMarkBitmap 重新置位，
      // 便于下一次并发标记
```

```
        if (!cm()->has_aborted()) {
          SuspendibleThreadSetJoiner sts;
          _cm->clearNextBitmap();
        }
      }

      ......
    }

    terminate();
  }
```

6.4.1　并发标记线程启动的时机

并发标记线程在创建后并不会立即启动并发标记任务（并发标记任务也是通过一个线程池来运行的），而是需要一定的时机，它会等待条件成熟才启动。启动通过信的形式来通知，代码如下所示：

hotspot/src/share/vm/gc_implementation/g1/concurrentMarkThread.cpp

```
void ConcurrentMarkThread::sleepBeforeNextCycle() {
  MutexLockerEx x(CGC_lock, Mutex::_no_safepoint_check_flag);
  while (!started() && !_should_terminate) {
    CGC_lock->wait(Mutex::_no_safepoint_check_flag);
  }

  if (started()) {
    set_in_progress();// 设置状态为处理中。
    clear_started();
  }
}
```

concurrentMarkThread 启动依赖于 YGC。在 YGC 的最后阶段判定如果可以启动并发标记，则调用 doConcurrentMark 发送通知，代码如下所示：

hotspot/src/share/vm/gc_implementation/g1/g1CollectedHeap.cpp

```
void G1CollectedHeap::doConcurrentMark() {
  MutexLockerEx x(CGC_lock, Mutex::_no_safepoint_check_flag);
  if (!_cmThread->in_progress()) {
    _cmThread->set_started();
    CGC_lock->notify();
  }
}
```

而启动这个通知是在 YGC 开始的时候判断，判断的依据主要是根据内存使用的情况。当老生代使用的内存加上本次即将分配的内存占到总内存的 45%，就表明可以启动并发标记任务，代码如下所示：

hotspot/src/share/vm/gc_implementation/g1/g1CollectorPolicy.cpp

```
bool G1CollectorPolicy::need_to_start_conc_mark(const char* source, size_
  t alloc_word_size) {
  if (_g1->concurrent_mark()->cmThread()->during_cycle()) return false;

  size_t marking_initiating_used_threshold =   (_g1->capacity() / 100) *
    InitiatingHeapOccupancyPercent;
  size_t cur_used_bytes = _g1->non_young_capacity_bytes();
  size_t alloc_byte_size = alloc_word_size * HeapWordSize;

  if ((cur_used_bytes + alloc_byte_size) > marking_initiating_used_threshold)
    return true;
  return false;
}
```

6.4.2　根扫描子阶段

并发标记线程启动之后，需要开始执行扫描处理，该子阶段是并发标记的第一步。代码如下：

```
void ConcurrentMark::scanRootRegions() {
  ……

  if (root_regions()->scan_in_progress()) {
    _parallel_marking_threads = calc_parallel_marking_threads();
    uint active_workers = MAX2(1U, parallel_marking_threads());

    // 根据参数确定并行任务的数量，使用并行任务来对根（即 Survivor）分区扫描
    CMRootRegionScanTask task(this);
    if (use_parallel_marking_threads()) {
      _parallel_workers->set_active_workers((int) active_workers);
      _parallel_workers->run_task(&task);
    } else {
        task.work(0);
    }

    // 通知锁，可以进行下一次 YGC
    root_regions()->scan_finished();
  }
}
```

这里需要注意，因为混合 GC 依赖于 YGC 的 Survivor 区，可能发生这样一种情况，当混合 GC 扫描还没有结束，如果又发生了 YGC，那么 Survivor 就会变化，这对混合 GC 来说是不可接受的，因为它不能准确地标记对象。所以在混合 GC 的时候一定会要求做完 Survivor 分区的扫描之后才能再进行一次新的 YGC。

这个实现机制是通过锁和通知完成的。如在 do_collection 或者 do_collection_pause_at_safepoint 真正进行垃圾回收之前，会先调用 wait_until_scan_finished 判断是否能够启动垃圾回收。这也是通过信号完成的。代码如下所示：

```
hotspot/src/share/vm/gc_implementation/g1/concurrentMark.cpp
```

```cpp
bool CMRootRegions::wait_until_scan_finished() {
  if (!scan_in_progress()) return false;

  {
    MutexLockerEx x(RootRegionScan_lock, Mutex::_no_safepoint_check_flag);
    while (scan_in_progress()) {
      RootRegionScan_lock->wait(Mutex::_no_safepoint_check_flag);
    }
  }
  return true;
}
```

以上代码就是判定锁是否得到通知。锁的释放在根扫描的最后一步 root_regions()->scan_finished() 中，对锁发送通知 RootRegionScan_lock->notify_all()。

并行扫描任务线程的数目通过参数 ConcGCThreads 来设置，默认值为 0，这个数值可以启发式推断。

❏ ConcGCThreads 并发线程数，默认值为 0，如果没有设置则动态调整。
- 如果设置了参数 G1MarkingOverheadPercent，默认值为 0，则 ConcGCThreads = ncpus × G1MarkingOverheadPercent × MaxGCPauseMillis/GCPauseIntervalMillis。这表示 ConcGCThreads 会根据 GC 负载占比来推断。
- 如果没有设置，则使用 ParallelGCThreads（前文介绍过推断依据）为依据来推断。ConcGCThreads =（ParallelGCThreads + 2）/4，最小值为 1。

❏ 判断线程数是否可以动态调整。
- 如果设置了参数 G1MarkingOverheadPercent，默认值为 0，则 ConcGCThreads

依赖于参数 UseDynamicNumberOfGCThreads（默认值为 false）和 ForceDynamic NumberOfGCThreads（默认值为 false）。当关闭 UseDynamicNumberOfGCThreads，或者设置了 ConcGCThreads 并且关闭 ForceDynamicNumberOfGCThreads，表示不允许动态调整，则使用 ConcGCThreads 的值为并行线程任务数。

- 如果可以动态调整线程数目，将根据 Mutator 线程数目 ×2 和堆空间的大小 / HeapSizePerGCThread（默认值为 64M）的最大值作为新的并发线程数。并且最大值不能超过我们在第一步算出来的 ConcGCThreads 个数。如果算出来的并发数比当前的值大，直接使用；如果算出来的值比当前使用的并发数小，则取这两个数的中值。

- 如果打开动态调整，可以打开开关 TraceDynamicGCThreads 输出线程并发数变化信息。

GC 并发线程动态化调整是 JDK8 才引入的，这个参数的最大值会受限于第一步中 ConcGCThreads，它最大的用处在于当 GC 负载比较低，可以减少 GC 线程，让应用线程更多地抢占到 CPU。目前常见的参数调整是，如果发现 GC 并发线程花费的时间比较多，可以调整 ParallelGCThreads 增加线程数量，也可以直接调整 ConcGCThreads 增加（如果调整这个值，它的最大值不能超过 ParallelGCThreads，否则无效）。

其中 CMRootRegionScanTask 作为并发标记任务，它会先扫描活跃的根分区，然后对每一个分区进行处理。我们直接看 work 方法，代码如下所示：

hotspot/src/share/vm/gc_implementation/g1/concurrentMark.cpp

```
class CMRootRegionScanTasK::work(uint worker_id) {
    // 获得要扫描的根分区
    CMRootRegions* root_regions = _cm->root_regions();
    HeapRegion* hr = root_regions->claim_next();
    while (hr != NULL) {
    // 针对每一个分区处理
      _cm->scanRootRegion(hr, worker_id);
      hr = root_regions->claim_next();
    }
  }
};
```

根分区是如何获得的? 在 YGC 结束阶段, 会把 Survivor 区作为 CM 扫描时的根, 通过 concurrent_mark()->checkpointRootsInitialPost() 触发, 然后设置准备扫描的根, 代码如下所示:

hotspot/src/share/vm/gc_implementation/g1/concurrentMark.cpp

```
void CMRootRegions::prepare_for_scan() {
  // 在 CM 的时候, 只要扫描 Survivor 即可
  _next_survivor = _young_list->first_survivor_region();
  _scan_in_progress = (_next_survivor != NULL);
  _should_abort = false;
}
```

分区扫描处理, 主要是通过 G1RootRegionScanClosure 完成。注意, 在分区处理的时候需要对整个分区完全处理, 所以需要遍历整个有效分区 (从 bottom 到 top 指针之间)。代码如下:

hotspot/src/share/vm/gc_implementation/g1/concurrentMark.cpp

```
void ConcurrentMark::scanRootRegion(HeapRegion* hr, uint worker_id) {
  G1RootRegionScanClosure cl(_g1h, this, worker_id);

  HeapWord* curr = hr->bottom();
  const HeapWord* end = hr->top();
  while (curr < end) {

    oop obj = oop(curr);
    int size = obj->oop_iterate(&cl);
    curr += size;
  }
}
```

这个辅助类最终会调用到 ConcurrentMark::grayRoot, 这里完成最主要的工作就是对对象完成并发标记和计数。代码如下所示:

hotspot/src/share/vm/gc_implementation/g1/concurrentMark.inline.hpp

```
inline void ConcurrentMark::grayRoot(oop obj, size_t word_size,
                                     uint worker_id, HeapRegion* hr) {
  ......

  if (addr < hr->next_top_at_mark_start()) {
    if (!_nextMarkBitMap->isMarked(addr)) {
```

```
            par_mark_and_count(obj, word_size, hr, worker_id);
        }
    }
}

// 其中的标记计数动作也在这个文件中
inline bool ConcurrentMark::par_mark_and_count(oop obj,
                                               size_t word_size,
                                               HeapRegion* hr,
                                               uint worker_id) {
  HeapWord* addr = (HeapWord*)obj;
  // 并发的标记这个地址指向的对象是存活的
  if (_nextMarkBitMap->parMark(addr)) {
    MemRegion mr(addr, word_size);
    // 记录这个对象所在的卡表是有效的, 即标记为 1
    count_region(mr, hr, worker_id);
    return true;
  }
  return false;
}
```

为什么标记计数是并发？因为是多个并发标记线程，但是这多个线程共享同一个空间 _nextMarkBitMap，所以这时候需要并发标记对象，并发标记对象实质上就是用 CAS 完成串行的位操作。

计数有什么用处？因为是多个并发标记线程，但是这多个线程数据并不共享，访问每个线程的位图，所以不会竞争。count_region 最主要的目的是为了计算活跃内存的大小。

6.4.3　并发标记子阶段

根扫描结束之后，就进入了并发标记子阶段，具体在 ConcurrentMark::markFromRoots() 中，它和我们前面提到的 scanFromRoots() 非常类似。我们只看标记的具体工作 CMConcurrentMarkingTask::work，代码如下所示：

```
hotspot/src/share/vm/gc_implementation/g1/concurrentMark.cpp
```

```
void CMConcurrentMarkingTask::work(uint worker_id) {
  // 当发生同步时, 进行等待, 否则继续。关于同步的使用在第 10 章介绍
  SuspendibleThreadSet::join();

  CMTask* the_task = _cm->task(worker_id);
```

```
if (!_cm->has_aborted()) {
  do {
    //设置标记目标时间，G1ConcMarkStepDurationMillis 默认值是10ms,
    //表示并发标记子阶段在 10ms 内完成。
    double mark_step_duration_ms = G1ConcMarkStepDurationMillis;

    the_task->do_marking_step(mark_step_duration_ms,
                              true  /* do_termination */,
                              false /* is_serial*/);

    ...
    _cm->clear_has_overflown();

    _cm->do_yield_check(worker_id);

    ......
    //CM任务结束后还可以睡眠一会
  } while (!_cm->has_aborted() && the_task->has_aborted());
}

SuspendibleThreadSet::leave();
_cm->update_accum_task_vtime(worker_id, end_vtime - start_vtime);
}
```

具体的处理在 do_marking_step 中，主要包含两步：

❑ 处理 SATB 缓存。

❑ 根据已经标记的分区 nextMarkBitmap 的对象进行处理，处理的方式是针对已标
记对象的每一个 field 进行递归并发标记。

代码如下所示：

hotspot/src/share/vm/gc_implementation/g1/concurrentMark.cpp

```
void CMTask::do_marking_step(double time_target_ms,
                             bool do_termination,
                             bool is_serial) {

  ......

  //根据过去运行的标记信息，预测本次标记要花费的时间
  double diff_prediction_ms =  g1_policy->get_new_prediction(&_marking_
    step_diffs_ms);
  _time_target_ms = time_target_ms - diff_prediction_ms;
```

```
// 这里设置的 closure 会在后面用到
CMBitMapClosure bitmap_closure(this, _cm, _nextMarkBitMap);
G1CMOopClosure  cm_oop_closure(_g1h, _cm, this);
set_cm_oop_closure(&cm_oop_closure);

// 处理 SATB 队列
drain_satb_buffers();

// 根据根对象标记时发现的对象开始处理。在上面已经介绍过。
drain_local_queue(true);
// 针对全局标记栈开始处理，注意这里为了效率，只有当全局标记栈超过 1/3 才会开始处理。
// 处理的思路很简单，就是把全局标记栈的对象移入 CMTask 的队列中，等待处理。
drain_global_stack(true);

do {
  if (!has_aborted() && _curr_region != NULL) {
    ......

    // 这个 MemRegion 是新增的对象，所以从 finger 开始到结束全部开始标记
    MemRegion mr = MemRegion(_finger, _region_limit);

    if (mr.is_empty()) {
      giveup_current_region();
      regular_clock_call();
    } else if (_curr_region->isHumongous() && mr.start() == _curr_
    region->bottom()) {

    /* 如果是大对象，并且该分区是该对象的最后一个分区，则：
      1）如果对象被标记，说明这个对象需要被作为灰对象处理。处理在 CMBitMapClosure::do_bit 中。
      2）对象没有标记，直接结束本分区。*/

      if (_nextMarkBitMap->isMarked(mr.start())) {
        BitMap::idx_t offset = _nextMarkBitMap->heapWordToOffset(mr.start());
        bitmap_closure.do_bit(offset);
        /*do_bit 所做的事情有：
          1）调整 finger，处理本对象（准确地说是处理对象的 Field 所指向的 oop 对象），
            处理是调用 process_grey_object<true>(obj)，所以实际上形成递归
          2）然后处理本地队列。
          3）处理全局标记栈。*/
      }
      giveup_current_region();
      regular_clock_call();
    } else if (_nextMarkBitMap->iterate(&bitmap_closure, mr)) {
    // 处理本分区的标记对象，这里会对整个分区里面的对象调用 CMBitMapClosure::do_bit
      完成标记，实际上形成递归。
      giveup_current_region();
```

```
      regular_clock_call();
    } else {
      ......
    }
}
```

// 再次处理本地队列和全局标记栈。实际上这是为了后面的加速，标记发生时，会有新的对象进来。
```
drain_local_queue(true);
drain_global_stack(true);

while (!has_aborted() && _curr_region == NULL && !_cm->out_of_regions()) {

  /* 标记本分区已经被处理，这时可以修改全局的 finger。注意，在这里是每个线程都将获得
     分区，获取的逻辑在 claim_region：所有的 CM 线程都去竞争全局 finger 指向的分区
     （使用 CAS），并设置全局 finger 到下一个分区的起始位置。当所有的分区都遍历完了之后，
     即全局 finger 到达整个堆空间的最后，这时 claimed_region 就会为 NULL，也就是说
     NULL 表示所有的分区都处理完了。*/
  HeapRegion* claimed_region = _cm->claim_region(_worker_id);
     ......
    setup_for_region(claimed_region);
  ......
}
```

// 这个循环会继续，只要分区不为 NULL，并且没有被终止，这就是前面调用 giveup_current_region
// 和 regular_clock_call 的原因，就是为了中止循环。
```
} while ( _curr_region != NULL && !has_aborted());

if (!has_aborted()) {
  // 再处理一次 SATB 缓存，那么再标记的时候工作量就少了
  drain_satb_buffers();
}
```

// 这个时候需要把本地队列和全局标记栈全部处理掉。
```
drain_local_queue(false);
drain_global_stack(false);
```

// 尝试从其他的任务的队列中偷窃任务，这是为了更好的性能
```
if (do_stealing && !has_aborted()) {
  while (!has_aborted()) {
    oop obj;
    if (_cm->try_stealing(_worker_id, &_hash_seed, obj)) {
      scan_object(obj);

      drain_local_queue(false);
      drain_global_stack(false);
    } else {
```

```
        break;
      }
    }
  }

  ......

}
```

其中 SATB 的处理在 drain_satb_buffers 中，代码如下所示：

hotspot/src/share/vm/gc_implementation/g1/concurrentMark.cpp

```
void CMTask::drain_satb_buffers() {
......

CMSATBBufferClosure satb_cl(this, _g1h);
SATBMarkQueueSet& satb_mq_set = JavaThread::satb_mark_queue_set();
// 因为 CM 线程和 Mutator 并发运行，所以 Mutator 的 SATB 不断地变化，这里只对放入 queue
// set 中的 SATB 队列处理。
while (!has_aborted() &&  satb_mq_set.apply_closure_to_completed_buffer
  (&satb_cl)) {
  ......
  regular_clock_call();
}


// 因为标记需要对老生代进行，可能要花费的时间比较多，所以增加了标记检查，如果发现有溢出，
// 终止。线程同步等满足终止条件的情况都会设置停止标志来终止标记动作。
  decrease_limits();
}
```

SATB 队列的结构和前面提到的 dirty card 队列非常类似，处理方式也非常类似。所以只需要关注不同点：

❏ SATB 队列的长度为 1k，是由参数 G1SATBBufferSize 控制，表示每个队列有 1000 个对象。

❏ SATB 缓存针对每个队列有一个参数 G1SATBBufferEnqueueingThresholdPercent（默认值是 60），表示当一个队列满了之后，首先进行过滤处理，过滤后如果使用率超过这个阈值则新分配一个队列，否则重用这个队列。过滤的条件就是这个对象属于新分配对象（位于 NTAMS 之下），且还没有标记，后续会处理该对象。

这里的处理逻辑主要是在 CMSATBBufferClosure::do_entry 中。调用路径从 SATB
MarkQueueSet::apply_closure_to_completed_buffer 到 CMSATBBufferClosure::do_buffer
再到 CMSATBBufferClosure::do_entry。源码中似乎是有一个 bug，在 SATBMarkQueueSet::
apply_closure_to_completed_buffer 和 CMSATBBufferClosure::do_buffer 里面都是用循
环处理，这将导致一个队列被处理两次。实际上这是为了修复一个 bug[⊖]引入的特殊处
理（这个 bug 和 humongous 对象的处理有关）。

这里需要提示一点，因为 SATB set 是一个全局的变量，所以使用的时候会使用
锁，每个 CMTask 用锁摘除第一元素后就可以释放锁了。

CMSATBBufferClosure::do_entry 的代码如下所示：

hotspot/src/share/vm/gc_implementation/g1/concurrentMark.cpp

```
void CMSATBBufferClosure::do_entry(void* entry) const {
  ......
  HeapRegion* hr = _g1h->heap_region_containing_raw(entry);
  if (entry < hr->next_top_at_mark_start()) {
    oop obj = static_cast<oop>(entry);
    _task->make_reference_grey(obj, hr);
  }
}
```

主要工作在 make_reference_grey 中，代码如下所示：

hotspot/src/share/vm/gc_implementation/g1/concurrentMark.cpp

```
void CMTask::make_reference_grey(oop obj, HeapRegion* hr) {
// 对对象进行标记和计数
if (_cm->par_mark_and_count(obj, hr, _marked_bytes_array, _card_bm)) {

  HeapWord* global_finger = _cm->finger();
  if (is_below_finger(obj, global_finger)) {
    // 对象是一个原始（基本类型）的数组，无须继续追踪。直接记录对象的长度
    if (obj->is_typeArray()) {
      // 这里传入的模版参数为 false，说明对象是基本对象，意味着没有 field 要处理。
      process_grey_object<false>(obj);
    } else {
      // ①
```

⊖　https://bugs.java.com/view_bug.do?bug_id=8075215

```
        push(obj);
      }
    }

  }
}
```

在上面代码①处，把对象入栈，这个对象可能是 objArray、array、instance、instacneRef、instacneMirror 等，等待后续处理。在后续的处理中，实际上通过 G1CMOopClosure::do_oop 最终会调用的是 process_grey_object<true>(obj)，该方法对 obj 标记同时处理每一个字段。

这个处理实际上就是对对象遍历，然后对每一个 field 标记处理。和前面在 copy_to_surivivor_space 中稍有不同，那个方法是对象从最后一个字段复制，这里是从第一个字段开始标记。为什么？这里需要考虑 push 对应的队列大小。在这里队列的大小固定默认值是 16k（32 位 JVM）或者 128k（64 位 JVM）。几个队列会组成一个 queue set，这个集合的大小和 ParallelGCThreads 一致。当 push 对象到队列中时，可能会发生溢出（即超过 CMTask 中队列的最大值），这时候需要把 CMTask 中的待处理对象（这里就是灰色对象）放入到全局标记栈（globalmark stack）中。这个全局标记栈的大小可以通过参数设置。

这里有两个参数分别为：MarkStackSize 和 MarkStackSizeMax，在 32 位 JVM 中设置为 32k 和 4M，64 位中设置为 4M 和 512M。如果没有设置 G1 可以启发式推断，确保 MarkStackSize 最小为 32k（或者和并发线程参数 ParallelGCThreads 正相关，如 ParallelGCThreads=8，则 32 位 JVM 中 MarkStackSize=8 × 16k = 128K，其中 16k 是队列的大小）。

全局标记栈仍然可能发生溢出，当溢出发生时会做两个事情：

❏ 设置标记终止，并在合适的时机终止本任务（CMTask）的标记动作。
❏ 尝试去扩展全局标记栈。

最后再谈论一下 finger，实际上有两个 finger：一个是全局的，一个是每个 CMTask 中的 finger。全局的 finger 在 CM 初始化时是分区的起始地址。随着对分区的处理，这个 finger 会随之调整。简单地说在 finger 之下的地址都认为是新加入的对象，认为是活跃对象。局部的 finger 指的是每个 CMTask 的 nextMarkBitMap 指向的起始位置，在这个位置之下也说明该对象是新加入的，还是活跃对象。引入局部 finger 可以并发处理，加快速度。

6.4.4　再标记子阶段

我们继续往下走，当并发标记子阶段结束就会进入到再标记子阶段，主要是对 SATB 处理，它需要 STW，最终会调用 ConcurrentMark::checkpointRootsFinal，代码如下所示：

```
hotspot/src/share/vm/gc_implementation/g1/concurrentMark.cpp

void ConcurrentMark::checkpointRootsFinal(bool clear_all_soft_refs) {

    // 告诉 GC 这是一个非 FGC，其他类型的 GC
    SvcGCMarker sgcm(SvcGCMarker::OTHER);
    g1h->check_bitmaps("Remark Start");

    checkpointRootsFinalWork();

    // 处理引用
    weakRefsWork(clear_all_soft_refs);

    ......
}
```

checkpointRootsFinalWork 是再标记主要工作的地方。其处理思路和前面提到的扫描和标记类似，但处理方法不同，这里需要 STW，所以再标记是并行处理的。任务处理在 CMRemarkTask 中，代码如下：

```
hotspot/src/share/vm/gc_implementation/g1/concurrentMark.cpp

CMRemarkTask::work(uint worker_id) {
    if (worker_id < _cm->active_tasks()) {
        CMTask* task = _cm->task(worker_id);
        task->record_start_time();
        {
            // 再次处理所有线程的 SATB
            G1RemarkThreadsClosure threads_f(G1CollectedHeap::heap(), task,
                !_is_serial);
```

```
Threads::threads_do(&threads_f);
// 处理工作通过 Closure 里面的 do_thread 完成
G1RemarkThreadsClosure::do_thread(Thread* thread) {
  if (thread->is_Java_thread()) {
    if (thread->claim_oops_do(_is_par, _thread_parity)) {
      JavaThread* jt = (JavaThread*)thread;
      /* 先对 nmethods 处理，主要是为了标识正在运行的方法活跃的栈对象，以及弱
         引用的对象。理论上并不需要进行这一步处理，但实际上 JVM 很复杂，在一些
         特殊的情况下通过类加载器访问到的对象都应该出现在 SATB，但是 SATB 可能
         存储的对象并不一致，所以遍历 nmenthod 再次处理 mutator 的 SATB。*/
      jt->nmethods_do(&_code_cl);
      jt->satb_mark_queue().apply_closure_and_empty(&_cm_satb_cl);
    }
  } else if (thread->is_VM_thread()) {
    if (thread->claim_oops_do(_is_par, _thread_parity)) {
      // 对于非 Mutator，SATB 的变化对象都在共享 SATB 中。
      JavaThread::satb_mark_queue_set().shared_satb_queue()->
        apply_closure_and_empty(&_cm_satb_cl);
    }
  }
}

// 再次进行标记，这时候的标记时间非常长，1 000 000 秒（超过 11 天），这表示无论如何再标记
// 都要完成，有关内容前面已经介绍过，不再赘述
do {
  task->do_marking_step(1000000000.0 /* something very large */,
                        true          /* do_termination        */,
                        _is_serial);
} while (task->has_aborted() && !_cm->has_overflown());
}
}
```

这里还涉及引用处理，不再展开描述，具体参见第 8 章的介绍。

6.4.5 清理子阶段

下面就进入了清理子阶段，这个阶段也需要 STW。清理阶段的任务我们前面已经提到，包括：分区信息计数、额外处理、RSet 清理等。清理阶段通过 VMThread 之后最终会调用 ConcurrentMark::cleanup 中，代码如下所示：

hotspot/src/share/vm/gc_implementation/g1/concurrentMark.cpp

```
ConcurrentMark::cleanup() {
```

```
// 对分区进行计数，这样可以确定活着的对象，通过 G1ParFinalCountTask 并行执行
G1ParFinalCountTask g1_par_count_task(g1h, &_region_bm, &_card_bm);

  if (G1CollectedHeap::use_parallel_gc_threads()) {
    g1h->set_par_threads();
    n_workers = g1h->n_par_threads();
    g1h->workers()->run_task(&g1_par_count_task);
    g1h->set_par_threads(0);
  } else {
    n_workers = 1;
    g1_par_count_task.work(0);
  }

  // 如果 VerifyDuringGC 打开 (默认值为 false)，则输出验证信息，这部分代码省略
  ……

  // 如果 G1PrintRegionLivenessInfo 打开 (默认值为 false)，在清理阶段输出分区信息
  if (G1PrintRegionLivenessInfo) {
    G1PrintRegionLivenessInfoClosure cl(gclog_or_tty, "Post-Marking");
    _g1h->heap_region_iterate(&cl);
  }

  // 把当前的 BitMap 和 prevbitmap 互换，说明这一次所有的内存已经清理结束了。
  swapMarkBitMaps();

// 对整个堆分区增加一些额外信息，通过并行任务 G1ParNoteEndTask 完成
G1ParNoteEndTask g1_par_note_end_task(g1h, &_cleanup_list);
  if (G1CollectedHeap::use_parallel_gc_threads()) {
    g1h->set_par_threads((int)n_workers);
    g1h->workers()->run_task(&g1_par_note_end_task);
    g1h->set_par_threads(0);


  } else {
    g1_par_note_end_task.work(0);
  }

// 当 G1ScrubRemSets 打开 (默认值为 true，这是一个开发选项，发布版本不能更改)，
// 通过 G1ParScrubRemSetTask 并行清理 Rset，这会影响 CSet 的选择
if (G1ScrubRemSets) {
    double rs_scrub_start = os::elapsedTime();
    G1ParScrubRemSetTask g1_par_scrub_rs_task(g1h, &_region_bm, &_card_bm);
    if (G1CollectedHeap::use_parallel_gc_threads()) {
      g1h->set_par_threads((int)n_workers);
      g1h->workers()->run_task(&g1_par_scrub_rs_task);
      g1h->set_par_threads(0);
    } else {
```

```
        g1_par_scrub_rs_task.work(0);
    }
}

// 对老生代回收集合进行处理, 主要是添加 CSet Chooser 并对分区排序
g1h->g1_policy()->record_concurrent_mark_cleanup_end((int)n_workers);

  // ClassUnloadingWithConcurrentMark 默认值为 true, 卸载已经加载的类
  if (ClassUnloadingWithConcurrentMark) {
    // 这里稍微提示一下, 当并发标记子阶段结束后, 已经知道了哪些类加载里面的加载 Java 类是
    // 活跃的, 所以可以在此处清除。清除的入口是通过 ClassLoader
    ClassLoaderDataGraph::purge();
  }
  MetaspaceGC::compute_new_size();

  // 因为可能回收了空的老生代分区, 所以需要更新大小信息
  g1h->g1mm()->update_sizes();
  ......
}
```

1. 对分区进行计数

这部分主要是并行工作, 每个不同的线程处理不同的分区, 最后汇总到卡表中。
代码如下所示:

```
hotspot/src/share/vm/gc_implementation/g1/concurrentMark.cpp

G1ParFinalCountTask::work(uint worker_id) {

  FinalCountDataUpdateClosure final_update_cl(_g1h,
                                              _actual_region_bm,
                                              _actual_card_bm);

  if (G1CollectedHeap::use_parallel_gc_threads()) {
    _g1h->heap_region_par_iterate_chunked(&final_update_cl,
                                          worker_id,
                                          _n_workers,
                                          HeapRegion::FinalCountClaimValue);
  } else {
    _g1h->heap_region_iterate(&final_update_cl);
  }
}
```

主要工作在 FinalCountDataUpdateClosure 中, 处理已经标记的对象, 还有所有新
分配的对象都认为是活跃的。代码如下所示:

```
hotspot/src/share/vm/gc_implementation/g1/concurrentMark.cpp
```

```
FinalCountDataUpdateClosure::doHeapRegion(HeapRegion* hr) {
  if (hr->continuesHumongous())          return false;

  HeapWord* ntams = hr->next_top_at_mark_start();
  HeapWord* top   = hr->top();

  // 如果在开始标记之后又有新的对象分配，需要额外处理
  if (ntams < top) {
    // 标记该分区有活跃对象
    set_bit_for_region(hr);

    // 把 [ntams, top) 范围内新的对象都标记到卡表
    BitMap::idx_t start_idx = _cm->card_bitmap_index_for(ntams);
    BitMap::idx_t end_idx = _cm->card_bitmap_index_for(top);

    if (_g1h->is_in_g1_reserved(top) && !_ct_bs->is_card_aligned(top))    end_
      idx += 1;
    _cm->set_card_bitmap_range(_card_bm, start_idx, end_idx, true /* is_
      par */);
  }

  // 再次标记该分区有活跃对象
  if (hr->next_marked_bytes() > 0)        set_bit_for_region(hr);
  return false;
}
```

2. 额外信息处理

对整个堆分区中完全空白的老生代和大对象分区进行释放，对于其他的分区处理 RSet，主要是分区的 RSet 粒度（关于粒度的介绍请查阅第 4 章）如果发生了变化，那么变化前的数据结构可以被清除。我们来看一下具体的代码，如下所示：

```
hotspot/src/share/vm/gc_implementation/g1/concurrentMark.cpp
```

```
G1ParNoteEndTask::work(uint worker_id) {
  HRRSCleanupTask hrrs_cleanup_task;
  G1NoteEndOfConcMarkClosure g1_note_end(_g1h, &local_cleanup_list,
                                         &hrrs_cleanup_task);
  // 对所有分区处理，处理工作在 G1NoteEndOfConcMarkClosure::doHeapRegion 中
  if (G1CollectedHeap::use_parallel_gc_threads()) {
    _g1h->heap_region_par_iterate_chunked(&g1_note_end, worker_id,
                                          _g1h->workers()->active_workers(),
```

```
                                                      HeapRegion::NoteEndClaimValue);
    } else {
      _g1h->heap_region_iterate(&g1_note_end);
    }
// 有大对象分区和老生代分区
_g1h->remove_from_old_sets(g1_note_end.old_regions_removed(), g1_note_end.
  humongous_regions_removed());
    {
      // 打印 GC 信息，同时添加释放列表，清除 SPRT 信息

      G1HRPrinter* hr_printer = _g1h->hr_printer();
      if (hr_printer->is_active()) {
        FreeRegionListIterator iter(&local_cleanup_list);
        while (iter.more_available()) {
          HeapRegion* hr = iter.get_next();
          hr_printer->cleanup(hr);
        }
      }

      // 清除 RSet 可能过时的存储结构

      _cleanup_list->add_ordered(&local_cleanup_list);
      HeapRegionRemSet::finish_cleanup_task(&hrrs_cleanup_task);
    }
}
```

识别老生代 / 大对象分区、释放识别和处理 RSet 结构，具体的处理逻辑在 G1Note
EndOfConcMarkClosure 中，代码如下所示：

hotspot/src/share/vm/gc_implementation/g1/concurrentMark.cpp

```
G1NoteEndOfConcMarkClosure::doHeapRegion(HeapRegion *hr) {
  if (hr->continuesHumongous())    return false;

  if (hr->used() > 0 && hr->max_live_bytes() == 0 && !hr->is_young()) {
    _freed_bytes += hr->used();
    // 把垃圾老生代分区加入到待释放队列
    if (hr->isHumongous()) {
      _humongous_regions_removed.increment(1u, hr->capacity());
      _g1->free_humongous_region(hr, _local_cleanup_list, true);
    } else {
      _old_regions_removed.increment(1u, hr->capacity());
      _g1->free_region(hr, _local_cleanup_list, true);
    }
  } else {
    // 把对象的 HRRSCleanupTask 加入到 RSet 清除任务中
```

```
    hr->rem_set()->do_cleanup_work(_hrrs_cleanup_task);
  }

  ......
}
```

3. RSet 清理

当 G1ScrubRemSets 打开时（默认值为 true，这是一个开发选项，发布版本不能更改），通过 G1ParScrubRemSetTask 并行清理 Rset，这会影响 CSet 的选择，代码如下所示：

hotspot/src/share/vm/gc_implementation/g1/concurrentMark.cpp

```
  G1ParScrubRemSetTask::work(uint worker_id) {
    if (G1CollectedHeap::use_parallel_gc_threads()) {
      _g1rs->scrub_par(_region_bm, _card_bm, worker_id,
                        HeapRegion::ScrubRemSetClaimValue);
    } else {
      _g1rs->scrub(_region_bm, _card_bm);
    }
  }
```

这样，最终会调用 OtherRegionsTable::scrub 完成对 RSet 的清理。这里有一个开关 G1RSScrubVerbose（默认值为 false）选项，打开时可以查看清理的信息。

4. 老生代回收集处理

这就是判断哪些分区可以放入到老生代回收集合中，主要是根据老生代分区的垃圾空闲的情况，只有达到收集的阈值才可能被加入到 CSet Chooser，另外会对分区进行排序，排序的依据是 gc_efficiency，我们来看它的实现，代码如下：

hotspot/src/share/vm/gc_implementation/g1/g1CollectorPolicy.cpp

```
G1CollectorPolicy::record_concurrent_mark_cleanup_end(int no_of_gc_threads) {
  _collectionSetChooser->clear();

  uint region_num = _g1->num_regions();
  if (G1CollectedHeap::use_parallel_gc_threads()) {
    const uint OverpartitionFactor = 4;
    uint WorkUnit;

    // 设置并行工作的线程数目，通过 ParKnownGarbageTask 来完成，确定可回收的分区
```

```
    if (no_of_gc_threads > 0) {
      const uint MinWorkUnit = MAX2(region_num / no_of_gc_threads, 1U);
      WorkUnit = MAX2(region_num / (no_of_gc_threads * OverpartitionFactor),
        MinWorkUnit);
    } else {
      const uint MinWorkUnit = MAX2(region_num / (uint) ParallelGCThreads,
        1U);
      WorkUnit = MAX2(region_num / (uint) (ParallelGCThreads * OverpartitionFactor),
        MinWorkUnit);
    }
    _collectionSetChooser->prepare_for_par_region_addition(_g1->num_regions(),
      WorkUnit);
    ParKnownGarbageTask parKnownGarbageTask(_collectionSetChooser,(int)
      WorkUnit);
    _g1->workers()->run_task(&parKnownGarbageTask);

  } else {
    KnownGarbageClosure knownGarbagecl(_collectionSetChooser);
    _g1->heap_region_iterate(&knownGarbagecl);
  }

  _collectionSetChooser->sort_regions();

    ......
}
```

ParKnownGarbageTask 最主要的任务就是把分区放入到 CSet Chooser 中。其主要工作在 ParKnownGarbageHRClosure::doHeapRegion 中，代码如下所示：

```
hotspot/src/share/vm/gc_implementation/g1/g1CollectorPolicy.cpp
```

```
ParKnownGarbageHRClosure::doHeapRegion(HeapRegion* r) {
// ①
  if (r->is_marked()) {
// ②
    if (_cset_updater.should_add(r) && !_g1h->is_old_gc_alloc_region(r)) {
      _cset_updater.add_region(r);
    }
  }
  return false;
}
```

在上面代码①中，分区被标记，说明可以加入回收。这个判定的依据是分区在标记结束之前是否分配对象。对于 Eden、Survivor 来说在 YGC 结束阶段时，它们的标记起始位置设置为分区的 bottom，对于老生代，它们的标记位置设置为分区的 top。这一部分的逻辑散落在很多地方，分析源码的时候可以通过 _prev_top_at_mark_start 和 _next_top_at_mark_start 的变化来追踪。所以这里 Eden、Survivor 和一些空白的老生代分区不会加入到 CollectionSetChooser 中。大对象分区的连续分区也不会加入，正在被分配对象的老生代分区也不会加入。早期的代码在通过 if (!r->isHumongous() && !r->is_young()) 直接过滤，可读性更高一些，现在的代码需要理解整个 SATB 算法实现的一些细节。

在上面代码②中，这个分区能否被加入到 CSet Chooser 中还有一个额外的参数 G1MixedGCLiveThresholdPercent（默认值 85），用于控制大对象不会加入到 CSet（大对象在 reclaim 中处理），活跃对象占比应小于 G1MixedGCLiveThresholdPercent。

在老生代回收处理的最后，还有一步，调用 _collectionSetChooser->sort_regions() 对 CollectionSetChooser 中的分区进行排序，排序的依据是根据每个分区的有效性。分区的有效性取决于两点：可回收的字节数以及回收的预测速度。有效性计算的代码如下所示：

hotspot/src/share/vm/gc_implementation/g1/heapRegion.cpp

```
void HeapRegion::calc_gc_efficiency() {
  G1CollectedHeap* g1h = G1CollectedHeap::heap();
  G1CollectorPolicy* g1p = g1h->g1_policy();
  double region_elapsed_time_ms =   g1p->predict_region_elapsed_time_ms(this,
    false /* for_young_gc */);
  _gc_efficiency = (double) reclaimable_bytes() / region_elapsed_time_ms;
}
```

6.4.6 启动混合收集

在并发标记结束后，需要通过 g1_policy->record_concurrent_mark_cleanup_completed() 设置标记，在下一次增量收集的时候，会判断是否可以开始混合收集。判断的依据主要是根据 CSet 中可回收的分区信息。是否可以启动混合收集的两个前提条件是：

❑ 并发标记已经结束，更新好 CSet Chooser，用于下一次 CSet 的选择。

❑ YGC 结束，判断是否可以进行混合收集。判断的依据在 next_gc_should_be_mixed 中。

启动混合收集的代码如下：

```
hotspot/src/share/vm/gc_implementation/g1/g1CollectorPolicy.cpp
```

```cpp
bool G1CollectorPolicy::next_gc_should_be_mixed(const char* true_action_str,
                                                const char* false_action_str) {
  CollectionSetChooser* cset_chooser = _collectionSetChooser;
  if (cset_chooser->is_empty())      return false;

  // 参数 G1HeapWastePercent 的默认值 5，即当 CSet Chooser 中可回收的空间占总空间的
  // 比例大于 G1HeapWastePercent 才会开始混合收集。
  size_t reclaimable_bytes = cset_chooser->remaining_reclaimable_bytes();
  double reclaimable_perc = reclaimable_bytes_perc(reclaimable_bytes);
  double threshold = (double) G1HeapWastePercent;
  if (reclaimable_perc <= threshold)      return false;
  return true;
}
```

在下一次分配失败，需要 GC 的时候会开始混合回收，这部分代码和我们前面提到的 YGC 的收集完全一致，唯一不同的就是 CSet 的处理。在真正的回收时候，会根据预测时间来选择收集的分区，其主要代码在 G1CollectorPolicy::finalize_cset 中，如下所示：

```
hotspot/src/share/vm/gc_implementation/g1/g1CollectorPolicy.cpp
```

```cpp
void G1CollectorPolicy::finalize_cset(double target_pause_time_ms,
  EvacuationInfo& evacuation_info) {

  ......

  // 所有的 Eden 和 Survivor 分区都需要收集
  uint survivor_region_length = young_list->survivor_length();
  uint eden_region_length = young_list->length() - survivor_region_length;
  init_cset_region_lengths(eden_region_length, survivor_region_length);

  ......

  // 这次收集是混合回收，这个 if 条件就是我们前面提到的两个条件，要满足这两个条件才能执行
  if (!gcs_are_young()) {
    CollectionSetChooser* cset_chooser = _collectionSetChooser;

    // 获得老生代分区最小和最大处理数
    const uint min_old_cset_length = calc_min_old_cset_length();
    const uint max_old_cset_length = calc_max_old_cset_length();
```

```
    bool check_time_remaining = adaptive_young_list_length();

  HeapRegion* hr = cset_chooser->peek();
  while (hr != NULL) {
    // 老生代处理数达到最大值, 停止添加 CSet
    if (old_cset_region_length() >= max_old_cset_length)        break;

    // 低于最小浪费空间 G1HeapWastePercent 可以停止添加 CSet
    if (reclaimable_perc <= threshold)        break;

    double predicted_time_ms = predict_region_elapsed_time_ms(hr, gcs_
      are_young());
    if (check_time_remaining) {
      if (predicted_time_ms > time_remaining_ms) {
        // 支持动态调整的分区设置, 且预测时间超过目标停止时间, 到达最小收集数则
        // 停止添加 CSet
        if (old_cset_region_length() >= min_old_cset_length)        break;
        // 支持动态调整的分区设置, 且预测时间超过目标停止时间, 但是老生代收集数还没有
        // 到达最小收集数, 继续添加分区到 CSet, 同时记录有多少个分区超过这个目标时间
        expensive_region_num += 1;
      }
    } else {
    // 不支持动态调整的分区设置, 只要到达最小收集数则停止添加 CSet, 所以不要指定
    // 固定新生代大小
      if (old_cset_region_length() >= min_old_cset_length)        break;
    }

    // 把分区加入到 CSet.
    cset_chooser->remove_and_move_to_next(hr);
    _g1->old_set_remove(hr);
    add_old_region_to_cset(hr);

    hr = cset_chooser->peek();
  }

  if (expensive_region_num > 0) {
  // 输出一些信息, 表示有多少个分区还没有达到最小值, 但是可能已经超过预测时间。
    ......
  }
 }
  ......
}
```

以上代码涉及混合收集的部分是计算老生代最大和最小的分区收集数目。

最小收集数的计算，代码如下所示：

hotspot/src/share/vm/gc_implementation/g1/g1CollectorPolicy.cpp

```
uint G1CollectorPolicy::calc_min_old_cset_length() {

  const size_t region_num = (size_t) _collectionSetChooser->length();
  const size_t gc_num = (size_t) MAX2(G1MixedGCCountTarget, (uintx) 1);
  size_t result = region_num / gc_num;
  // 取上限，表示最少收集一个老生代分区
  if (result * gc_num < region_num) {
    result += 1;
  }
  return (uint) result;
}
```

最小收集数计算的时候用到了一个参数 G1MixedGCCountTarget（默认值为 8），这个参数越大，收集老生代的分区越少，反之收集的分区越多。期望混合回收中，老生代分区在 CSet 中的比例超过 1/G1MixedGCCountTarget。如果没有超过这个值，即便是预测时间超过了目标时间，仍然会添加；如果预测时间超过了目标时间，到达最小值之后就不会继续添加。

最大收集数的计算，代码如下所示：

hotspot/src/share/vm/gc_implementation/g1/g1CollectorPolicy.cpp

```
uint G1CollectorPolicy::calc_max_old_cset_length() {
  G1CollectedHeap* g1h = G1CollectedHeap::heap();
  const size_t region_num = g1h->num_regions();
  const size_t perc = (size_t) G1OldCSetRegionThresholdPercent;
  // G1OldCSetRegionThresholdPercent 参数默认值是 10，即以此最多收集 10% 的分区。
  size_t result = region_num * perc / 100;
  // 取上限
  if (100 * result < region_num * perc) {
    result += 1;
  }
  return (uint) result;
}
```

6.5　并发标记算法演示

混合回收中的垃圾回收阶段的步骤和 YGC 完全一致，本章不再介绍垃圾回收相关

的步骤，这里仅仅介绍并发标记算法的步骤。

6.5.1 初始标记子阶段

初始标记是借助 YGC 阶段完成，这里我们仅仅关心和并发标记相关的部分。

图 6-10 中，F-Free Region；S-Survivor Region；E-Eden Region；Old-Old Region。

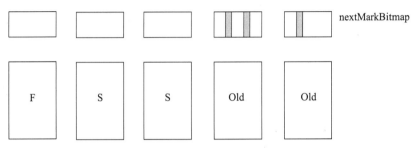

图 6-10　YGC 结束状态

在 YGC 阶段时，首先判定是否需要进行并发标记，如果需要，在对象复制阶段当发现有根集合直接到老生代的引用，那么这些对象会在 YGC 阶段被标记，如图 6-10 中 nextMarkBitmap 所示。

6.5.2 根扫描子阶段

根扫描主要是针对 Survivor 分区进行处理，所有的 Survivor 对象都将被认为是老生代的根，如图 6-11 所示。

注意这一阶段仅仅对 Survivor 里面的对象标记，而不会处理对象的 field。图 6-11 中深色区域是新增的活跃对象对应的区域。

6.5.3 并发标记子阶段

并发标记子阶段是并发执行的，主要处理 SATB 队列，然后选择分区，根据 nextMarkBitmap 中已经标记的信息，对标记对象的每一个 field 指向的对象递归地进行标记。

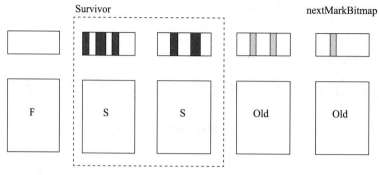

图 6-11　并发标记根扫描

这里的并发标记子阶段指的是，每个并发标记线程从全局的指针开始抢占分区（其实就是使用 CAS 指令进行串行处理），所有线程停止的条件就是所有的分区处理完毕。

在图 6-12 中 SATB 队列的处理可能会涉及所有的分区，然后根据分区递归处理已经标记的对象的 Field，直到所有的分区处理完毕。

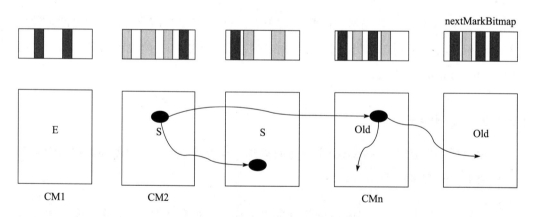

图 6-12　并发标记子阶段结束状态

在并发标记子阶段中如果待标记对象过多，可能导致标记栈溢出，这个时候会再次循环处理根标记和并发标记子阶段。

6.5.4　再标记子阶段

再标记子阶段是并行执行的，主要是处理 SATB，如图 6-13 所示。

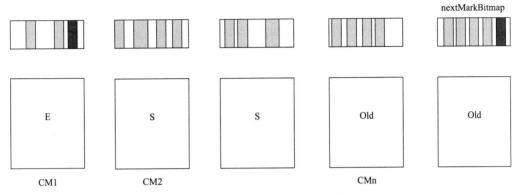

图 6-13　再标记子阶段结束状态

再标记子阶段结束之后整个分区都已经完成了标记。

6.5.5　清理子阶段

在清理子阶段主要的事情有：分区计数，如果有空的老分区或者大对象分区，则释放，如果 RSet 处理中进行了扩展，则回收空间；把 Old 分区加入 CSet Chooser。

并发标记的结果其实就是把垃圾比较多的老生代分区加入到 CSet Chooser，那么标记的时候为什么要对整个堆的所有分区逐一标记？实际上是为了正确性，如果并发标记不处理新生代，可能导致老生代的活跃对象被误标。清理阶段结束状态如图 6-14 所示。

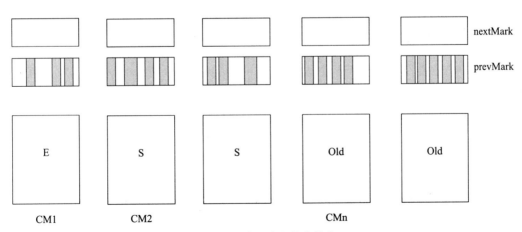

图 6-14　清理阶段结束状态

6.6　GC 活动图

到目前为止，我们介绍了 Refine 线程、YGC 线程，在本章中还涉及并发线程。我们知道并发标记是依赖于 YGC，即并发标记发生前一定有一次 YGC。在并发标记结束之后，会更新 CSet Chooser，此时如果在发生 GC，则判断是否能够进行混合 GC，混合 GC 的条件是上次发生的 YGC 不包含初始标记，并且 CSet Chooser 包含有效的分区。如果符合条件混合 GC 就会发生，注意混合 GC 不一定能在一次 GC 操作中完成所有的待收集的分区，所以混合 GC 可能发生多次，直到 CSet Chooser 中没有分区为止。图 6-15 是 GC 整体的活动图。活动图中仅涉及 Refine 线程、并发标记线程、GC 线程和 Mutator；实际上如果打开字符串去重（见第 9 章），还有字符串去重线程；另外这里的 Mutator 指的是一般的解释和编译线程，如果是执行本地代码的线程处理还有所不同，具体可参考第 10 章的内容。

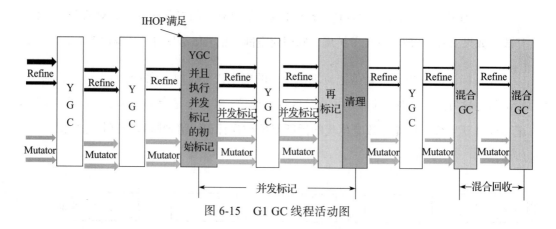

图 6-15　G1 GC 线程活动图

其中黑色箭头表示 Refine 线程，可以看到这些线程会一直运行（除了被 GC 线程中断）。双线空心箭头是并发标记线程，只有在 YGC 发生，且并发条件 IHOP 满足之后，才会开始执行，并发标记中有两个 STW 阶段：再标记和清理子阶段。浅灰色箭头表示的是 Mutator 运行。

6.7　日志解读

以下是运行第 3 章代码时发生的日志。运行程序使用的参数为：

```
-Xmx256M -XX:+UseG1GC -XX:+UnlockExperimentalVMOptions -XX:G1LogLevel=finest
 -XX:+PrintGCTimeStamps
```

我们截取了和并发标记相关的日志。并发标记的初始标记借用了 YGC，所以在初始标记日志，能看到 GC pause (G1 Evacuation Pause) (young) (initial-mark) 这样的信息，说明这次的 YGC 发生后，就会开始并发标记。

```
100.070: [GC pause (G1 Evacuation Pause) (young) (initial-mark), 0.0751469 secs]
   [Parallel Time: 74.7 ms, GC Workers: 8]
      [GC Worker Start (ms): Min: 100070.4, Avg: 100070.5, Max: 100070.6, Diff:
         0.1]
      [Ext Root Scanning (ms): Min: 0.1, Avg: 0.2, Max: 0.3, Diff: 0.2, Sum:
         1.6]
      [Update RS (ms): Min: 0.6, Avg: 1.1, Max: 1.5, Diff: 0.9, Sum: 8.9]
         [Processed Buffers: Min: 1, Avg: 1.6, Max: 4, Diff: 3, Sum: 13]
      [Scan RS (ms): Min: 1.0, Avg: 1.4, Max: 1.9, Diff: 0.9, Sum: 10.8]
      [Code Root Scanning (ms): Min: 0.0, Avg: 0.0, Max: 0.0, Diff: 0.0, Sum:
         0.0]
      [Object Copy (ms): Min: 71.5, Avg: 71.5, Max: 71.6, Diff: 0.1, Sum: 572.1]
      [Termination (ms): Min: 0.3, Avg: 0.3, Max: 0.4, Diff: 0.1, Sum: 2.6]
         [Termination Attempts: Min: 1382, Avg: 1515.5, Max: 1609, Diff: 227,
            Sum: 12124]
      [GC Worker Other (ms): Min: 0.0, Avg: 0.0, Max: 0.0, Diff: 0.0, Sum: 0.2]
      [GC Worker Total (ms): Min: 74.5, Avg: 74.5, Max: 74.6, Diff: 0.1, Sum:
         596.3]
      [GC Worker End (ms): Min: 100145.1, Avg: 100145.1, Max: 100145.1, Diff:
         0.0]
   [Code Root Fixup: 0.0 ms]
   [Code Root Purge: 0.0 ms]
   [Clear CT: 0.1 ms]
   [Other: 0.4 ms]
      [Choose CSet: 0.0 ms]
      [Ref Proc: 0.1 ms]
      [Ref Enq: 0.0 ms]
      [Redirty Cards: 0.1 ms]
      [Humongous Register: 0.0 ms]
      [Humongous Reclaim: 0.0 ms]
      [Free CSet: 0.0 ms]
   [Eden: 23.0M(23.0M)->0.0B(14.0M) Survivors: 4096.0K->4096.0K Heap: 84.5M
      (128.0M)->86.5M(128.0M)]
[Times: user=0.63 sys=0.00, real=0.08 secs]
```

并发标记日志信息：

// 把 YHR 中 Survivor 分区作为根，开始并发标记根扫描

```
100.146: [GC concurrent-root-region-scan-start]
```
// 并发标记根扫描结束，花费了 0.0196297，注意扫描和 Mutator 是并发进行，同时有多个线程并行
```
100.165: [GC concurrent-root-region-scan-end, 0.0196297 secs]
```

// 开始并发标记子阶段，这里从所有的根引用：包括 Survivor 和强根如栈等出发，对整个堆进行标记
```
100.165: [GC concurrent-mark-start]
```
// 标记结束，花费 0.08848s
```
100.254: [GC concurrent-mark-end, 0.0884800 secs]
```

// 这里是再标记子阶段，包括再标记、引用处理、类卸载处理信息
```
100.254: [GC remark 100.254: [Finalize Marking, 0.0002228 secs] 100.254:
  [GC ref-proc, 0.0001515 secs] 100.254: [Unloading, 0.0004694 secs],
  0.0011610 secs]
  [Times: user=0.00 sys=0.00, real=0.00 secs]
```

// 清除处理，这里的清除仅仅回收整个分区中的垃圾
// 这里还会调整 RSet，以减轻后续 GC 中 RSet 根的处理时间
```
100.255: [GC cleanup 86M->86M(128M), 0.0005376 secs]
  [Times: user=0.00 sys=0.00, real=0.00 secs]
```

混合回收 Mixed GC 其实和 YGC 的日志类似，能看到 GC pause (G1 Evacuation Pause) (mixed) 这样的信息，日志分析参考 YGC。

```
122.132: [GC pause (G1 Evacuation Pause) (mixed), 0.0106092 secs]
  [Parallel Time: 9.8 ms, GC Workers: 8]
    [GC Worker Start (ms): Min: 122131.9, Avg: 122132.0, Max: 122132.0,
      Diff: 0.1]
    [Ext Root Scanning (ms): Min: 0.1, Avg: 0.1, Max: 0.1, Diff: 0.1, Sum: 0.7]
    [Update RS (ms): Min: 0.5, Avg: 0.7, Max: 0.9, Diff: 0.4, Sum: 5.4]
      [Processed Buffers: Min: 1, Avg: 1.8, Max: 3, Diff: 2, Sum: 14]
    [Scan RS (ms): Min: 1.0, Avg: 1.3, Max: 1.5, Diff: 0.5, Sum: 10.4]
    [Code Root Scanning (ms): Min: 0.0, Avg: 0.0, Max: 0.0, Diff: 0.0, Sum:
      0.0]
    [Object Copy (ms): Min: 7.5, Avg: 7.6, Max: 7.7, Diff: 0.2, Sum: 60.9]
    [Termination (ms): Min: 0.0, Avg: 0.0, Max: 0.0, Diff: 0.0, Sum: 0.1]
      [Termination Attempts: Min: 92, Avg: 105.1, Max: 121, Diff: 29, Sum: 841]
    [GC Worker Other (ms): Min: 0.0, Avg: 0.0, Max: 0.0, Diff: 0.0, Sum: 0.1]
    [GC Worker Total (ms): Min: 9.7, Avg: 9.7, Max: 9.8, Diff: 0.1, Sum: 77.6]
    [GC Worker End (ms): Min: 122141.7, Avg: 122141.7, Max: 122141.7, Diff: 0.0]
  [Code Root Fixup: 0.0 ms]
  [Code Root Purge: 0.0 ms]
  [Clear CT: 0.2 ms]
  [Other: 0.7 ms]
    [Choose CSet: 0.0 ms]
    [Ref Proc: 0.1 ms]
    [Ref Enq: 0.0 ms]
```

```
   [Redirty Cards: 0.5 ms]
   [Humongous Register: 0.0 ms]
   [Humongous Reclaim: 0.0 ms]
   [Free CSet: 0.0 ms]
 [Eden: 3072.0K(3072.0K)->0.0B(5120.0K) Survivors: 3072.0K->1024.0K
   Heap: 105.5M(128.0M)->104.0M(128.0M)]
[Times: user=0.00 sys=0.00, real=0.01 secs]
```

通过打开选项 G1SummarizeConcMark，可以看到并发标记的概述信息：

```
Concurrent marking:
//格式 多少个历史数据    类型
   0    init marks: total time =     0.00 s (avg =     0.00 ms).
   5    remarks: total time =     0.02 s (avg =     4.76 ms).
   //remark 有 5 个历史数据，所以给出了均值、最大值
               [std. dev =     4.45 ms, max =    13.24 ms]
   5    final marks: total time =     0.02 s (avg =     3.14 ms).
               [std. dev =     4.25 ms, max =    11.17 ms]
   5    weak refs: total time =     0.01 s (avg =     1.62 ms).
               [std. dev =     0.30 ms, max =     2.07 ms]
   5    cleanups: total time =     0.01 s (avg =     1.27 ms).
               [std. dev =     0.23 ms, max =     1.70 ms]
   //这是在并发标记的最后，对分区对象进行计数的时间花费
   Final counting total time =     0.00 s (avg =     0.36 ms).
   //这是处理 RSet 的花费
   RS scrub total time =     0.00 s (avg =     0.39 ms).
   //这个时间是初始化、再标记、清理的时间
Total stop_world time =     0.03 s.
//并发线程的总花费和标记时间花费
Total concurrent time =     1.53 s (     1.53 s marking).
```

打开 G1PrintRegionLivenessInfo，打印每个堆的使用信息。主要包括两个部分，第一部分是在并发标记后，所有分区的情况，包括 Eden、Old、Survivor 和 Free。第二部分是在 CSet 选择时需要对老生代分区进行排序，排序的依据是 gc-eff，这个值越大说明回收该分区的效率越高，所以会优先选择效率高的老生代分区。

```
### PHASE Post-Marking @ 278.046
### HEAP   reserved: 0x00000000f0000000-0x0000000100000000   region-size:
   1048576
//描述是整体堆的信息，起止地址以及分区的大小
###
###   type                          address-range      used  prev-live
   next-live      gc-eff      remset  code-roots
//这是输出信息的头部，它告诉我们关于区域的类型、区域的寻址范围、区域的已用空间、相对于之前
//标记周期的区域的活跃数据、标记后活跃数据空间、区域的 GC 效率、RSet 大小、CodeRoot 大小。
```

```
###                                           (bytes)       (bytes)       (bytes)
    (bytes/ms)      (bytes)       (bytes)
###      OLD  0x00000000f0000000-0x00000000f0100000      1048576       1044480
    1044480              0.0         3952           16
```

// 这个 OLD 表示老生代，该分区的地址范围，已经使用的内存为 1MB，标记之前和之后都是 1M，说
// 明该分区在清理阶段没有任何处理，效率还没计算为 0，RSet 大小为 3952B，Code 为 16B，实际
// 上这里的 16 是数据结构占用的大小，而没有实际的内容

......

```
###     FREE  0x00000000fe300000-0x00000000fe400000            0             0
    0                0.0         2920           16
```

......

```
###     SURV  0x00000000ff500000-0x00000000ff600000      1048576       1048576
    1048576              0.0         3952           16
###     EDEN  0x00000000fff00000-0x0000000100000000       420024        420024
    420024               0.0         2920           16
###
### SUMMARY  capacity: 256.00 MB  used: 229.40 MB / 89.61 %  prev-live:
    215.72 MB / 84.27 %  next-live: 211.63 MB / 82.67 %  remset: 1.21 MB
    code-roots: 0.01 MB

### PHASE Post-Sorting @ 278.048
### HEAP   reserved: 0x00000000f0000000-0x0000000100000000  region-size:
    1048576
###
###    type                      address-range      used  prev-live
    next-live          gc-eff      remset  code-roots
###                                           (bytes)       (bytes)       (bytes)
    (bytes/ms)      (bytes)       (bytes)
###      OLD  0x00000000f5f00000-0x00000000f6000000      1048576        104168
    0             710320.5         3952           16
###      OLD  0x00000000f8000000-0x00000000f8100000      1048576        170584
    0             659749.2         3608           16
......
###      OLD  0x00000000fc000000-0x00000000fc100000      1048576        830672
    0              44549.9         4640           16
###
### SUMMARY  capacity: 38.00 MB  used: 38.00 MB / 100.00 %  prev-live:
    21.67 MB / 57.02 %  next-live: 0.00 MB / 0.00 %  remset: 0.21 MB  code-
    roots: 0.00 MB

229M->229M(256M), 0.0028795 secs]
```

6.8 参数优化

本章着重介绍了并发标记，本节总结并发标记和垃圾回收中涉及的相关参数，介

绍参数的意义以及该如何使用这些参数：

❑ 参数 InitiatingHeapOccupancyPercent（简称为 IHOP），默认值为 45，这个值是启动并发标记的先决条件，只有当老生代内存占总空间 45% 之后才会启动并发标记任务。增加该值，将导致并发标记可能花费更多的时间，也会导致 YGC 或者混合 GC 收集时收集的分区变少，但另一方面就有可能导致 FGC。根据经验这个值通常根据整体应用占用的平均内存来设置，可以把该值设置得比平均内存稍高一些，此时性能最好（即 YGC/混合 GC 比较快，且 FGC 比较少）。那么如何得到应用程序在运行时的内存使用情况？可以打开 G1PrintHeapRegions 观察内存的分配和使用情况，另外 JVM 提供了一个诊断选项 G1PrintRegionLivenessInfo，打开该选项，可以查看到内存的使用情况。IHOP 的设置非常有用，但是设置合理的 IHOP 并不容易，需要不断地尝试⊖。

❑ 参数 G1ReservePercent，默认值为 10，在第 2 章已经介绍，当发现 GC 晋升失败导致 FGC，可以增大该值。

❑ 参数 ConcGCThreads 为并发线程数，默认值为 0，如果没有设置则动态调整；使用 ParallelGCThreads（前文介绍过推断依据）为依据来推断。ConcGCThreads =（ParallelGCThreads + 2）/4，最小值为 1，如果发现并发标记耗时较多可以增大该值，注意增大该值会导致 Mutator 执行的吞吐量变小。

❑ 参数 HeapSizePerGCThread，默认值为 64M，可以简单地理解为每 64M 分配一个线程。

❑ 参数 UseDynamicNumberOfGCThreads，默认为 false，打开该值表示可以动态调整线程数；调整的依据会根据最大线程数、HeapSizePerGCThread 等确定。

❑ 参数 ForceDynamicNumberOfGCThreads，默认为 false，打开该值表示可以动态调整，和 UseDynamicNumberOfGCThreads 功能类似。

❑ 参数 G1SATBBufferSize，默认值为 1K，表示每个 STAB 队列最多存放 1000 个灰色对象，注意这里不是 SATB queue set 的大小。

❑ 参数 G1SATBBufferEnqueueingThresholdPercent（默认值是 60），表示当一个队

⊖ http://blog.mgm-tp.com/2014/04/controlling-gc-pauses-with-g1-collector/
http://www.ateam-oracle.com/tuning-g1gc-for-soa/

列满了之后，首先进行过滤处理，过滤后如果使用率超过这个阈值把队列送入到 queue set 并新分配一个队列。

❑ 参数 MarkStackSize 和 MarkStackSizeMax，在 32 位 JVM 中设置为 32k 和 4M，64 位 JVM 中设置为 4M 和 512M。如果没有设置可以启发式推断参数，确保 MarkStackSize 最小为 32k（或者和并发线程参数 ParallelGCThreads 正相关，如 ParallelGCThreads=8，则 32 位 JVM 中 MarkStackSize=8 × 16k = 128K，其中 16k 是队列的大小），这个参数是并发标记子阶段中用到的标记栈的大小。

❑ 参数 GCDrainStackTargetSize，默认值为 64，表示并发标记子阶段处理时为了保证处理的性能，一次标记的最多对象个数。

❑ 参数 G1MixedGCLiveThresholdPercent，默认值 85，用于判断分区能否被加入到 CSet 中，低于该值将会被加入。

❑ 参数 G1HeapWastePercent，默认值 5，即当 CSet 中可回收空间的占总空间的比例大于 G1HeapWastePercent 才会开始混合收集。

❑ 参数 G1MixedGCCountTarget，默认值为 8，这个参数越大，收集老生代的分区越少，反之收集的分区越多。要保持老生代分区在 CSet 中的比例超过 1/G1MixedGCCountTarget。

❑ 参数 G1OldCSetRegionThresholdPercent，参数默认值是 10，即一次最多收集 10% 的分区。

❑ 参数 G1ConcMarkStepDurationMillis，默认值为 10，表示每个并发标记子阶段每次最多执行 10ms。

❑ 参数 G1UseConcMarkReferenceProcessing，默认值为 true，打开表示在并发标记的时候可以标记引用。

❑ 在打开引用处理时，每次标记处理引用的对象数由 G1RefProcDrainInterval 控制，默认值为 10。

❑ 参数 ClassUnloadingWithConcurrentMark，默认值为 true，打开表示在并发标记的时候可以卸载已经加载的类。

第 7 章 *Chapter 7*

Full GC

当对象分配失败，会进入到 Evac 失败过程，在 GC 日志详情中会打印相关信息。发生失败一般意味着不能继续分配，此时需要做两件事：

❑ 处理失败。
❑ 再次尝试分配，仍不成功，进行 Full GC（FGC）。

本章主要介绍：Evac 失败后的处理过程，Java 10 之前的串行 FGC 以及 Java 10 引入的并行 FGC。

7.1 Evac 失败

失败处理主要是在 G1CollectedHeap::handle_evacuation_failure_par 中把对象放入 Evac 失败栈，同时会对栈对象进行处理，处理过程是串行的。处理过程发生在 G1ParCopyColsure 中，思路也非常简单，就是把对象加入到 dirty card 队列中处理。这么做的目的是如果对象复制发生了一部分，该如何处理？最好的办法就是直接更新对象的 RSet，不需要对已经复制的对象做额外回收之类的处理。

我们在第 5 章对象复制中提到，如果失败，则把对象的指针指向自己。所以整个 JVM 中如果发现指针指向自己则认为发生了复制失败。所以在处理 Evac 失败的时候（在 YGC 的时候已经提到，Evac 失败处理是发生在 YGC 的并行阶段之后，具体可以回顾第 5 章的内容），需要检查是否有指向自己的指针。如果有的话，则需要删除指针，恢复对象头。删除指针处理的入口在 remove_self_forwarding_pointers 中，代码如下所示：

```
hotspot/src/share/vm/gc_implementation/g1/g1CollectedHeap.cpp

void G1CollectedHeap::remove_self_forwarding_pointers() {

  G1ParRemoveSelfForwardPtrsTask rsfp_task(this);
  if (G1CollectedHeap::use_parallel_gc_threads()) {
    set_par_threads();
    workers()->run_task(&rsfp_task);
    set_par_threads(0);
  } else {
    rsfp_task.work(0);
  }

  // CSet 中所有分区重置状态
  reset_cset_heap_region_claim_values();

  while (!_objs_with_preserved_marks.is_empty()) {
    oop obj = _objs_with_preserved_marks.pop();
    markOop m = _preserved_marks_of_objs.pop();
    obj->set_mark(m);
  }
  _objs_with_preserved_marks.clear(true);
  _preserved_marks_of_objs.clear(true);

}
```

并行任务 G1ParRemoveSelfForwardPtrsTask 的处理主要是通过 Closure 遍历分区。我们直接看 Closure 的代码，如下所示：

```
hotspot/src/share/vm/gc_implementation/g1/g1EvacFailure.hpp

bool RemoveSelfForwardPtrHRClosure::doHeapRegion(HeapRegion *hr) {
  bool during_initial_mark = _g1h->g1_policy()->during_initial_mark_pause();
  bool during_conc_mark = _g1h->mark_in_progress();

  if (hr->claimHeapRegion(HeapRegion::ParEvacFailureClaimValue)) {
```

```
if (hr->evacuation_failed()) {
    RemoveSelfForwardPtrObjClosure rspc(_g1h, _cm, hr, &_update_rset_cl,
                                        during_initial_mark,
                                        during_conc_mark,
                                        _worker_id);

    hr->note_self_forwarding_removal_start(during_initial_mark, during_
        conc_mark);
    _g1h->check_bitmaps("Self-Forwarding Ptr Removal", hr);

    hr->rem_set()->reset_for_par_iteration();
    hr->reset_bot();
    _update_rset_cl.set_region(hr);
    // 对分区处理，调用 closure
    hr->object_iterate(&rspc);

    hr->rem_set()->clean_strong_code_roots(hr);

    hr->note_self_forwarding_removal_end(during_initial_mark,
                                         during_conc_mark,
                                         rspc.marked_bytes());
    }
}
    return false;
}
};
```

继续看对象指针辅助函数 RemoveSelfForwardPtrObjClosure，其主要工作在 do_object 中，代码如下所示：

hotspot/src/share/vm/gc_implementation/g1/g1EvacFailure.hpp

```
void RemoveSelfForwardPtrObjClosure::do_object(oop obj) {
    HeapWord* obj_addr = (HeapWord*) obj;

    size_t obj_size = obj->size();
    HeapWord* obj_end = obj_addr + obj_size;

    if (_end_of_last_gap != obj_addr) {
        _last_gap_threshold = _hr->cross_threshold(_end_of_last_gap, obj_addr);
    }

    // 恢复对象头信息
    if (obj->is_forwarded() && obj->forwardee() == obj) {
        if (!_cm->isPrevMarked(obj)) {
```

```
        _cm->markPrev(obj);
      }
      if (_during_initial_mark) {
        _cm->grayRoot(obj, obj_size, _worker_id, _hr);
      }
      _marked_bytes += (obj_size * HeapWordSize);
      obj->set_mark(markOopDesc::prototype());

      // 设置卡表信息，把卡表设置为deferred
      obj->oop_iterate(_update_rset_cl);
    } else {

      // 对象已经成功转移或者已经无效了，所以设置dummy对象进行填充
      MemRegion mr(obj_addr, obj_size);
      CollectedHeap::fill_with_object(mr);

      // 把这些不活跃对象的标记位清除，在回收时可以回收这些对象
      _cm->clearRangePrevBitmap(MemRegion(_end_of_last_gap, obj_end));
    }
    _end_of_last_gap = obj_end;
    _last_obj_threshold = _hr->cross_threshold(obj_addr, obj_end);
  }
};
```

其中把卡表设置为 deferred 的代码如下：

hotspot/src/share/vm/gc_implementation/g1/g1EvacFailure.hpp

```
  template <class T> void UpdateRSetDeferred::do_oop_work(T* p) {
    assert(_from->is_in_reserved(p), "paranoia");
    if (!_from->is_in_reserved(oopDesc::load_decode_heap_oop(p)) &&
        !_from->is_survivor()) {
      size_t card_index = _ct_bs->index_for(p);
      if (_ct_bs->mark_card_deferred(card_index)) {
        _dcq->enqueue((jbyte*)_ct_bs->byte_for_index(card_index));
      }
    }
  }
```

设置为 deferred 的目的就是为了重构 RSet。

Evac 失败演示示意图

这里重用 YGC 中的演示示意图，如图 7-1 所示。假设在根处理时对象 3 复制发生

失败，不能复制。则把对象 3 里面的 Pointer 标记指向自己，形成自引用。然后继续向下处理，注意这里的处理类似于跳过失败的对象，然后进行正常路径的处理。只不过需要一个额外的动作，即把对象放入到一个特殊的 dirty card 队列中。

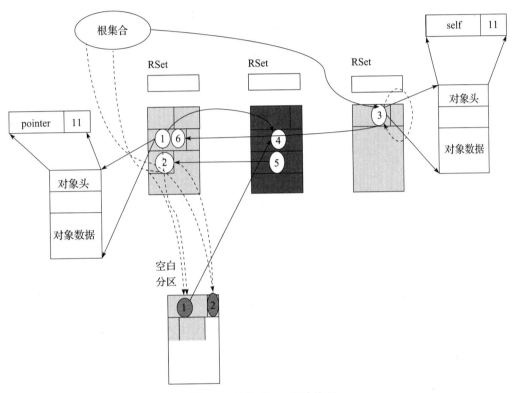

图 7-1　对象 Copy 失败处理

继续向下即处理 RSet（参看第 5 章算法演示 RSet 处理），处理 RSet 时发现对象 2 已经成功复制，所以正常更新指针，即用对象 2 的新地址更新对象 5 的 field。假设之后对象都不能成功复制，最终的内存布局如图 7-2 所示。

接下来就是 Evac 特有的步骤，删除自引用。自引用对象都应该是活跃对象。同时对于已经被复制的对象需要把他们变成 dummy 对象，因为这个时候他们已经可以被回收了，如图 7-3 所示。

最后一步也是执行 Redirty 重构整个 RSet，如图 7-4 所示，确保引用的正确性。

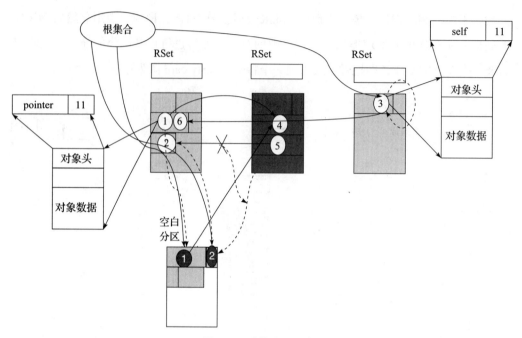

图 7-2　继续处理对象

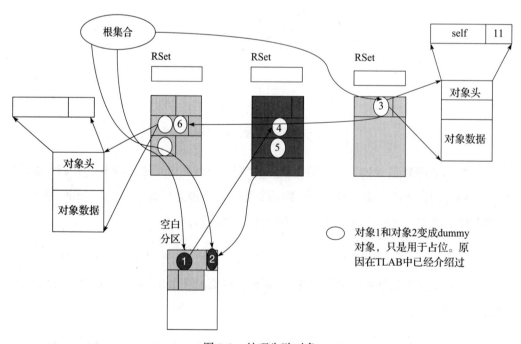

图 7-3　处理失败对象

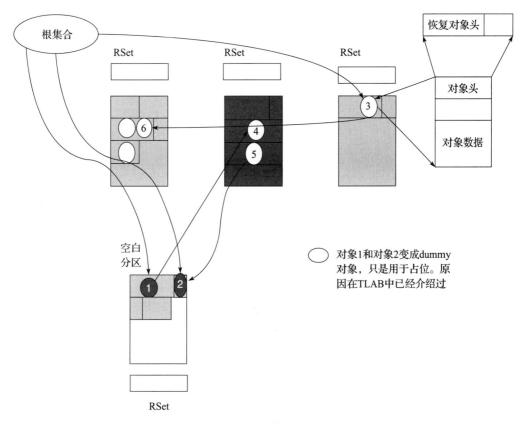

图 7-4　重构 RSet

7.2　串行 FGC

Evac 失败后会进入到 FGC，在 JDK 10 之前 FGC 都是串行回收。在串行回收之前需要做一些预处理，主要有停止并发标记、停止增量回收等动作。这些不再赘述，FGC 在 G1CollectedHeap::do_collection 中调用 G1MarkSweep::invoke_at_safepoint。串行回收采用的标记清除算法，主要分为 4 步：

- ❏ 标记活跃对象。
- ❏ 计算新对象的地址。
- ❏ 把所有的引用都更新到新的地址上。
- ❏ 移动对象。

7.2.1 标记活跃对象

标记活跃对象代码如下所示：

```
hotspot/src/share/vm/gc_implementation/g1/g1MarkSweep.cpp
```

```cpp
void G1MarkSweep::mark_sweep_phase1(bool& marked_for_unloading,
                                    bool clear_all_softrefs) {
    ......

    // 标记处理和前面 YGC 提到的标记处理是类似的。不同之处在于用到的 Closure 以及要额外
    // 处理代码对象；另外标记是串行执行的。
    MarkingCodeBlobClosure follow_code_closure(&GenMarkSweep::follow_root_
      closure, !CodeBlobToOopClosure::FixRelocations);
    {
      G1RootProcessor root_processor(g1h);
    root_processor.process_strong_roots(&GenMarkSweep::follow_root_closure,
                                        &GenMarkSweep::follow_cld_closure,
                                        &follow_code_closure);
    }
/* 针对所有的根处理，通过 FollowRootClosure 触发标记，主要工作从 follow_root 开始。也
   是两件事情：1）标记根对象；2）标记对象的每一个字段然后入栈（在 follow_contents 中处
   理，调用了 MarkSweep::mark_and_push）。*/
    template <class T> inline void MarkSweep::follow_root(T* p) {
        T heap_oop = oopDesc::load_heap_oop(p);
        if (!oopDesc::is_null(heap_oop)) {
          oop obj = oopDesc::decode_heap_oop_not_null(heap_oop);
          if (!obj->mark()->is_marked()) {
            mark_object(obj);
            obj->follow_contents();
          }
        }
        follow_stack();
    }

    // follow_stack 则是对栈的对象一个一个遍历处理（标记每一个字段）
      void MarkSweep::follow_stack() {
      do {
        while (!_marking_stack.is_empty()) {
          oop obj = _marking_stack.pop();
          assert (obj->is_gc_marked(), "p must be marked");
          obj->follow_contents();
        }
        // 在处理对象数组时，需要一个元素一个元素地处理，如果直接处理整个数组对象可能
        // 导致标记溢出
        if (!_objarray_stack.is_empty()) {
```

```
        ObjArrayTask task = _objarray_stack.pop();
        ObjArrayKlass* k = (ObjArrayKlass*)task.obj()->klass();
        k->oop_follow_contents(task.obj(), task.index());
    }
} while (!_marking_stack.is_empty() || !_objarray_stack.is_empty());
}
```

```
// 需要注意的是，第一所有的根要顺序处理，第二在处理对象的时候会把对象对应的 klass
// 对象也标记处理。对引用对象标记处理，前面已经介绍过了。
ReferenceProcessor* rp = GenMarkSweep::ref_processor();

rp->setup_policy(clear_all_softrefs);
const ReferenceProcessorStats& stats =
    rp->process_discovered_references(&GenMarkSweep::is_alive,
                                     &GenMarkSweep::keep_alive,
                                     &GenMarkSweep::follow_stack_closure,
                                     NULL,
                                     gc_timer(),
                                     gc_tracer()->gc_id());
```

```
// 对系统字典、符号表标记、编译代码、klass 做卸载处理，这里的卸载就是把无用对象从这些
// 全局对象中删去，但是对象的内存并没有释放。
bool purged_class = SystemDictionary::do_unloading(&GenMarkSweep::is_alive);
CodeCache::do_unloading(&GenMarkSweep::is_alive, purged_class);
Klass::clean_weak_klass_links(&GenMarkSweep::is_alive);
G1CollectedHeap::heap()->unlink_string_and_symbol_table(&GenMarkSweep::is_
    alive);
}
```

假设系统堆的初始情况如图 7-5 所示（假设有 3 个分区，FGC 并不关心是新生代分区还是老生代分区）。

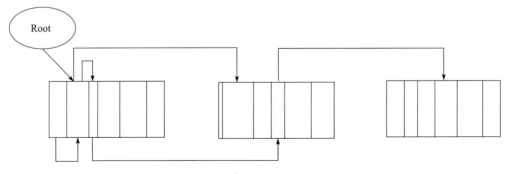

图 7-5　FGC 开始之前的内存情况

第一步操作之后，会对活跃对象标记，如图 7-6 所示。

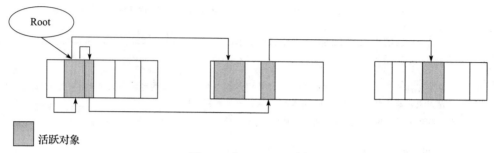

图 7-6 标记活跃对象

7.2.2 计算对象的新地址

第二步最主要的工作就是找到每个对象应该在什么位置。从分区的底部开始扫描，同时设置 compact top 也为底部，当对象被标记，即活跃时，把对象的 oop 指针设置为 compact top，这个值就是对象应该所处的位置。主要工作在 heapRegion::prepare_for_compaction 中。代码如下所示：

```
hotspot/src/share/vm/gc_implementation/g1/g1MarkSweep.cpp

void G1MarkSweep::mark_sweep_phase2() {
  prepare_compaction();
}

void ContiguousSpace::prepare_for_compaction(CompactPoint* cp) {
  SCAN_AND_FORWARD(cp, top, block_is_always_obj, obj_size);
}
```

SCAN_AND_FORWARD() 函数定义在 hotspot/src/share/vm/memory/space.hpp 中。这一部分代码是用宏实现的，主要的工作就是计算每个对象对应新位置的指针，这个指针表示如果移除垃圾对象之后，它应该在的位置。具体可参见源码。第二步结束后，我们可以得到图 7-7，图中用虚线的指针表示对象的新位置。

7.2.3 更新引用对象的地址

在上一步中，我们找到了对象的新位置，然后通过对象头里面的指针指向新位置。这一步最主要的工作就是遍历活跃对象，然后把活跃对象和活跃对象中的引用更新到新位置。代码如下：

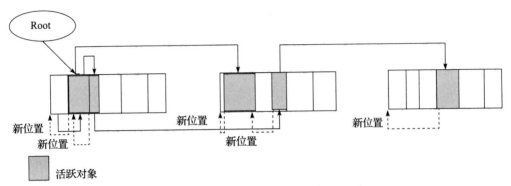

图 7-7　计算活跃对象的新位置

hotspot/src/share/vm/gc_implementation/g1/g1MarkSweep.cpp

```
void G1MarkSweep::mark_sweep_phase3() {

  // 状态复位
  ClassLoaderDataGraph::clear_claimed_marks();

// 更新根对象的引用
  CodeBlobToOopClosure adjust_code_closure(&GenMarkSweep::adjust_pointer_
    closure, CodeBlobToOopClosure::FixRelocations);
  {
    G1RootProcessor root_processor(g1h);
    root_processor.process_all_roots(&GenMarkSweep::adjust_pointer_closure,
                                     &GenMarkSweep::adjust_cld_closure,
                                     &adjust_code_closure);
  }

g1h->ref_processor_stw()->weak_oops_do(&GenMarkSweep::adjust_pointer_closure);

  // 处理引用，不活跃对象的引用会被清除
  JNIHandles::weak_oops_do(&always_true, &GenMarkSweep::adjust_pointer_
    closure);

  if (G1StringDedup::is_enabled()) {
    G1StringDedup::oops_do(&GenMarkSweep::adjust_pointer_closure);
  }
// 在第一步的时候，有些对象如果有特殊的对象头，会被入栈保存起来，这里会调整这些保存的对象头
GenMarkSweep::adjust_marks();

  G1AdjustPointersClosure blk;
  g1h->heap_region_iterate(&blk);
}
```

G1AdjustPointersClosure 对每一个分区都要处理，处理的方式是针对每一个活跃对象遍历它的每一个字段，更新字段的引用。代码位于：

```
hotspot/src/share/vm/oops/instanceKlass.cpp
```

```
int InstanceKlass::oop_adjust_pointers(oop obj) {
  int size = size_helper();
  InstanceKlass_OOP_MAP_ITERATE( \
    obj, \
    MarkSweep::adjust_pointer(p), \
    assert_is_in)
  return size;
}
```

其中宏定义 MarkSweep::adjust_pointer 的代码如下所示：

```
hotspot/src/share/vm/gc_implementation/shared/markSweep.inline.hpp
```

```
template <class T> inline void MarkSweep::adjust_pointer(T* p) {
  T heap_oop = oopDesc::load_heap_oop(p);
  if (!oopDesc::is_null(heap_oop)) {
    oop obj     = oopDesc::decode_heap_oop_not_null(heap_oop);
    oop new_obj = oop(obj->mark()->decode_pointer());
    if (new_obj != NULL) {
      // 更新指针位置
      oopDesc::encode_store_heap_oop_not_null(p, new_obj);
    }
  }
}
```

如图 7-8 所示，虚线指针表示对象的新位置，点划线指针表示对象引用所在的新位置，要注意的是，对象的指针都指向对象的首地址。

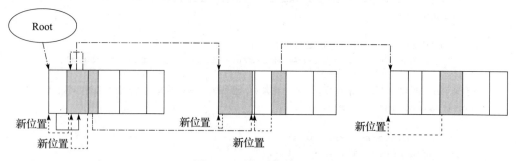

图 7-8　更新对象的引用

7.2.4　移动对象完成压缩

最后一步就是完成空间的压缩。遍历时必须从前向后依次开始，否则数据会被破坏。代码如下所示：

```
hotspot/src/share/vm/gc_implementation/g1/g1MarkSweep.cpp
```

```cpp
void G1MarkSweep::mark_sweep_phase4() {
  G1CollectedHeap* g1h = G1CollectedHeap::heap();

  G1SpaceCompactClosure blk;
  g1h->heap_region_iterate(&blk);
}
```

具体的处理在该文件的 G1SpaceCompactClosure 类中，代码如下所示：

```cpp
class G1SpaceCompactClosure: public HeapRegionClosure {
public:
  G1SpaceCompactClosure() {}

  bool doHeapRegion(HeapRegion* hr) {
    if (hr->isHumongous()) {
      if (hr->startsHumongous()) {
        oop obj = oop(hr->bottom());
        if (obj->is_gc_marked()) {
          obj->init_mark();
        } else {
          assert(hr->is_empty(), "Should have been cleared in phase 2.");
        }
        hr->reset_during_compaction();
      }
    } else {
      hr->compact();
    }
    return false;
  }
};
```

其中 compact() 位于 hotspot/src/share/vm/memory/space.cpp 中。代码如下所示：

```cpp
void CompactibleSpace::compact() {
  SCAN_AND_COMPACT(obj_size);
}
```

这里的宏 SCAN_AND_COMPACT(obj_size) 位于 hotspot/src/share/vm/memory/space.

inline.hpp。这个宏逻辑不算复杂，这里就不再列出全部代码。这个宏的主要工作就是：把对象复制到新的地址，然后重新设置对象头，这就是压缩工作。代码如下所示：

```
Copy::aligned_conjoint_words(q, compaction_top, size);                    \
oop(compaction_top)->init_mark();                                        \
```

图 7-9 是示意图，把对象进行复制。

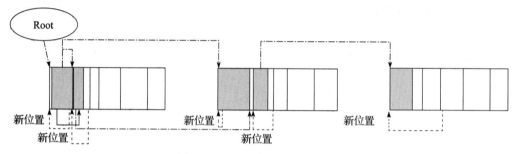

图 7-9　活跃对象移动到新位置

复制之后，通过双点划指针还是可以有效地访问对象，而虚线指针变成无用的。

7.2.5　后处理

在第四步压缩结束以后，实际上我们看到分区并没有发生调整，仅仅是把已经死亡的对象回收，而活跃的对象仍然保留在本分区内。所以在 G1CollectedHeap::do_collection 中还需要进行后处理，我们把几个主要的步骤拿出来：

1）尝试调整整个堆空间的大小，主要工作在 G1CollectHeap::resize_if_necessary_after_full_collection 中，这里会用到两个参数 MinHeapFreeRatio（默认值为 40）和 MaxHeapFreeRatio（默认值为 70）。代码如下所示：

```
hotspot/src/share/vm/gc_implementation/g1/g1CollectedHeap.cpp

resize_if_necessary_after_full_collection(size_t word_size) {
  const size_t used_after_gc = used();
  const size_t capacity_after_gc = capacity();
  const size_t free_after_gc = capacity_after_gc - used_after_gc;

  const double minimum_free_percentage = (double) MinHeapFreeRatio / 100.0;
  const double maximum_used_percentage = 1.0 - minimum_free_percentage;
```

```
const double maximum_free_percentage = (double) MaxHeapFreeRatio / 100.0;
const double minimum_used_percentage = 1.0 - maximum_free_percentage;

const size_t min_heap_size = collector_policy()->min_heap_byte_size();
const size_t max_heap_size = collector_policy()->max_heap_byte_size();

double used_after_gc_d = (double) used_after_gc;
double minimum_desired_capacity_d = used_after_gc_d / maximum_used_percentage;
double maximum_desired_capacity_d = used_after_gc_d / minimum_used_percentage;
double desired_capacity_upper_bound = (double) max_heap_size;
minimum_desired_capacity_d = MIN2(minimum_desired_capacity_d,
                                  desired_capacity_upper_bound);
maximum_desired_capacity_d = MIN2(maximum_desired_capacity_d,
                                  desired_capacity_upper_bound);

size_t minimum_desired_capacity = (size_t) minimum_desired_capacity_d;
size_t maximum_desired_capacity = (size_t) maximum_desired_capacity_d;

minimum_desired_capacity = MIN2(minimum_desired_capacity, max_heap_size);
maximum_desired_capacity =  MAX2(maximum_desired_capacity, min_heap_size);

if (capacity_after_gc < minimum_desired_capacity) {
  size_t expand_bytes = minimum_desired_capacity - capacity_after_gc;
  expand(expand_bytes);
} else if (capacity_after_gc > maximum_desired_capacity) {
  size_t shrink_bytes = capacity_after_gc - maximum_desired_capacity;
  shrink(shrink_bytes);
}
}
```

根据 GC 发生后已经使用的内存除以期望的占比得到期望的空间大小，然后利用期望值和实际值的比较来判断是否需要扩展或者收缩堆空间。扩展堆空间我们在前面已经介绍，这里稍微提一下收缩空间，收缩主要发生的动作就是把空闲分区标记为 uncommit，用于后续分配。

2）遍历堆，重构 RSet。因为所有的分区里面的对象位置都发生了变化，我们在第三步的时候也把对象位置变化的指针都更新了，但是这里还有一个重要的事情，就是重构 RSet，否则下一次发生 GC 就会丢失根集合，导致回收错误。重构 Rset 主要通过 ParRebuildRSTask 完成，对每一个分区根据对象的引用关系重构 RSet。

3）清除 dirty Card 队列，并把所有的分区都认为是 old 分区。

4）最后记录各种信息，同时会调整 YGC 的大小，在 G1CollectHeap::record_full_collection_end 会调用 update_young_list_target_length 重建 Eden，用于下一次回收。

7.3 并行 FGC

FGC 是 Java 程序员努力要避免的，但是由于 JVM 的不可控，在长时间运行的应用中 FGC 基本上不可避免。所以如何调优避免 FGC 是广大程序员奋斗的目标之一。在 FGC 发生之后，通常都是串行执行回收。G1 的 FGC 基本上和其他的垃圾回收器是一样的，重用了以前的代码，只是稍做适配。另一个解决思路就是当 FGC 发生时，让 FGC 并行化，减少 FGC 的时间。实际上 G1 因为分区的引入，可以实现一套并行的 FGC。有一个新的项目 JEP 307 正是这个目的，该项目已经发布到 JDK 10 的代码[⊖]中，为了便于大家获取 JDK 10 的代码，我也将代码下载并上传到 GitHub[⊖]。同时串行的 FGC 也从 G1 中移除。并行调用可以分为：

❑ 收集前处理：prepare_collection 这一步是保存一些信息，如对象头、偏向锁等；相关内容比较简单不再赘述。

❑ 收集：collect 是真正的并行回收，并行 FGC 的步骤和串行 FGC 的步骤类似，也分为 4 步，代码如下所示：

jdk10u/src/Hotspot/share/gc/g1/g1FullCollector.cpp

```
void G1FullCollector::collect() {
  // 并行标记，从 Root Set 出发，这里还会对引用处理
  phase1_mark_live_objects();

  // 这是针对 C2 的优化，记录对象的派生关系，开始 GC 之前先暂停更新
  deactivate_derived_pointers();

  // 并行准备压缩，找到对象的新的位置
  phase2_prepare_compaction();

  // 并行调整指针
  phase3_adjust_pointers();
```

⊖ http://hg.openjdk.java.net/jdk-updates/jdk10u
⊖ https://github.com/chenghanpeng/jdk10u

```
// 并行压缩
phase4_do_compaction();
}
```

❑ 后处理：complete_collection，恢复对象头等信息。

下面我们看一下并行回收的每一步都做了什么工作。

7.3.1　并行标记活跃对象

FGC 的并行标记类似于并发标记。但比并发标记简单，因为它不涉及 SATB 处理。代码如下所示：

```
jdk10u/src/Hotspot/share/gc/g1/g1FullCollector.cpp
```

```
void G1FullCollector::phase1_mark_live_objects() {
    // 从根出发，做并行标记。因为这里是并行处理，使用一个额外的数据结构标记栈，处理标记对象
    G1FullGCMarkTask marking_task(this);
    run_task(&marking_task);

    // 处理引用
    G1FullGCReferenceProcessingExecutor reference_processing(this);
    reference_processing.execute(scope()->timer(), scope()->tracer());

    // 弱引用对象清理
    {
        // 在 FGC 中可以直接处理弱引用
        WeakProcessor::weak_oops_do(&_is_alive, &do_nothing_cl);
    }

    // 类元数据卸载
    if (ClassUnloading) {
        // 卸载元数据和符号表
        bool purged_class = SystemDictionary::do_unloading(&_is_alive, scope()-
            >timer());
        _heap->complete_cleaning(&_is_alive, purged_class);
    } else {

        // 卸载符号表和字符串表，在第 9 章和第 10 章会看到这两个表的具体结构
        _heap->partial_cleaning(&_is_alive, true, true, G1StringDedup::is_enabled());
    }
}
```

并行标记任务主要在 **G1FullGCMarkTask** 完成，多个 GC 线程从不同的根出发，完成标记，当线程任务完成后可以尝试窃取别的线程尚未处理完的对象进行标记。代

码如下所示：

```
jdk10u/src/Hotspot/share/gc/g1/g1FullGCMarkTask.cpp
```

```
void G1FullGCMarkTask::work(uint worker_id) {
  Ticks start = Ticks::now();
  ResourceMark rm;
  G1FullGCMarker* marker = collector()->marker(worker_id);
  MarkingCodeBlobClosure code_closure(marker->mark_closure(), !CodeBlobTo
    OopClosure::FixRelocations);

  // 这个 root_processor 我们在前面已经看到。就是从根集合出发进行处理，这里传入的
  // Closure 是标记动作
  if (ClassUnloading) {
    _root_processor.process_strong_roots(
        marker->mark_closure(),
        marker->cld_closure(),
        &code_closure);
  } else {
    _root_processor.process_all_roots_no_string_table(
        marker->mark_closure(),
        marker->cld_closure(),
        &code_closure);
  }

  // 遍历标记栈里面的所有对象
  marker->complete_marking(collector()->oop_queue_set(), collector()->array_
    queue_set(), &_terminator);
}
```

处理引用也可以并行处理，处理过程见后文。

7.3.2 计算对象的新地址

并行处理是针对每一个分区，计算对象的新地址。与串行 FGC 不一样的地方就是，串行处理中，每一个分区的有效对象都会移动到该分区的头部。而并行处理的时候，一个并发线程通常要处理多个分区，所以在计算对象的新地址时可以把这一批分区里面的对象进行压缩，这样就可能出现完全空闲的分区。代码如下所示：

```
jdk10u/src/Hotspot/share/gc/g1/g1FullCollector.cpp
```

```
void G1FullCollector::prepare_compaction_common() {
  G1FullGCPrepareTask task(this);
  // 并行处理
```

```
run_task(&task);
```

```
/* 这一步的处理是因为并行处理之后，发现所有的线程处理完之后不存在一个完全空闲的分区，此时
   的状态就是每个线程除了最后一个分区，处理的其他分区都是满的，为了降低内存碎片，可以把所
   有线程处理的最后的一个分区合并，这个合并是串行处理的。这完全是为了优化，防止 OOM */
if (!task.has_freed_regions()) {
  task.prepare_serial_compaction();
}
}
```

主要的并行工作在 **G1FullGCPrepareTask** 中，代码如下所示：

```
jdk10u/src/Hotspot/share/gc/g1/g1FullGCPrepareTask.cpp
```

```
void G1FullGCPrepareTask::work(uint worker_id) {

  G1FullGCCompactionPoint* compaction_point = collector()->compaction_point
    (worker_id);

  // 这里其实就是根据标记的情况，并行地计算对象的新位置
  G1CalculatePointersClosure closure(collector()->mark_bitmap(), compaction_
    point);
  G1CollectedHeap::heap()->heap_region_par_iterate_from_start(&closure, &_
    hrclaimer);

  // 如果发现有大对象分区，且分区里面的对象都已经死亡，可以直接释放分区
  closure.update_sets();
  compaction_point->update();

  // 根据上面的分析，因为并行计算对象会压缩对象，所以可以判断是否有需要释放的分区，
  // 如果没有要释放的分区，说明原来有几个分区，这个线程处理之后还有几个分区。
  if (closure.freed_regions()) {
    set_freed_regions();
  }
}
```

由于并行处理可能需要跨多个分区，所以引入了 G1FullGCCompactionPoint，就是为了记录单个 GC 线程在计算对象位置时所用的分区情况。这里需要提示的是，除了大对象，对象是不能垮分区存放。例如前面一个分区剩下 1KB，新的对象需要 2KB，此时这个分区就不能存放这个对象，分区里面的起始地址都是对象的起始地址，对象不能垮分区存放，否则在对分区进行遍历的时候问题就大了。

与串行处理一样，该步完成之后，每个对象头存储的都是新地址。

7.3.3　更新引用对象的地址

在上一步中，我们找到了所有对象的新位置，并通过对象头里面的指针指向新的位置。这一步最主要的工作就是从根集合出发遍历活跃对象，然后把活跃对象和活跃对象中的引用都更新到新的位置。其主要工作在 **G1FullGCAdjustTask** 中，代码如下所示：

jdk10u/src/Hotspot/share/gc/g1/g1FullGCAdjustTask.cpp

```
void G1FullGCAdjustTask::work(uint worker_id) {
  ResourceMark rm;
  G1FullGCMarker* marker = collector()->marker(worker_id);
  marker->preserved_stack()->adjust_during_full_gc();

  // 处理根对象，根对象仅仅需要更新指针位置
  CLDToOopClosure adjust_cld(&_adjust);
  CodeBlobToOopClosure adjust_code(&_adjust, CodeBlobToOopClosure::FixRel
    ocations);
  _root_processor.process_full_gc_weak_roots(&_adjust);

  // 最后 process_all_roots 会调用 all_tasks_completed，直到所有任务完成
  _root_processor.process_all_roots(
      &_adjust,
      &adjust_cld,
      &adjust_code);

  // 处理字符串去重
  if (G1StringDedup::is_enabled()) {
    G1StringDedup::parallel_unlink(&_adjust_string_dedup, worker_id);
  }

  // 处理每一个分区，对每一个活跃对象更新指针，并且要更新对象的引用关系 RSet。与串行回收
  // 中提到的一样，这里对象并没有移动，它们的指针指向对象将要在的新位置。

  G1AdjustRegionClosure blk(collector()->mark_bitmap(), worker_id);
  G1CollectedHeap::heap()->heap_region_par_iterate_from_worker_offset(&blk,
    &_hrclaimer, worker_id);
}
```

7.3.4　移动对象完成压缩

最后一步就是完成空间的压缩。代码如下所示：

jdk10u/src/Hotspot/share/gc/g1/g1FullCollector.cpp

```
void G1FullCollector::phase4_do_compaction() {
```

```
/* 并行压缩，第二步中每个线程处理一部分分区，都已经计算好了对象的位置，所以这一步可以把对
   象复制到新的位置。这个压缩任务比较简单不再介绍。*/
G1FullGCCompactTask task(this);
run_task(&task);

// 这一步也是根据第二步中的结果，如果进行了串行压缩，则队尾分区进行一次串行处理。
if (serial_compaction_point()->has_regions()) {
  task.serial_compaction();
}
}
```

7.3.5　后处理

这一步主要就是恢复对象头，更新各种信息等。代码如下所示：

jdk10u/src/Hotspot/share/gc/g1/g1FullCollector.cpp

```
void G1FullCollector::complete_collection() {
/* 在进行并行标记的时候，会把对象的对象头存放起来，此时把它们都恢复。注意这个地方存储对象
   头信息的数据结构实际上是一个 map，就是对象和对象头的信息。当经过上述压缩过程，这个对象
   的地址当然也就更新了，所以可以直接恢复。*/
restore_marks();

// 这是为了 C2 的优化，因为对象的位置发生了变化，所以必须更新对象派生关系的地址
update_derived_pointers();

// 恢复偏向锁的信息
BiasedLocking::restore_marks();
// 做各种后处理，更新新生代的长度等

CodeCache::gc_epilogue();
JvmtiExport::gc_epilogue();

_heap->prepare_heap_for_mutators();
_heap->g1_policy()->record_full_collection_end();

}
```

7.4　日志解读

发生 FGC 时，通常在日志中可以看到 Full GC 这样的信息，下面是程序发生 FGC
后的日志片段：

```
[Full GC (Allocation Failure)  123M->76M(128M), 0.2036229 secs]
```

```
[Eden: 0.0B(6144.0K)->0.0B(19.0M) Survivors: 0.0B->0.0B Heap: 123.7M(128.0M)-
    >76.9M(128.0M)], [Metaspace: 4393K->4393K(1056768K)]
[Times: user=0.34 sys=0.00, real=0.20 secs]
```

以上日志信息是完成第五步之后的信息。比如上述信息表明在 FGC 后 Eden 从 6M 变成 19M，总体空间从 123.7M 变成 76.9M。

7.5 参数介绍和调优

FGC 是我们一般要避免的操作，但是如果非常不幸 FGC 发生之后，如何能够尽快完成并且避免以后再发生 FGC，这是需要程序员进行调优的，这里稍微介绍几个参数：

❑ 参数 MinHeapFreeRatio，这个值用于判断是否可以扩展堆空间，增大该值扩展概率变小，减小该值扩展几率变大。

❑ 参数 MaxHeapFreeRatio，这个值用于判断是否可以收缩堆空间，增大该值收缩概率变小，减小该值收缩概率变大。

❑ 参数 MarkSweepAlwaysCompactCount，默认值为 4，这个值表示经过一定次数的 GC 之后，允许当前区域空间中一定比例的空间用来将死亡对象当作存活对象处理，这里姑且将这些对象称为弥留对象，把这片空间称为弥留。这个比例由 MarkSweepDeadRatio 控制，默认值为 5，该参数的作用是加快 FGC 的处理速度。

G1 中的引用处理

引用指的是引用类型。我们在第 5、6、7 章中介绍的回收算法都是针对一般对象（或者称为强引用对象）。Java 引入引用的目的在于 JVM 能更加柔性地管理内存，比如对引用对象来说，当内存足够，垃圾回收器不去回收这些内存。因为引用的特殊性，引用对象的使用和回收与一般对象的使用和回收并不相同。

本章将介绍：JDK 如何实现引用，JVM 如何发现引用对象、处理引用，最后分析了引用相关的日志并介绍了如何调优。G1 并没有对引用做额外的处理，所以本章介绍的内容也适用于其他的垃圾回收器。

8.1　引用概述

我们这里所说的引用主要指：软引用、弱引用和虚引用。另外值得一提的是 Java 中的 Finalize 也是通过引用实现的，JDK 定义了一种新的引用类型 FinalReference，这个类型的处理和其他三种引用都稍有不同。另外在非公开的 JDK 包中还有一个 sun.misc. cleaner，通常用它来释放非堆内存资源，它在 JVM 内部也是用一个 CleanerReference 实现。要理解引用处理需要先从 Java 代码入手。先看看 java.lang.ref 包里面的部分代码，这一部分代码不在 Hotspot 中，通常可以在 JDK 安装目录下找到它，其代码如下所示：

```
jdk/src/share/classes/java/lang/ref/Reference.java

public abstract class Reference<T> {
  //Reference 指向的对象
  private T referent;           /* Treated specially by GC */
/* Reference 所指向的队列, 如果我们创建引用对象的时候没有指定队列, 那么队列就是 Reference
  Queue.NULL, 这是一个空队列, 这个时候所有插入队列的对象都被丢弃。这个字段是引用的独特
  之处。这个队列一般是我们自定义, 然后可以自己处理。典型的例子就是 weakhashmap 和 Final
  Reference, 他们都有自己的代码处理这个队列从而达到自己的目的。*/
  volatile ReferenceQueue<? super T> queue;

  //next 指针是用于形成链表, 具体也是在 JVM 中使用。
  Reference next;

  // 这个字段是私有, 在这里明确注释提到它在 JVM 中使用。它的目的是发现可收回的引用,
  // 在后面的 discover_reference 里面可以看到更为详细的信息。
  transient private Reference<T> discovered;  /* used by VM */

// 这是一个静态变量, 前面提到垃圾回收线程做的事情就是把 discovered 的元素
// 赋值到 Pending 中, 并且把 JVM 中的 Pending 链表元素放到 Reference 类中 Pending 链表中
  private static Reference<Object> pending = null;

}
```

我们都知道 JVM 在启动之后有几个线程, 其中之一是 ReferenceHandler。这个线程做的主要工作就是把上面提到的 pending 里面的元素送到队列中。具体功能在 tryHandlePending 中, 代码如下所示:

```
private static class ReferenceHandler extends Thread {
  ......

  public void run() {
    while (true) {
      tryHandlePending(true);
    }
  }
}

......

  static boolean tryHandlePending(boolean waitForNotify) {
    Reference<Object> r;
    Cleaner c;
    try {
      synchronized (lock) {
        if (pending != null) {
```

```
        r = pending;
        c = r instanceof Cleaner ? (Cleaner) r : null;
        pending = r.discovered;
        r.discovered = null;
      } else {
        if (waitForNotify) {
          lock.wait();
        }
        return waitForNotify;
      }
    }
  } catch (OutOfMemoryError x) {
    Thread.yield();
    return true;
  } catch (InterruptedException x) {
    return true;
  }

  // Fast path for cleaners
  if (c != null) {
    c.clean();
    return true;
  }

  ReferenceQueue<? super Object> q = r.queue;
  if (q != ReferenceQueue.NULL) q.enqueue(r);
  return true;
}
```

　　这里的 discovered 就是在垃圾回收中发现可回收的对象，什么是可回收的对象？指对象只能从引用这个根到达，没有任何强引用使用这个对象。所以说可回收的对象在被垃圾回收器发现后会被垃圾回收器放入 pending 这个队列，pending 的意思就是等待被回收，如果我们自定义引用队列，那么引用线程 ReferenceHandler 把它加入到引用队列，供我们进一步处理。比如 Finalizer 里面就会激活一个线程，让这个线程把队列里面的对象拿出来，然后执行对象的 finalize() 方法。具体代码在 runFinalization 中，代码如下所示：

jdk/src/share/classes/java/lang/ref/Finalizer.java

```
static void runFinalization() {
  if (!VM.isBooted()) {
    return;
  }

  forkSecondaryFinalizer(new Runnable() {
```

```
private volatile boolean running;
public void run() {
  if (running)
    return;
  final JavaLangAccess jla = SharedSecrets.getJavaLangAccess();
  running = true;
  for (;;) {
  //获取可回收对象
    Finalizer f = (Finalizer)queue.poll();
    if (f == null) break;
  //执行对象的 finialize 方法
    f.runFinalizer(jla);
  }
 }
});
```

在 Reference.java 这个类中描述了 Reference 的 4 个可能的状态：

❏ Active：对象是活跃的，这个活跃的意思是指 GC 可以通过可达性分析找到对象或者对象是软引用对象，且符合软引用活跃的规则。从活跃状态可以到 Pending 状态或者 Inactive 状态。新创建的对象总是活跃的。

❏ Pending：指对象进入上面的 pengding_list，即将被送入引用队列。

❏ Enqueued：指引用线程 ReferenceHandler 把 pending_list 的对象加入引用队列。

❏ Inactive：对象不活跃，可以将对象回收了。

状态转换图如图 8-1 所示。

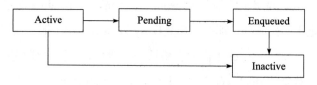

图 8-1　引用对象状态转换

其中除了 Pending 到 Enqueued 状态是有引用线程 ReferenceHandler 参与的，其他的变化都是 GC 线程完成的。另外值得一提的是，这些状态是虚拟状态，是为了便于大家理解引用是如何工作的，并没有一个字段来描述状态。所以在注释中我们看到对象所处状态的确定是通过 queue 这个字段和 next 这个字段来标记的。

8.2　可回收对象发现

在 GC 的标记阶段，从根对象出发对所有的对象进行标记，如果对象是引用对象，在 JVM 内部对应的类型为 InstanceRefKlass，在对象遍历的时候会处理对象的每一个字段。在前面 YGC 的时候，我们提到 copy_to_survior 会执行 obj->oop_iterate_backwards(&_scanner)，在这里就会执行宏 InstanceRefKlass_SPECIALIZED_OOP_ITERATE 展开的代码，在这段代码里面有个关键的方法 ReferenceProcessor::discover_reference，这个方法就是把从引用对象类型中的可回收对象放入链表中。

我们先看一下宏代码片段，代码如下所示：

hotspot/src/share/vm/oops/instanceRefKlass.cpp

```
#define InstanceRefKlass_SPECIALIZED_OOP_ITERATE(T, nv_suffix, contains)      \
  ......                                                                       \
                                                                              \
  T* referent_addr = (T*)java_lang_ref_Reference::referent_addr(obj);         \
  T heap_oop = oopDesc::load_heap_oop(referent_addr);                         \
  ReferenceProcessor* rp = closure->_ref_processor;                           \
  if (!oopDesc::is_null(heap_oop)) {                                          \
    oop referent = oopDesc::decode_heap_oop_not_null(heap_oop);               \
    if (!referent->is_gc_marked() && (rp != NULL) &&                          \
        rp->discover_reference(obj, reference_type())) {                      \
      return size;                                                            \
    } else if (contains(referent_addr)) {                                     \
      /* treat referent as normal oop */                                      \
      SpecializationStats::record_do_oop_call##nv_suffix(SpecializationStats::irk);\
      closure->do_oop##nv_suffix(referent_addr);                             \
    }                                                                         \
  }
```

我们发现只有当引用里面的对象还没有标记时才需要去处理引用，否则说明对象还存在强引用。注意在这里 discover_reference 返回 true 表示后续不需要进行处理，否则继续。根据前面的分析，后续的动作将会对引用对象里面的对象进行处理（其实就是复制对象到新的位置，处理方法已经介绍过了）。代码如下所示：

hotspot/src/share/vm/memory/referenceProcessor.cpp

```
bool ReferenceProcessor::discover_reference(oop obj, ReferenceType rt) {
  /* 判断是否不需要处理，_discovering_refs 在执行 GC 的时候设置为 true 表示不执行；在执行
     完 GC 或者 CM 时，设置为 false，表示可以执行 RegisterReferences 由参数控制。*/
  if (!_discovering_refs || !RegisterReferences)     return false;
```

```
// 我们在前面提到，next 是用于形成链表，如果非空说明引用里面的对象已经被处理过了。
oop next = java_lang_ref_Reference::next(obj);
if (next != NULL)     return false;

HeapWord* obj_addr = (HeapWord*)obj;
if (RefDiscoveryPolicy == ReferenceBasedDiscovery && !_span.contains(obj_
   addr))     return false;
```
/* 可以通过参数 RefDiscoveryPolicy 选择引用发现策略，默认值为 0，即 ReferenceBasedDiscovery，
   使用 1 则表示 ReferentBasedDiscovery。策略的选择将会影响处理的速度。*/

```
// 引用里面对象如果有强引用则无需处理
if (is_alive_non_header() != NULL) {
if (is_alive_non_header()->do_object_b(java_lang_ref_Reference::referent(obj)))
   return false;  // referent is reachable
}

if (rt == REF_SOFT) {
   if (!_current_soft_ref_policy->should_clear_reference(obj, _soft_ref_
      timestamp_clock))       return false;
}
```
/* 在上面的处理逻辑中，可以看出在 JVM 内部，并没有针对 Reference 重新建立相应的处理结构
   来维护相应的处理链，而是直接采用 Java 中的 Reference 对象链来处理，只不过这些对象的
   关系由 JVM 在内部进行处理。在 Java 中 discovered 对象只会被方法 tryHandlePending
   修改，而此方法只会处理 pending 链中的对象。而在上面的处理过程中，相应的对象并没有在
   pending 中，因此两个处理过程是不相干的。*/

```
HeapWord* const discovered_addr = java_lang_ref_Reference::discovered_addr(obj);
const oop  discovered = java_lang_ref_Reference::discovered(obj);

// 已经处理过了则不再处理。如果是 ReferentBasedDiscovery，引用对象在处理范围，
// 或者引用里面的对象在处理范围内

if (RefDiscoveryPolicy == ReferentBasedDiscovery) {

   // RefeventBased Discovery 策略指的是引用对象在处理范围内或者引用对象里面的对象在
   // 处理范围内
   if (_span.contains(obj_addr) ||
       (discovery_is_atomic() &&
        _span.contains(java_lang_ref_Reference::referent(obj)))) {
      // should_enqueue = true;
   } else {
      return false;
   }
}
```
/* 把引用里面的对象放到引用对象的 discovered 字段里面。同时还会把对象放入 DiscoveredList。
   上面提到的 5 种引用类型，在 JVM 内部定义了 5 个链表分别处理。分别为：_discoveredSoftRefs、
   _discoveredWeakRefs、_discoveredFinalRefs、_discoveredPhantomRefs、

```
  _discoveredCleanerRefs */
  DiscoveredList* list = get_discovered_list(rt);
  if (list == NULL) {
    return false;
  }
```

// 链表里面的每一个节点都对应着 Java 中的 reference 对象。

```
  if (_discovery_is_mt) {
    // 并行处理
    add_to_discovered_list_mt(*list, obj, discovered_addr);
  } else {
    oop current_head = list->head();
    oop next_discovered = (current_head != NULL) ? current_head : obj;
// 这里采用头指针加上一个长度字段来描述需要处理的 reference 对象。在这里面存放的对象都是
// 在相应的处理过程中还没有被放入 java Reference 中 pending 结构的对象。
    oop_store_raw(discovered_addr, next_discovered);
    list->set_head(obj);
    list->inc_length(1);
  }

  return true;
}
```

判断对象是否有强引用的方法是通过 G1STWIsAliveClosure::do_object_b，判断依据也非常简单，就是对象所在分区不在 CSet 中或者对象在 CSet 但没有被复制到新的分区。代码如下所示：

```
hotspot/src/share/vm/gc_implementation/g1/g1CollectedHeap.cpp

bool G1STWIsAliveClosure::do_object_b(oop p) {
  return !_g1->obj_in_cs(p) || p->is_forwarded();
}
```

软引用处理有点特殊，它用到 _soft_ref_timestamp_clock，来自于 java.lang.ref. SoftReference 对象，有一个全局的变量 clock（实际上就是 java.lang.ref.SoftReference 的类变量 clock）：其记录了最后一次 GC 的时间点（时间单位为毫秒），即每一次 GC 发生时，该值均会被重新设置。另外对于软引用里面的对象，JVM 并不会立即清除，也是通过参数控制，有两种策略可供选择：

❑ C2（服务器模式）编译使用的是 LRUMaxHeapPolicy。

❑ 非 C2 编译用的是 LRUCurrentHeapPolicy。

需要注意的是策略的选择是通过编译选项控制的，而不像其他的参数可以由使用者控制，代码如下所示：

```
hotspot/src/share/vm/memory/referenceProcessor.cpp

_default_soft_ref_policy = new COMPILER2_PRESENT(LRUMaxHeapPolicy())
  NOT_COMPILER2(LRUCurrentHeapPolicy()).
```

通常生产环境中使用服务器模式，所以我们看一下 LRUMaxHeapPolicy。它有一个重要的函数 should_clear_reference，目的是为了判断软引用里面对象是否可以回收，代码如下所示：

```
hotspot/src/share/vm/memory/referencePolicy.cpp

void LRUMaxHeapPolicy::setup() {
  size_t max_heap = MaxHeapSize;
  max_heap -= Universe::get_heap_used_at_last_gc();
  max_heap /= M;

// 根据最大可用的内存来估算软引用对象最大的生存时间
  _max_interval = max_heap * SoftRefLRUPolicyMSPerMB;
}

bool LRUMaxHeapPolicy::should_clear_reference(oop p, jlong timestamp_clock) {
  jlong interval = timestamp_clock - java_lang_ref_SoftReference::timestamp(p);
  if(interval <= _max_interval) return false;
  return true;
}
```

在这个代码片段中，可以看到软引用对象是否可以回收的条件是：对象存活时间是否超过了阈值 _max_interval。如果你继续探究策略 LRUCurrentHeapPolicy，你会发现 LRUCurrentHeapPolicy 中的 should_clear_reference 函数和这里介绍的完全一样。其实这两种策略的区别是 _max_interval 的计算不同，但都受控于参数 SoftRefLRUPolicyMSPerMB，其中 LRUMaxHeapPolicy 是基于最大内存来设置软引用的存活时间，LRUCurrentHeapPolicy 是根据当前可用内存来计算软引用的存活时间。

8.3 在 GC 时的处理发现列表

处理已发现的可回收对象会根据不同的引用类型分别处理，入口函数在 process_

discovered_references。其主要工作在 process_discovered_reflist 中，代码如下所示：

hotspot/src/share/vm/memory/referenceProcessor.cpp

```
ReferenceProcessor::process_discovered_reflist(...)
{
  bool mt_processing = task_executor != NULL && _processing_is_mt;

  bool must_balance = _discovery_is_mt;

  // 平衡引用队列，具体介绍可以参考 8.6 节
  if ((mt_processing && ParallelRefProcBalancingEnabled) || must_balance) {
    balance_queues(refs_lists);
  }

  size_t total_list_count = total_count(refs_lists);

  if (PrintReferenceGC && PrintGCDetails) {
    gclog_or_tty->print(", %u refs", total_list_count);
  }

  // 处理软引用（soft reference）
  if (policy != NULL) {
    if (mt_processing) {
      RefProcPhase1Task phase1(*this, refs_lists, policy, true /*marks_oops_
        alive*/);
      task_executor->execute(phase1);
    } else {
      for (uint i = 0; i < _max_num_q; i++) {
        process_phase1(refs_lists[i], policy,
                       is_alive, keep_alive, complete_gc);
      }
    }
  } else { // policy == NULL
    ......
  }

  // Phase 2:
  if (mt_processing) {
    RefProcPhase2Task phase2(*this, refs_lists, !discovery_is_atomic() /*marks_
      oops_alive*/);
    task_executor->execute(phase2);
  } else {
    for (uint i = 0; i < _max_num_q; i++) {
      process_phase2(refs_lists[i], is_alive, keep_alive, complete_gc);
    }
  }
```

```
// Phase 3:
if (mt_processing) {
  RefProcPhase3Task phase3(*this, refs_lists, clear_referent, true /*marks_
    oops_alive*/);
  task_executor->execute(phase3);
} else {
  for (uint i = 0; i < _max_num_q; i++) {
    process_phase3(refs_lists[i], clear_referent,
                   is_alive, keep_alive, complete_gc);
  }
}

return total_list_count;
}
```

这里唯一的注意点就是当 mt_processing 为真时，阶段一（phase1）、阶段二（phase2）、阶段三（phase3）中多个任务分别可以并行执行（阶段之间还是串行执行）；否则阶段中的多个任务串行执行。mt_processing 主要受控于参数 ParallelRefProcEnabled。下面介绍这三个阶段的主要工作：

❏ process_phase1 针对软引用，如果对象已经死亡并且满足软引用清除策略才需要进一步处理，否则认为对象还活着，把它从这个链表中删除，并且重新把对象复制到 Survivor 或者 Old 区，代码如下所示：

hotspot/src/share/vm/memory/referenceProcessor.cpp

```
ReferenceProcessor::process_phase1(…) {

  DiscoveredListIterator iter(refs_list, keep_alive, is_alive);

  while (iter.has_next()) {
    iter.load_ptrs(DEBUG_ONLY(!discovery_is_atomic() /* allow_null_referent */));
    bool referent_is_dead = (iter.referent() != NULL) && !iter.is_referent_
      alive();
    if (referent_is_dead && !policy->should_clear_reference(iter.obj(), _soft_
      ref_timestamp_clock)) {
      // 如果对象还需要挽救，重新激活它
      iter.remove();
      iter.make_active();
      iter.make_referent_alive();
      iter.move_to_next();
    } else {
      iter.next();
```

```
    }
  }
  complete_gc->do_void();
}
```

把对象重新激活的做法就是在卡表中标示对象的状态，并且把对象复制到新的分区。keep_live 就是 G1CopyingKeepAliveClosure，它是真正做复制动作的地方，代码如下所示：

hotspot/src/share/vm/memory/referenceProcessor.hpp

```
// 对象激活
inline void make_referent_alive() {
  if (UseCompressedOops) {
    _keep_alive->do_oop((narrowOop*)_referent_addr);
  } else {
    _keep_alive->do_oop((oop*)_referent_addr);
  }
}
```

❑ process_phase2 识别引用对象里面的对象是否活跃，如果活跃，把引用对象从这个链表里面删除。为什么要有这样的处理？关键在于 discover_reference 中可能会误标记，比如引用对象先于强引用对象执行，这个时候就发生了误标记，所以需要调整；这个阶段比较简单，不再列出源码。

❑ process_phase3 清理引用关系，首先把对象复制到新的分区，为什么呢？因为在前面提到 discovered 列表会被放到 pending 列表，而 pending 列表会进入到引用队列供后续处理，然后把引用对象里面的对象设置为 NULL，那么原来的对象没有任何引用了，就有可能被回收了。代码如下所示：

hotspot/src/share/vm/memory/referenceProcessor.cpp

```
void ReferenceProcessor::process_phase3(…) {
  DiscoveredListIterator iter(refs_list, keep_alive, is_alive);
  while (iter.has_next()) {
    // 先执行 update_discovered，就是把对象复制到新的分区
    iter.update_discovered();
    iter.load_ptrs(DEBUG_ONLY(false /* allow_null_referent */));
    if (clear_referent) {
      // 如果不是软引用，则清理指针，此时除了链表不会有任何对象引用它了
      iter.clear_referent();
    } else {
      // 再次确保对象被复制
      iter.make_referent_alive();
```

```
      }
    iter.next();
  }
  //更新链表
  iter.update_discovered();
  complete_gc->do_void();
}
```

上面的 clear_referent 就是把对象的引用关系打断了，所以设置为 NULL，代码如下所示：

hotspot/src/share/vm/memory/referenceProcessor.hpp

```
void DiscoveredListIterator::clear_referent() {
  oop_store_raw(_referent_addr, NULL);
}
```

上面的 update_discovered 就是把待回收的对象复制到新的分区，形成新的链表，供后续 pending 列表处理。代码如下所示：

hotspot/src/share/vm/memory/referenceProcessor.hpp

```
inline void DiscoveredListIterator::update_discovered() {
  // _prev_next 指向 DiscoveredList
  if (UseCompressedOops) {
    if (!oopDesc::is_null(*(narrowOop*)_prev_next)) {
      _keep_alive->do_oop((narrowOop*)_prev_next);
    }
  } else {
    if (!oopDesc::is_null(*(oop*)_prev_next)) {
      _keep_alive->do_oop((oop*)_prev_next);
    }
  }
}
```

8.4 重新激活可达的引用

正如我们前面提到的，在引用处理的时候，pending 会加入引用队列，所以待回收的对象还不能马上被回收，而且待回收的对象都已经放入 discovered 链表，所以这个时候只需要把 discovered 链表放入 pending 形成的链表中。主要代码在 enqueue_discovered_ref_helper 中。这个处理比较简单，不再列出源码。

8.5　日志解读

本节通过一个例子来分析引用处理。代码如下所示：

```
public class ReferenceTest {
  public static void main(String[] args) {
    Map<Integer, SoftReference<String>> map = new HashMap<>();
    int i = 0;
    while (i < 10000000) {
      String p = "" + i;
      map.put(i, new SoftReference<String>(p));
      i++;
    }
    System.out.println("done");
  }
}
```

运行参数设置如下所示：

```
-Xmx256M -XX:+UseG1GC -XX:+PrintGCDetails -XX:+PrintReferenceGC
-XX:+PrintGCTimeStamps -XX:+TraceReferenceGC -XX:SoftRefLRUPolicyMSPerMB=0
```

得到日志片段如下：

```
0.193: [GC pause (G1 Evacuation Pause) (young)0.208: [SoftReference, 8285
  refs, 0.0008413 secs]0.208: [WeakReference, 4 refs, 0.0000137 secs]0.208:
  [FinalReference, 1 refs, 0.0000083 secs]0.208: [PhantomReference, 0
  refs, 0 refs, 0.0000094 secs]0.208: [JNI Weak Reference, 0.0000063
  secs], 0.0158259 secs]
......
      [Ref Proc: 1.1 ms]
      [Ref Enq: 0.2 ms]
```

可以看到在这一次 YGC 中，一共有 8285 个软引用被处理。

8.6　参数介绍和调优

软引用在实际工作中关注的并不多，原因主要有两点。第一，软引用作为较难的知识点，实际工作中真正使用的并不多；第二，介绍软引用对象回收细节的文章也不多。本章较为详细地介绍了 G1 中软引用回收的步骤，下面介绍一下软引用相关的参数和优化：

❑ 参数 PrintReferenceGC，默认值为 false，可以打开该参数以输出更多信息。如果是调试版本还可以打开 TraceReferenceGC 获得更多的引用信息。

☐ 参数 ParallelRefProcBalancingEnabled，默认值为 true，在处理引用的时候，引用（软 / 弱 / 虚 /final/cleaner）对象在同一类型的队列中可能是不均衡的，如果打开该参数则表示可以把链表均衡一下。注意这里的均衡不是指不同引用类型之间的均衡，而是同一引用类型里面有多个队列，同一引用类型多个队列之间的均衡。

☐ 参数 ParallelRefProcEnabled，默认值为 false，打开之后表示在处理一个引用的时候可以使用多线程的处理方式。这个参数主要是控制引用列表的并发处理（8.3 节和 8.4 节介绍的内容）。另外引用的处理在 GC 回收和并发标记中都会执行，在 GC 中执行的引用处理使用的线程数目和 GC 线程数目一致，在并发标记中处理引用使用的线程数目和并发标记线程数一致。实际中通常打开该值，减少引用处理的时间。

☐ 参数 RegisterReferences，默认值 true，表示可以在遍历对象的时候发现引用对象类型中的对象是否可以回收，false 表示在遍历对象的时候不处理引用对象。目前的设计中在 GC 发生时不会去遍历引用对象是否可以回收。需要注意的是该参数如果设置为 false，则在 GC 时会执行软引用对象是否可以回收，这将会增加 GC 的时间，所以通常不要修改这个值。

☐ 参数 G1UseConcMarkReferenceProcessing，默认值 true，表示在并发标记的时候发现对象。该值为实验选项，需要使用 -XX:+UnlockExperimentalVMOptions 才能改变选项。

☐ 参数 RefDiscoveryPolicy，默认值为 0，0 表示 ReferenceBasedDiscovery，指如果引用对象在我们的处理范围内，则对这个引用对象进行处理。1 表示 ReferentBasedDiscovery，指如果引用对象在我们的处理范围内或者引用对象里面的对象在处理范围内，则对引用对象处理。1 会导致处理的对象更多。

☐ 参数 SoftRefLRUPolicyMSPerMB，默认值为 1000，即对软引用的清除参数为每 MB 的内存将会存活 1s，如最大内存为 1GB，则软引用的存活时间为 1024s，大约为 17 分钟，但是如果内存为 100GB，这个参数不调整，软引用对象将存活 102 400s，大约为 28.5 小时。所以需要根据总内存大小以及预期软引用的存活时间来调整这个参数。

## 第 9 章

G1 的新特性：字符串去重

字符串去重是 G1 中引入的新特性，从 OpenJDK 的官方文档来看，该特性的引入平均节约内存 13% 左右。本章主要介绍：G1 中字符串去重的实现、日志分析，另外字符串去重和 JDK 中 String 类的 intern 方法有一些类似的功能，所以本章还介绍了 intern 的实现以及字符串去重和 intern 的区别。

9.1 字符串去重概述

字符串是我们日常开发使用最多的类型。字符串去重目的是优化字符串对象的内存使用，因为从统计数据上看，应用程序中的 String 对象会消耗大量的内存。这里面有一部分是冗余的，即同样的字符串会存在多个不同的实例 (a != b，但 a.equals(b))。

最初 JDK 提供了一个 String.intern() 方法来解决字符串冗余的问题。这个方法的缺点在于你必须去找出哪些字符串需要进行驻留（interned）。如果使用得当的话，字符串驻留会是一个非常有效地节省内存的工具，它让你可以重用整个字符串对象。

从 Java 7 update 6 开始，每个 String 对象都有一个自己专属的私有字符数组

char[]，这个字符数组在 JVM 内部使用 typeArrayOOp 表示。这样 JVM 可以自动进行优化，既然底层的 char[] 没有暴露给外部客户端的话，那么 JVM 就能去判断两个字符串的内容是否一致，进而将一个字符串底层的 char[] 共享成另一个字符串的底层 char[] 数组。

字符串去重是为了共享以减低内存使用，在 Java 8 update 20 中被引入。这个特性发生在 G1 回收器的 YGC 阶段中或者是在 Full GC 的标记阶段。

字符串去重的过程可以分为三步。

第一步，找到需要去重的对象。 这一步发生在 Young GC 的对象复制阶段或者是在 Full GC 的标记阶段。首先会检查字符串是否可以去重，如果可以则把对象放入到队列中。

字符串是否可以参与去重的条件如下：

❑ 对象是字符串对象，且位于新生代。
  • 如果是在 GC 的对象复制阶段。
    ◆ 如果是复制到 S 区，并且对象的年纪是 StringDeduplicationAgeThreshold。这是为了让那些小对象能够经过几次 GC 后才处理，这样大多数生命周期短的对象不会被处理。
    ◆ 如果不是复制到 S 区，即晋升到 Old，并且对象的年纪小于 StringDeduplication AgeThreshold。对于小对象，如果已经处理过，不用再处理了。如果是大对象，则不会发生去重。
❑ 如果是在 Full GC 的标记阶段，只需要考虑第二个条件。发生 Full GC 之后，会把所有的分区标记为 Old。

代码如下所示：

```
hotspot/src/share/vm/gc_implementation/g1/g1StringDedup.cpp
```

```
bool G1StringDedup::is_candidate_from_evacuation(bool from_young, bool
  to_young, oop obj) {
  if (from_young && java_lang_String::is_instance(obj)) {
```

```
    if (to_young && obj->age() == StringDeduplicationAgeThreshold)
      return true;
    if (!to_young && obj->age() < StringDeduplicationAgeThreshold)
      return true;
  }
  return false;
}

bool G1StringDedup::is_candidate_from_mark(oop obj) {
  if (java_lang_String::is_instance(obj)) {
    bool from_young = G1CollectedHeap::heap()->heap_region_containing_
      raw(obj)->is_young();
    if (from_young && obj->age() < StringDeduplicationAgeThreshold)
      return true;
  }
  return false;
}

void G1StringDedup::enqueue_from_evacuation(bool from_young, bool to_young,
  uint worker_id, oop java_string) {
  if (is_candidate_from_evacuation(from_young, to_young, java_string)) {
    G1StringDedupQueue::push(worker_id, java_string);
  }
}
```

第二步，去重。这一步主要由单独的去重线程完成，它会处理去重队列以尝试去重。去重中有个 HashTable 能够跟踪所有字符串中使用的不同的字符数组。

开始去重的时候，会先查找字符数组是否已经存在，如果存在则调整对象指针，共享字符串数组，释放字符串对象的字符数组；如果失败则把字符数组加入到hashTable 中。队列最多有 ParallelGCThreads 个，每个队列最大的长度是 1 000 000，超过长度则不参与去重。

去重线程在 G1CollectHeap 初始化中启动。HashTable 的最大长度为 1≪24 (16 777 216 个)，最小为 1≪10 (1024 个)。hashTable 存储的是 String 对象的值 (即上面的 char[]，类型为 typearrayOOp)。在字符串被回收的时候可以通过 closure 直接遍历，查找。遍历增加了额外的一层访问，但是对象的空间可能节约很多。

据 JEP 的测试报告，字符串长度平均为 45 个字符，对象占了堆空间的 25%，去重后大约占比 13.5%。具体可以参考 http://openjdk.java.net/jeps/192 获得更的信息。

> **注意** 字符串的 intern 操作是有点特殊，因为这个操作在插入到 StringTable 之前去重，这是为了在 C2 编译优化下不能去重。但是这样做的后果就是使得这里的去重技术完全没用了，目前还没有合适的解决方案来过滤那些经过 intern 的字符串。这通常不是问题，intern 操作占的比例不大。

第三步，回收。当发生 GC 的时候，会尝试对去重后的字符串对象进行回收。发生的时机主要有：YGC 发生中会回收，在并发标记的过程中处理引用的时候也会进行字符串去重的回收，在 FGC 中标记活跃对象时也会发生回收。

假设定义两个字符串对象，如下所示：

```
String Str1 = new String("abc");
String Str2 = new String("abc");
```

图 9-1 是字符串去重前后的对象存储示意图。

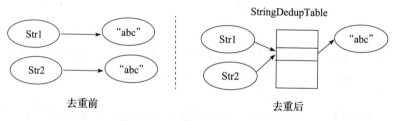

图 9-1 字符串去重示意图

9.2 日志解读

下面通过一个例子分析一下字符串去重的影响：

```
import java.util.LinkedList;

public class StringDepTest {
  private static final LinkedList<String> strings = new LinkedList<>();
  public static void main(String[] args) throws Exception {
    int iteration = 0;
    while (true) {
      for (int i = 0; i < 100; i++) {
```

```
        for (int j = 0; j < 10; j++) {
            strings.add(new String("String " + j));
        }
    }
    iteration++;
    System.out.println("Survived Iteration: " + iteration);
    Thread.sleep(100);
  }
 }
}
```

如果不使用字符串去重，大概在 3386 次会发生 OOM，运行的参数为：

```
-Xmx256M -XX:+UseG1GC -XX:+PrintGCDetails -XX:+PrintGCTimeStamps
```

如果使用字符串去重，大概在 5431 次后发生 OOM。运行的参数为

```
-Xmx256M -XX:+UseG1GC -XX:+UseStringDeduplication -XX:+PrintStringDedupli
cationStatistics -XX:+PrintGCDetails -XX:+PrintGCTimeStamps
```

这说明字符串去重在大量重复的情况下，还是能优化不少。下面看一下具体的日志分析：

```
121.874: [GC concurrent-string-deduplication, 12.9M->0.0B(12.9M),  avg
99.9%, 0.0354704 secs]
 [Last Exec: 0.0354704 secs, Idle: 43.2857942 secs, Blocked: 0/0.0000000
    secs] // 当前发生 GC 或者并发标记时进行去重的统计信息
   [Inspected:           423955]
     [Skipped:              0(  0.0%)]      // 当字符串对应的值为 NULL，则跳过
     [Hashed:          423955(100.0%)]      // 字符串对应的哈希值不为 0
     [Known:                0(  0.0%)]      // 字符串可以共享的次数
     [New:             423955(100.0%)    12.9M // 字符串新加入到 hash table
                                              // 中的次数
   [Deduplicated:      423955(100.0%)      12.9M(100.0%)]
     [Young:               10(  0.0%)     320.0B(  0.0%)]// 字符数组在新生代的个数
     [Old:             423945(100.0%)      12.9M(100.0%)]// 字符数组在老生代的个数
 [Total Exec: 5/0.0917765 secs, Idle: 5/121.5590417 secs, Blocked:
    0/0.0000000 secs] // 发生 GC 或者并发标记时进行去重总的统计信息，这里表明到现在为
                     // 止已经发生了 5 次去重回收
   [Inspected:          1154437]
     [Skipped:              0(  0.0%)]
     [Hashed:         1152384( 99.8%)]
     [Known:             1809(  0.2%)]
     [New:            1152628( 99.8%)        35.2M]
   [Deduplicated:     1152179(100.0%)        35.2M( 99.9%)]
     [Young:              165(  0.0%)     5280.0B(  0.0%)]
```

```
        [Old:              1152014(100.0%)      35.2M(100.0%)]
    [Table]
     [Memory Usage: 68.9K]                         // HashTable 所占用的空间
     [Size: 2048, Min: 1024, Max: 16777216]        // 大小信息
     [Entries: 2258, Load: 110.3%, Cached: 0, Added: 2258, Removed: 0]
      // entry 信息
     [Resize Count: 1, Shrink Threshold: 1365(66.7%), Grow Threshold:
       4096(200.0%)]                              // hashTable 变化信息
     [Rehash Count: 0, Rehash Threshold: 120, Hash Seed: 0x0] // Rehash 信息
     [Age Threshold: 3]                            // 字符串去重的阈值信息
    [Queue]
     [Dropped: 0]                                  // 字符串超过队列长度丢弃的次数
```

9.3 参数介绍和调优

字符串去重涉及的参数有：

❑ 参数 UseStringDeduplication，默认值为 false，打开参数表示允许字符串去重。

❑ 参数 StringDeduplicationAgeThreshold，默认值为 3，控制字符串是否参与去重的阈值。

虽然字符串去重能明显减少内存的使用，但是正如我们在对代码的分析中提到，这会增加 GC 处理的时间，所以在实际使用中，建议先打开字符串去重进行验证，如果发现能得到比较好的效果再使用。

9.4 字符串去重和 String.intern 的区别

intern 方法是 Java 类库中 String 类提供的方法，用来返回常量池中的某字符串，简单地说该方法的功能是：利用 Hotspot 里面的一个 StringTable（使用 HashTable 实现）存储字符串对象，如果 StringTable 中已经存在该字符串，则直接返回常量池中该对象的引用。否则，在 StringTable 中加入该对象，然后返回引用。从功能上看，似乎和字符串去重非常类似，但实际上它们的机制并不相同。还继续使用 9.1 节的两个字符串对象并执行 intern 方法，如下所示：

```
String Str1 = new String( "abc" );
String Str2 = new String( "abc" );
```

```
Str1.intern();
Str2.intern();
```

Str1.intern() 执行后，在 StringTable 内存有一个 Hash Table 存储这个 String 对象。由于 Str1 对应的字符数组对象并不在 StringTable 中，所以它会被加入到 StringTable 中，如图 9-2 所示，图中用 Oop 表示对象，这里我们忽略外部的引用根即栈信息。

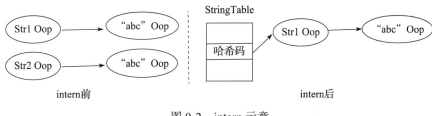

图 9-2　intern 示意

当执行 Str2.intern() 时，首先计算 Str2 的哈希码，然后用哈希码和 Str2 的字符数组对象在 StringTable 中查找是否已经存储了 String 对象，并且这个存储的 String 对象哈希玛以及字符串数组是否相同，如果相同则不需要再次把字符串放入 StringTable 中，同时返回 Str1 这个对象。

另外在 G1 中因为使用 SATB 的并发标记算法，当 Str1 已经死亡时，这时 Str2.intern() 并不会插入 StringTable 中，所以为了不丢失对象，需要把 Str1 重新激活（通过前面提到的写屏障）。

最后做一个简单的总结：

❑ intern 缓存的是字符串对象，字符串去重缓存的是字符串对象里面的字符数组。其实这里还可以再思考一下，为什么它们的实现机制不同？为什么 G1 中的字符串去重不采用和 intern 中一样的实现？简单地说是为了并发标记的处理。

❑ intern 必须显式调用，才能达到去重的目的；字符串去重是 JVM 自动进行的。

9.5　String.intern 中的实现

JVM 在内部使用了 StringTable 来存储字符串 intern 的结果。实际上 JVM 中使用的符号表 SymbolTable 和 StringTable 的结构是一样的，如图 9-3 所示。

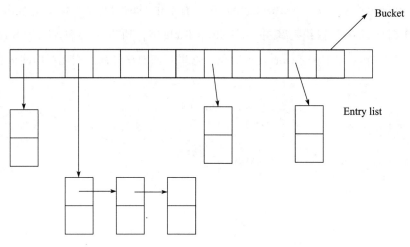

图 9-3　StringTable 存储结构图

StringTable 是用户在执行 intern 时添加的，SymbolTable 是对 Java 类解析时添加的。他们的回收是在 GC 操作中的安全点进行的，详情可见下一章。这里介绍一下如何观察符号表和字符串的信息，再介绍一个参数 PrintStringTableStatistics，由该参数可以得到日志信息，结合图 9-3 进行分析，如下所示：

```
SymbolTable statistics:
```

符号表一共有 bucket　20011 个，且每个 bucket 占用 8 个字节（说明：如果是 32 位系统，那么每个 bucket 占用 4 个字节），如下所示：

```
Number of buckets       :      20011 =     160088 bytes, avg   8.000
```

实际使用了 14109 个 entry，占用的空间为 330KB，每个 entry 固定占用 24 字节，如下所示：

```
Number of entries       :      14109 =     338616 bytes, avg  24.000
```

这 14109 个 entry，存储的字面变量占用的空间为 587KB，平均字符串占用 42.6 字节，如下所示：

```
Number of literals      :      14109 =     601200 bytes, avg  42.611
```

总的空间占用情况，包括 bucket、entry 和字面变量，如下所示：

```
Total footprint          :              =    1099904 bytes
```

下面是 bucket 中 LinkedList 的平均大小，这个值越大，说明 HashTable 碰撞越严重：

```
Average bucket size      :      0.705
Variance of bucket size :       0.707
Std. dev. of bucket size:       0.841
Maximum bucket size      :          6
```

StringTable statistics：和符号表一样，省略。

```
Number of buckets        :      60013 =    480104 bytes, avg    8.000
Number of entries        :       1769 =     42456 bytes, avg   24.000
Number of literals       :       1769 =    158040 bytes, avg   89.339
Total footprint          :              =    680600 bytes
Average bucket size      :      0.029
Variance of bucket size :       0.030
Std. dev. of bucket size:       0.172
Maximum bucket size      :          2
```

因为 StringTable 和 SymbolTable 的回收在安全点中进行，如何调整参数也在安全点一章中介绍。

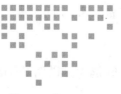

Chapter 10

Chapter 10　第 10 章

线程中的安全点

我们在垃圾回收中最常用的词就是 STW。为了实现 STW，JVM 设计了安全点。安全点在实际调优中涉及得并不多，所以很多人并不是特别熟悉。实际上垃圾回收发生时，在进入安全点中做了不少的工作，而这些工作基本上是串行进行的，这些事情很有可能导致垃圾回收的时间过长。本章主要介绍：安全点的基本知识，G1 并发线程、编译线程、解释线程和本地代码线程如何进入安全点，安全点中做的一些回收工作，以及当发现它们导致 GC 过长该如何调优。

10.1　安全点的基本概念

当发生 GC 时，正在执行 Java 代码的线程必须全部停下来，才可以进行垃圾回收，这就是熟悉的 Stop The World（STW），但是 STW 的背后实现原理是什么，比如这些线程如何暂停又如何恢复？

STW 涉及的第一个概念就是**安全点**（Safepoint）。安全点可以理解成是在代码执行过程中的一些特殊位置，当线程执行到这些位置的时候，说明虚拟机当前的状态是安全可控的（安全可控指的是，通过 VMThread 能找到活跃对象；能够检查或者更新 Mutator 线程状态），当 Mutator 到达这个位置放弃 CPU 的执行，让 VMThread 进行执行。让 Mutator 在安全点停止的原因可以总结为两个：第一是让 VMThread 能够原子地运行，不受 Mutator 的干扰，第二是容易实现。

其实线程停止有主动暂停和被动暂停，JVM 实现的是主动暂停，在暂停之前，需要让手头的事情做完整以便暂停后能正常恢复。安全点在 JVM 非常常见，不仅仅在 GC 中使用，在 Deoptimization、一些工具类比如 dump heap 等都会涉及。我们前面已经提到了很多次，当需要 STW 的时候，都会产生一个 VM_Operation，并把这个放入到 VMThread 的队列中，VMThread 会循环处理这个队列里面的请求。实际上在 VMThread 真正处理 VM_operation 之前需要进入安全点，之后需要恢复安全点。代码如下所示：

```
hotspot/src/share/vm/runtime/vmThread.cpp

void VMThread::loop() {
  while(true) {
  ......

    // 进入安全点
    SafepointSynchronize::begin();

    // 执行 VM_operation
    evaluate_operation(_cur_vm_operation);

    ......

    // 退出安全点
    SafepointSynchronize::end();

    ......
  }
}
```

SafepointSynchronize::begin() 这个函数非常复杂，它的功能就是进入安全点。Safepoint Synchronize::end() 与之相反就是退出安全点。我们梳理一下 JVM 在不同的情况下如何进入安全点。

10.2　G1 并发线程进入安全点

对于 G1 来说，JVM 中引入了 ConcurrentRefineThread、ConcurrentMarkThread 和

G1StringDedupThread 这三个新的线程，同时 G1 针对这些线程引入了新的管理方式
SuspendibleThreadSet，当这些线程在内部工作的时候会调用 join，离开的时候调用 leave，当
可以主动放弃的时候调用 yield。所以 G1 新引入的线程都是自己主动让出 CPU 进入暂停。

提示 暂停和恢复是通过 wait 和 notify_all 来实现的，这两个函数最终是通过操作系
统的 API 实现。

其中，用 join 判断 VMThread 是否发出了进入安全点的请求，如果 VMThread 发
出了请求，则并发线程在此等待。leave 发现 VMThread 发出进入安全点的请求后，通
知 VMThread 检查是否需要继续等待，因为此时有并发线程离开了（意味着并发线程暂
时不工作）。而 SuspendibleThreadSet::synchronize() 是进入安全点请求，在 VMThread
中调用。代码如下所示：

```
hotspot/src/share/vm/gc_implementation/shared/suspendibleThreadSet.cpp
```

```
void SuspendibleThreadSet::join() {
  MonitorLockerEx ml(STS_lock, Mutex::_no_safepoint_check_flag);
  while (_suspend_all) {
  // 如果发现 VMThread 线程已经要求暂停，则会等待
    ml.wait(Mutex::_no_safepoint_check_flag);
  }
  _nthreads++;
}

void SuspendibleThreadSet::leave() {
  MonitorLockerEx ml(STS_lock, Mutex::_no_safepoint_check_flag);
  _nthreads--;
  if (_suspend_all) {
  // 如果发现 VMThread 线程已经要求暂停，则会告诉 VMThread 可以继续工作，因为并发线程已经离开
    ml.notify_all();
  }
}

void SuspendibleThreadSet::synchronize() {

  if (ConcGCYieldTimeout > 0) {
    _suspend_all_start = os::elapsedTime();
  }
  MonitorLockerEx ml(STS_lock, Mutex::_no_safepoint_check_flag);
```

```
// 通知所有的并发线程，VMThread 要求他们暂停
_suspend_all = true;
while (_nthreads_stopped < _nthreads) {
// 直到所有的并发线程都离开工作区域
  ml.wait(Mutex::_no_safepoint_check_flag);
  }
}

void SuspendibleThreadSet::yield() {
  if (_suspend_all) {
    MonitorLockerEx ml(STS_lock, Mutex::_no_safepoint_check_flag);
    if (_suspend_all) {
      _nthreads_stopped++;
      if (_nthreads_stopped == _nthreads) {
        ......
      }
      // 告知 VMThread 可以开始工作了
      ml.notify_all();
      while (_suspend_all) {
      // 本线程暂时停止，直到 VMThread 通知可以继续工作
        ml.wait(Mutex::_no_safepoint_check_flag);
      }

      _nthreads_stopped--;
      // 这里是告诉 VMThread 我已经完成了工作，主动让出 CPU，但是你并没有让我暂停，所以我
         将继续工作，你需要再次等待
      ml.notify_all();
    }
  }
}
```

这里还有一个问题，并发线程离开工作区域去了哪里？是停止了吗？不是的，通常调用 leave 后，线程在做下一次的工作之前会调用 join，这个时候发现 VMThread 要求暂停，就会进入等待。这也就是上面所说的，针对 G1 的并发线程，需要主动地进入 join，工作一段时间之后 leave；如果还需要再次工作，则再次进行 join。

从上面的逻辑也可以看出，当并发线程已经进入 join 之中了，VMThread 必须等待并发线程 leave。yield 这个函数的目的就是线程主动地让出 CPU 进入等待。

 提示 C++ 代码使用 suspendibleThreadSetJoiner 封装了 suspendibleThreadSet，在它的构造函数和析构函数中分别调用 join 和 leave。所以 G1 的代码中出现的都

是 suspendibleThreadSetJoiner sts 这样的局部变量，在进入代码块中就会调用 join，离开时调用 leave。这是和 Java 不一样的地方，具体可参考本书最后的附录 C。

10.3 解释线程进入安全点

对于 Mutator 线程来说，如果它是解释执行，即通过模板解释器来执行每一条字节码，此时该如何主动地放弃 CPU？ JVM 提供了一个正常指令派发表 DispatchTable，还提供一个异常指令派发表。需要进入安全点的时候，JVM 会用异常指令派发表替换这个正常的指令派发表，那么当前字节码指令执行完毕之后在执行下一条字节码指令时就会进入到异常指令派发表。异常指令派发表中所有的 TOS（栈顶状态缓存）都会去执行 InterpreterRuntime::at_safepoint，代码如下所示：

`hotspot/src/share/vm/interpreter/interpreterRuntime.cpp`

```
IRT_ENTRY(void, InterpreterRuntime::at_safepoint(JavaThread* thread))
  if (JvmtiExport::should_post_single_step()) {
    JvmtiExport::at_single_stepping_point(thread, method(thread),
bcp(thread));
  }
IRT_END
```

而这个函数会调用 JvmtiExport::post_single_step，然后调用回调函数 cbSingleStep 进入事件处理 event_callback，它把线程加入到待暂停的列表中，最终会调用 JvmtiEnv:: SuspendThread 函数。这个函数最终会调用操作系统的 API 让线程暂停。

10.4 编译线程进入安全点

编译线程处理是借助于 Linux 信号完成的。首先 Linux 会在 JVM 初始化的时候产生一个全局的轮询页面（Polling page）。JIT 在编译代码的时候会在 return 和满足一定条件的情况下插入额外的汇编代码去轮询这个页面的状态，如果发现页面不可读，则会产生一个 SIGSEGV。这个不可读操作就是在以下代码中设置的：

```
hotspot/src/share/vm/runtime/safepoint.cpp
```

```
if (UseCompilerSafepoints && DeferPollingPageLoopCount < 0) {
    // 产生一个全局的轮询页面 (polling page)
    guarantee (PageArmed == 0, "invariant") ;
    PageArmed = 1 ;
    os::make_polling_page_unreadable();
}
```

make_polling_page_unreadable 在 Linux 下的具体实现调用了 mprotect (bottom, size, prot) 使轮询内存页变成不可读。JVM 会处理 SIGSEGV 信号，代码如下所示：

```
hotspot/src/os_cpu/linux_x86/vm/os_linux_x86.cpp
```

```
JVM_handle_linux_signal(int sig,
                        siginfo_t* info,
                        void* ucVoid,
                        int abort_if_unrecognized){
    ......
    if (sig == SIGSEGV && os::is_poll_address((address)info->si_addr)) {
        stub = SharedRuntime::get_poll_stub(pc);
    }
    ......
}
```

stub 有两种情况是和安全点相关的，一个就是 return_op，另一个就是主动插入的安全点。它们都会回调函数 SafepointSynchronize::block，这个函数做的事情就是把线程状态设置为 _thread_blocked，然后调用 Threads_lock->lock_without_safepoint_check()，因为 VMThread 在进入 begin() 的时候会对这个锁加锁，当 VMThread 加锁成功后所有的编译线程在执行回调代码的时候都需要等待，从而让出 CPU。继续看 safepoint.cpp 的 block 函数，如下所示：

```
hotspot/src/share/vm/runtime/safepoint.cpp
```

```
void SafepointSynchronize::block(JavaThread *thread) {
    ......

    switch(state) {
        case _thread_in_vm_trans:
        case _thread_in_Java:              // 从编译代码进入状态转换

            thread->set_thread_state(_thread_in_vm);
```

```
        if (is_synchronizing()) {
           Atomic::inc (&TryingToBlock) ;
        }

        Safepoint_lock->lock_without_safepoint_check();
        if (is_synchronizing()) {
        // 减少等待阻塞的线程数
          _waiting_to_block--;
          thread->safepoint_state()->set_has_called_back(true);

          if (thread->in_critical()) {
            increment_jni_active_count();
          }

          // 当所有的线程都完成阻塞，可以通知 VM 继续
          if (_waiting_to_block == 0) {
            Safepoint_lock->notify_all();
          }
        }

        thread->set_thread_state(_thread_blocked);
        Safepoint_lock->unlock();

        // 这是真正的等待，直到安全点完成，恢复编译线程的状态，重新执行
        Threads_lock->lock_without_safepoint_check();
        thread->set_thread_state(state);
        Threads_lock->unlock();
        break;
    }

    if (state != _thread_blocked_trans &&   state != _thread_in_vm_trans &&
       thread->has_special_runtime_exit_condition()) {
    thread->handle_special_runtime_exit_condition( !thread->is_at_poll_safepoint()
     && (state != _thread_in_native_trans));
    }
}
```

在上面的讨论中编译线程的暂停依赖两个参数 UseCompilerSafepoints 和 Defer
PollingPageLoopCount，默认值分别为 true 和 –1，表示对于编译线程，需要立即进入
到安全点的处理中。如果设置了 UseCompilerSafepoints 为 false，意味着必须使用解释
执行 -Xint 的方式，否则可能永远不能进入安全点，所以在 JDK 9 中该参数被删除了[⊖]。

⊖ https://bugs.java.com/bugdatabase/view_bug.do?bug_id=8064776

如果设置 DeferPollingPageLoopCount > 0 则表示 VMThread 会空轮询一段时间，到达这个阈值之后再对轮询页面进行设置。参数 DeferPollingPageLoopCount[⊖]被认为不安全也不稳定，在 JDK 10 之后已经被移除。

10.5　正在执行本地代码的线程进入安全点

如果线程运行在本地代码，此时本地代码访问的内存空间和 Java 堆空间不是一个，即它不能直接访问 Java 对象，所以 VMThread 是不需要等待线程暂停的，也就是说 VMThread 和正在执行本地代码的线程可以并发执行。但是如果从本地代码切换到 Java 代码执行的时候，那么就需要让这个线程暂停，所以这个线程进入安全的方式是：让 VMThread 设置一个标志位，当线程从本地代码切换到 Java 执行的时候判断一下标志位，如果发现标志位已设置那就让自己暂停。

JVM 中关于 Java 代码和本地代码交换的设计相当复杂，这里不做介绍。我们只关注状态发生变化时的情况，如果需要了解更详细的信息可以参考其他书籍[⊖]。本地代码线程进入安全点的代码如下：

```
hotspot/src/share/vm/runtime/interfaceSupport.hpp

static inline void transition_from_native(JavaThread *thread,
JavaThreadState to) {

  thread->set_thread_state(_thread_in_native_trans);

  // 使用屏障，确得 GC 线程读到最好状态
  if (os::is_MP()) {
    if (UseMembar) {
      OrderAccess::fence();
    } else {
      InterfaceSupport::serialize_memory(thread);
    }
  }
}
```

⊖　https://bugs.java.com/bugdatabase/view_bug.do?bug_id=8191329

⊖　Advanced Design and Implementation of Virtual Machines by Xiao-feng li CRC Press Published December 20, 2016

```
    if (SafepointSynchronize::do_call_back() ||
thread->is_suspend_after_native()) {
        JavaThread::check_safepoint_and_suspend_for_native_trans(thread);

        CHECK_UNHANDLED_OOPS_ONLY(thread->clear_unhandled_oops();)
    }

    thread->set_thread_state(to);
}
```

为了能让线程从本地代码回到 Java 代码的时候为了能读到 / 设置正确的线程状态，通常需要把更新的值写入内存中，解决方法是使用内存屏障指令，所以在上述代码中我们看到了 OrderAccess::fence()，其代码如下所示：

hotspot/src/os_cpu/linux_x86/vm/orderAccess_linux_x86.inline.hpp

```
inline void OrderAccess::fence() {
  if (os::is_MP()) {
    // 使用指令 locked addl 因为有时候 mfence 指令的 CPU 花费更高
#ifdef AMD64
    __asm__ volatile ("lock; addl $0,0(%%rsp)" : : : "cc", "memory");
#else
    __asm__ volatile ("lock; addl $0,0(%%esp)" : : : "cc", "memory");
#endif
  }
}
```

在汇编里使用锁总线指令保证从内存里读到正确的值，但是这种方法严重影响系统的性能，于是 JVM 使用了每个线程都有的独立内存页来设置状态。通过使用参数 -XX:+UseMembar 来使用内存屏障，该参数默认是不打开的，也就是使用独立的内存页来设置状态。

在这里我们看一下安全点的状态，它有三个值，如表 10-1 所示。

表 10-1　安全点状态

状态	说明
_not_synchronized	VMThread 没有进入安全点，Mutator 正常运行
_synchronizing	VMThread 正在进入安全点，部分 Mutator 可能还在运行
synchronized	VMThread 进入安全点，所有的线程除了正在运行的本地代码线程都已经暂停

在方法 SafepointSynchronize::do_call_back() 中判断了 _state 不是 _not_synchronized 状态，这表示 VMThread 正在进入安全点或者已经进入安全点，代码如下所示：

```
hotspot/src/share/vm/runtime/safepoint.hpp

  inline static bool do_call_back() {
    return (_state != _not_synchronized);
  }
```

正在安全点或者已经进入安全点，需要执行 check_safepoint_and_suspend_for_native_trans，需要暂停自己。暂停的方法参见上一小节的介绍。代码如下所示：

```
hotspot/src/share/vm/runtime/thread.cpp

void JavaThread::check_safepoint_and_suspend_for_native_trans(JavaThread
  *thread) {

  JavaThread *curJT = JavaThread::current();
  bool do_self_suspend = thread->is_external_suspend();


  if (do_self_suspend && (!AllowJNIEnvProxy || curJT == thread)) {
    JavaThreadState state = thread->thread_state();

    thread->set_suspend_equivalent();

    thread->set_thread_state(_thread_blocked);
    thread->java_suspend_self();
    thread->set_thread_state(state);
    if (os::is_MP()) {
      if (UseMembar) {
        OrderAccess::fence();
      } else {
        InterfaceSupport::serialize_memory(thread);
      }
    }
  }

  if (SafepointSynchronize::do_call_back()) {
    SafepointSynchronize::block(curJT);
  }

  ......

}
```

10.6　安全点小结

至此所有的线程都应该以不同的实现进入到安全点。但是正如我们提到的线程的安全点是线程主动进入的，而且进入的机制也不太相同，进入安全点所花费的时间也不太相同。图 10-1 为线程进入安全点的整体示意图。

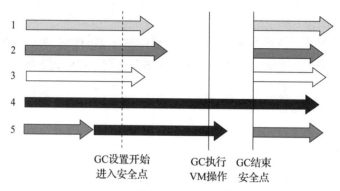

图 10-1　不同类型线程进入安全点示意图

5 个线程分别代表了 5 种不同的情况，如表 10-2 所示。

表 10-2　不同类型线程进入安全点的方法总结

	线程分类	描述
1	G1 线程，比如 Refine 线程，并发标记线程	在进入安全点时它们会暂停，但是每个线程暂停的时间并不确定。依赖于每个线程 join 和 leave 的时间点
2	Java 线程，执行解释代码	在进入安全点时它们会暂停，但是每个线程暂停的时间并不一定。依赖于每个线程正在执行的字节码
3	Java 线程，执行编译代码	在进入安全点时它们会暂停，但是每个线程暂停的时间并不一定。只有在线程执行了 return 或者安全点指令才能进入
4	一直运行的本地代码线程	在进入安全点时它们不会暂停
5	从本地代码返回执行 Java 代码的线程	在进入安全点时它们不会暂停，而是在返回的时候进行暂停，通常这个时候 GC 正在执行 VM 操作

10.7　日志分析

我们使用上一章中字符串去重例子进行日志分析，首先需要设置几个参数。打开参数 PrintSafepointStatistics 以输出安全点信息，PrintSafepointStatisticsCount=1 表示每一次进入安全点都会输出信息。PrintGCApplicationConcurrentTime 表示打印初始时间，通常以 Application time 开头。PrintGCApplicationStoppedTime 表示打印最后的结束信息，以 Total time 开头。参数如下所示：

```
-Xmx256M -XX:+UseG1GC -XX:+PrintGCApplicationStoppedTime
-XX:+PrintGCApplicationConcurrentTime
-XX:+PrintSafepointStatistics
-XX:PrintSafepointStatisticsCount=1
```

我们来看一下具体的日志。

从上次结束安全点到这次进入安全点，应用运行的时间如下：

```
Application time: 9.2032953 seconds
```

正在执行的 VM 操作 G1IncCollectionPause 表示正在执行增量 GC，对 G1 来说可能是 YGC，也有可能是混合 GC。接着是线程信息：

```
          vmop                    [threads: total initially_running
wait_to_block]   [time: spin block sync cleanup vmop] page_trap_count
56.636: G1IncCollectionPause   [ 12  0  1 ] [ 0  0  0  0  31 ] 0
```

总共有 12 个线程：

❑ 0 表示在打印这个信息的时候没有正在运行的线程。

❑ 1 表示在进入安全点的过程中有 1 个线程正待被阻塞。

时间信息含义如下：

❑ spin：指的是如果在进入安全点时，有正在运行的线程，那么 VMThread 需要等待其他线程让出 CPU，为了避免上下文的切换，VMThread 优先选择自旋。这个时间指的是从进入安全点到所有线程都不再运行的时间。

❑ block：指的是如果有线程需要阻塞所花费的时间。注意阻塞和上面提到的运行是不同的状态，当线程不处于运行状态时，也并不一定是阻塞状态。

❑ sync：指的是 spin 和 block 的总和。

❑ cleanup：包括几个任务花费的时间。任务主要有：

  ● 对 Monitor 降级。

  ● 对 inlinecache（JVM 为了优化而提供）缓存处理。

- 对 JIT 编译策略调整。
- 如果符号表的个数超过负载均衡因子（60%）可以进行 rehash，创建新的符号表。
- 如果字符串表（用于 intern）的个数超过负载均衡因子（60%）可以进行 rehash，创建新的字符串表。
- JIT 编译代码回收。

❑ vmop：指从执行 VM 操作开始到结束所花费的时间。

❑ page_trap_count 指的是编译线程通过设置轮询页面不可读进入到安全点的次数。

```
Total time for which application threads were stopped: 0.0312226 seconds,
  Stopping threads took: 0.0000282 seconds
```

上面代码表示引用暂停了 31ms，其中停止线程花费的时间为 28ns。

10.8　参数介绍和调优

从上面的日志来看这是一个非常正常的例子。但是实际中这一步也有可能花费很多的时间，下面对这一部分内容做一下总结。

❑ 前面提到不同的线程进入安全点的时间可能各不相同，特别在编译线程中，如果有一个超级大的循环，假设在 JIT 编译中没有在循环中插入安全点，那么循环可能一直执行，导致有编译的线程一直不能进入到安全点。JDK 9 中引入新的参数 UseCountedLoopSafepoints，可打开该参数，允许在循环中插入安全点。

❑ 在进入真正的 VM 操作之前，还需要做一些任务清理工作，这个工作当然也有可能导致进入安全点时间过长。这些工作主要有：Monitor 降级处理、JIT 编译代码回收、符号表和字符串表回收。

1. Monitor 降级

我们知道 Java 提供了一个 Synchronized 的关键字，这个关键字的目的是为了完成代码之间的同步，最初的做法是直接使用 Monitor 来实现这个功能，但是 Monitor 非常耗时，而且统计发现大部分使用 Synchronized 的情况并没有涉及多线程，所以 JVM 的

Synchronized 内部的实现做了优化，锁主要存在 4 种状态，依次是：无锁状态、偏向锁状态、轻量级锁状态、重量级锁状态，他们会随着竞争的激烈而逐渐升级。在介绍对象头的时候我们看到对象在不同锁状态下有不同的对象头信息，如图 10-2 所示。

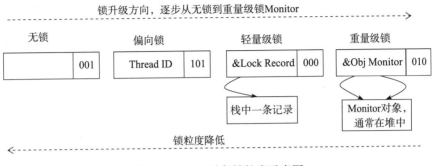

图 10-2　Java 对象锁粒度示意图

关于锁的升级变化情况大家可以参考其他的文档或者书籍，本书不再赘述。这里我们更关心的是和 GC 相关的部分，那就是锁降级的情况，在安全点的时候如果发现锁是空闲的就可以对锁进行降级。有一个参数 MonitorInUseLists（默认值为 false），打开该参数表示只对正在使用的 Monitor 进行降级（正在使用的意思指的是只关注在线程栈里面使用的 Monitor），该参数关闭的话则对所有的 Monitor 进行降级。从 JDK 9 之后这个参数默认为 true，这个参数在 JDK 10 中已经被标记为过时⊖。如果你使用的是 JDK8 或者之前的版本，当发现安全点上有大量的 Monitor，可以尝试做两件事：

❏ 打开 MonitorInUseLists，减少 Monitor 降级处理。
❏ 使用 JUC 里面的 lock 来代替 Synchronized。

2. JIT 编译代码回收

有一个参数 MethodFlushing（默认值为 true），该参数表示回收已经不再使用的编译代码。如果发现有大量的编译代码回收导致进入安全点时间过长，可以考虑关闭该参数，但是带来的问题很有可能是填满了 JIT 编译代码缓存，从而导致编译停止，引起性能问题。

⊖　https://bugs.openjdk.java.net/browse/JDK-8180929

3. 符号表和字符串表回收

字符串表回收是指 String 的 intern 处理，如果使用大量的 String 的 intern 方法也有可能导致进入安全点时间过长，如果发生这种情况，可以考虑：

❑ 设置 StringTable 的长度 StringTableSize（这个长度就是 intern 使用 hashTable 的长度），在 64 位机器默认值为 60013，32 位机器为 1009。可以增大该值。

❑ 也可以考虑不再使用 intern，而使用 G1 的字符串去重功能。

符号表 SymbolTable 的调整和 StringTable 类似，也可以设置参数 SymbolTableSize（默认值为 20011）来减少 rehash 操作。

第 11 章　*Chapter 11*

垃圾回收器的选择

本书第 1 章介绍了 Hotspot 中垃圾回收器的原理。那么在实际中应该如何选择垃圾回收器？本书虽然是介绍 G1，而且 G1 作为一款非常流行的回收器，是不是意味着我们应该全部使用 G1？为了回答这个问题我们先来分析一下如何衡量一款垃圾回收器，然后比较一下目前这几个主流回收器的优缺点。当然 G1 作为本书的主题，我们给出使用 G1 时参数应该如何调整的方向。

11.1　如何衡量垃圾回收器

考察一款垃圾回收器的指标有很多，通常下面的这几个特性是我们最关注的：

❑ **吞吐量**：指在应用程序的生命周期内，应用程序所花费的时间和系统总运行时间的比值。系统总运行时间 = 应用程序耗时 + GC 耗时。如果系统运行了 100 分钟，GC 耗时 1 分钟，那么系统的吞吐量就是（100 – 1）/100 = 99%。

❑ **停顿时间**：指垃圾回收器正在运行时，应用程序的暂停时间。对于独占回收器而言，停顿时间可能会比较长。使用并发的回收器时，由于垃圾回收器和应用程序交替运行，程序的停顿时间会变短，但是，由于其效率很可能不如独占垃圾回收器，故系统的吞吐量可能会较低。

表 11-1 不同类型垃圾回收器比较

名称	作用域	算法	特性
串行收集器 Serial	Serial GC 作用于新生代 Serial Old GC 作用于老年代垃圾收集	二者采用了串行回收与 "Stop-the-World"，Serial 使用的是复制算法，而 Serial Old 使用的是标记–压缩算法	基于串行回收的垃圾回收器适用于大多数对于暂停时间要求不高的客户模式下的 JVM，比如机器性能比较差，时效性不强的场景
并行收集器 Parallel	Parallel new 作用于新生代 Parallel Old 作用于老年代	并行回收和 "Stop-the-World"，Parallel new 使用的是复制算法，Parallel Old 使用的是标记–压缩算法	程序吞吐量优先的应用场景中，在服务模式下内存回收的性能较为不错。并发收集的时候，收集的吞吐量是最好的，是准确回收，不会产生浮动垃圾
并发收集器 Concurrent-Mark-Sweep	老年代垃圾回收器	使用了标记清除算法，分为初始标记（Initial-Mark, Stop-the-World）、并发标记（Concurrent-Mark）、再次标记（Remark, Stop-the-World）、并发清除（oncurrent-Sweep）	并发低延迟，吞吐量较低。经过 CMS 收集的堆会产生空间碎片，会带来堆内存的浪费 CMS 因为需要额外的空间存储存储的引用关系，所以有额外的消耗。同时 CMS 不是准确回收，会产生浮动垃圾
垃圾优先收集器 G1, Garbage First	按照分区进行收集，新生代的分区总是会回收，老年代则是并发标记后选择部分回收效果最好的分区	使用了复制算法，同时辅以并发标记对整个堆空间	基于并行和并发，低延迟以及暂停时间的垃圾类型的服务器式收集器。因为分区设计，G1 引用关系占用的存储的存储占用的额外消耗很大，G1 也不是准确回收，也会产生浮动垃圾
Shenandoah	分区设计，不分新生代和老生代，只按照分区收集	使用了复制算法，同时辅以并发标记，以并发回收对整个堆内存做转移	支持的内存更大，到 TB 级，暂停时间更短，也不是准确回收，占用的额外开销也最大，在 JDK 12 中作为实验性质项目加入
ZGC	可变大小分区（页）设计，不区分新生代和老生代，只按照分区收集	使用并发标记和并发转移。和 Shenandoah 类似，但在实现上有所不同	支持的内存更大，到 TB 级，暂停时间更短，也不是准确回收，在 JDK 11 中作为实验性质项目加入

❑ **垃圾回收频率**：指垃圾回收器多长时间会运行一次。一般来说，对于固定的应用而言，垃圾回收器的频率应该是越低越好。通常增大堆空间可以有效降低垃圾回收发生的频率，但是可能会增加回收产生的停顿时间。

❑ **堆内存开销**：指的是垃圾回收器需要的额外开销占堆内存的比例。

前面提到 Hotspot 已经支持四款垃圾回收，目前 Shenandoah/ZGC 是未来的垃圾回收器（第 12 章介绍），表 11-1 为不同垃圾回收器之间的比较。

图 11-1 是不同垃圾回收器在停顿时间和额外开销方面的趋势图。

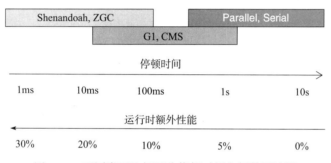

图 11-1   不同类型垃圾回收停顿时间和额外开销图

根据该图结合不同垃圾器的特性，可以根据自己的应用场景选择合适的垃圾回收器。

11.2   G1 调优的方向

应用的整体调优，并没有一个通用的法则。为了满足最大的吞吐量和最小的暂停时间，需要根据应用类型设置不同的参数。比如有些应用写非常频繁，对象之间的引用变更很多，此时参数的调整应该让并发 Refine 线程和并发标记线程更快完成，减少 GC 线程的积压。前面的章节介绍了很多参数，这里给出性能调优常用的参数，以及参数调整的方向。

本节按照如何调整和优化内存（堆）、引用处理（RSet）、并发标记（Mark）和垃圾回收（GC）这几部分内容，描述如何获得最大的性能。注意这里的性能就是上节提到的指标：吞吐量最大、停顿时间尽量短、GC 频率尽量低和堆空间的有效利用率高。这里列出的方向指当你开始准备优化时，可以尝试的方向，通常是对默认值的处理。参数的调整需要根据上述提到的 4 个指标情况来不断地修正。参见表 11-2。

表 11-2　G1 中常用参数小结

	参数	说明
堆	G1HeapRegionSize	**增加**：可以增加数据访问时命中率，在释放内存时速度较快，可以增加回收的间隔时间，死亡对象可能存活的时间也增加，GC 时间也可能增加。建议可以逐渐增加该值，从 1MB、2MB、4MB、8MB、16MB 和 32MB 逐步尝试
	G1ReservePercent	**增加**：让对象在 YGC 时晋升空间变大，不容易出现 FGC，浪费的空间也多。建议从小到大来设置该值，以测试性能
	G1NewSizePercent	**增加**：增加新生代最小的空间，减少请求新分区的次数。建议可以从小到大，逐步尝试
	G1MaxNewSizePercent	**减少**：降低新生代最大的空间，增加老生代分区的数量。建议从大到小，逐步尝试
	GCTimeRatio	**增加**：GC 线程能更频繁地调整堆空间，建议从小到大逐步增加
	G1ExpandByPercentOfAvailable	**减小**：降低堆空间扩展速度，建议从小到大逐步尝试验证
	ResizeTLAB	**打开**：TLAB 大小可以动态调整，通常可以增加性能
	MinTLABSize	**增加**：每个线程中 TLAB 的最小值增大
	TLABWasteTargetPercent	**增加**：整体 TLAB 占 Eden 的大小增加，每个线程分配到的 TLAB 也会增加
	TLABRefillWasteFraction	**增加**：加快 TLAB 的分配速度，导致内存有一些浪费
	ResizePLAB	**关闭**：因为 PLAB 的调整依据是整体内存的使用情况，所以可能有性能问题
	YoungPLABSize	**减小**：减小 Survivor 分区 PLAB 缓存的大小，通常 Survivor 数目不多，默认值为 4096，这个值并不小
	OldPLABSize	**增加**：增加 Old 分区 PLAB 缓存的大小，1024 通常来说不够，增加会提高效率
RSet	G1RSetUpdatingPauseTimePercent	**增加**：Refine 线程工作时间更长，GC 可以动态调整 Refinement 工作分区
	G1ConcRSHotCardLimit	**增加**：在对象赋值频繁的情况下，Refine 线程能够立即处理更新
	G1UseAdaptiveConcRefinement	**关闭**：不会动态调整 Refinement 工作区
	ConcRefinementGreenZone	**减少**：GC 线程处理的 RSet 减少，将减少 GC 时间
	G1ConcRefinementYellow	**增加**：让 Refine 线程处理更多的 RSet
	G1ConcRefinementServiceIntervalMillis	**减少**：Refine 的抽样线程能以更短的时间间隔进行抽样，抽样之后能更新新生代的分区的数量； **增加**：GC 运行相对稳定，GC 的发生满足停顿预测时间，可以减少采样的频度

（续）

	参数	说明
RSet	G1ConfidencePercent	**减少**：信任历史垃圾回收时收集到的数据
	G1RSetRegionEntries	**设置**：该值的计算方式和分区大小关联。对于 1M 的分区该值为 256，2M 分区该值为 512，4M 分区该值为 768，8M 分区该值为 1024，16MB 分区该值为 1280，32MB 分区该值为 2536。增大该值可以确保 RSet 不会发生粗粒度化存储引用关系，因为 RSet 中的引用关系只保存老生代发出的引用，所以参数值可以设置为老生代分区个数
	G1RSetScanBlockSize	**增加**：让 GC 线程在扫描 RSet 时一次处理更多的对象，增大 GC 线程的吞吐量
标记	ConcGCThreads	**增加**：更多的并发线程进行并发标记
	InitiatingHeapOccupancyPercent	**增加**：并发标记的吞吐量增大，但标记后不一定能够被回收，取决于最大停顿时间；**减少**：能尽早启动并发标记，回收的分区可能少
	G1ConcMarkStepDurationMillis	**增加**：并发标记线程一次处理的时间增加。如果应用的对象更新非常多，可以降低该值，让并发标记处理的时间更短，执行得更频繁，那么 Remark 可能花费的时间将减少
	G1MixedGCCountTarget	**增加**：在混合回收的时候减少老生代分区的回收数量
	G1HeapWastePercent	**增加**：减少老生代的回收数量
	G1SATBBufferEnqueueThresholdPercent	**增加**：更多的待标记对象进入队列，并发标记一次处理的对象将更多。在对象变多的情况下，尝试降低该值，并发线程将花费的时间更少
	GCDrainStackTargetSize	**增加**：可以提高标记的批处理量
	G1MixedGCLiveThresholdPercent	**减少**：减少老生代回收的概率
GC	MaxTenuringThreshold	**减小**：新生代到老生代晋升数量会增加，定义合适的阈值以确定什么样的对象是老对象
	TargetSurvivorRatio	**增加**：对象晋升时 Old 分区的概率会减少
	G1UseConcMarkReferenceProcessing	**打开**：并发处理引用
	G1RefProcDrainInterval	**减小**：增加引用处理的频度

再次强调一下，这里给出的是一般初始调整的方向，需要根据衡量指标以及日志信息分析判断，找到具体的参数并设置合适的值。另外不同的参数对垃圾回收器的影响也不相同，而且有些参数的调整可能带来其他副作用，所以不能一概而论。最后举一个简单的例子，比如 G1 在进行 GC 的时候没有足够的内存供存活对象或晋升对象使用，由此触发了 Full GC，可以在日志中看到（to-space exhausted）或者（to-space overflow）。这可能有几个原因：

❑ 没有足够的空间用于晋升，可：

- 增加 – XX：G1HeapRegionSize。
- 增加 – XX：G1ReservePercent 选项的值（并相应增加总的堆大小），为"目标空间"增加预留内存量。

❑ 并发标记不够及时，垃圾没有及时回收，所以调整的思路应该是尽早启动并发标记，让并发标记尽早完成，可：

- 通过减少 – XX：InitiatingHeapOccupancyPercent 提前启动标记周期。
- 也可以通过增加 – XX：ConcGCThreads 选项的值来增加并行标记线程的数目。
- 增加 – XX：G1MixedGCCountTarget 的值，使得老生代回收的分区减少。
- 减少 – XX：G1ConcMarkStepDurationMillis 的值，让并发标记更频繁，Remark 时间更短等。

至此关于 G1 的全部内容都介绍完毕，下一章会介绍未来的垃圾回收器。在这里笔者还要指出一点，虽然 G1 已经非常成熟，但并不是没有发展的空间，比如 JEP 中还有 3 个和 G1 相关的提案，分别是 JEP 344[一]（优化混合回收）、JEP 345[二]（支持 NUMA）和 JEP 346[三]（优化内存管理），而且 JEP 344 和 JEP 346 会加入 JDK 12 中，对于新技术关注的读者可以追踪官方消息以获得更新。

[一] http://openjdk.java.net/jeps/344
[二] http://openjdk.java.net/jeps/345
[三] http://openjdk.java.net/jeps/346

第 12 章 *Chapter 12*

新一代垃圾回收器

目前 G1 是 JDK 中最新最成熟的垃圾回收器,其性能和效率已经得到了广泛的认可。但是随着时代的发展,机器性能越来越强大,内存配置越来越高,现在生产环境中几十 GB、上百 GB 并不少见;另一方面人们对应用的响应需求也越来越高,从早期的秒级,到几百毫秒、几十毫秒再到几毫秒。这推动了垃圾回收器不断向前发展,最为出名的新一代垃圾回收器就是 Shenandoah 和 ZGC。

Shenandoah 和 ZGC 都吸收了 G1 的优秀设计,并引入了新的设计。本章分别介绍 Shenandoah 和 ZGC。

12.1　Shenandoah

Shenandoah 的起源要追溯到 2014 年之前,最早由 Red Hat 公司发起,目标是利用现代多核 CPU 的优势,减少大堆内存在 GC 方面的停顿时间。Shenandoah 后来被贡献给了 OpenJDK,正式成为 OpenJDK 的开源项目,也就是 JEP 189。Shenandoah 的官网地址为:https://wiki.openjdk.java.net/display/shenandoah/Main。

Shenandoah 最初的目标是把 GC 停顿时间降到 10 毫秒以下,并且对内存的支持扩展到 TB 级别。为了降低停顿时间，回收器需要使用更多的线程来并行处理回收任务。而要在降低停顿时间的同时能够支持更大的堆空间，回收器对 CPU 的多核处理能力提出了更高的要求。相比于 CMS 和 G1，Shenandoah 不仅进行并行的垃圾标记，在压缩堆空间时也是并发进行的。

Shenandoah 也是基于分区理论进行，不过为了支持更大的内存，所以分区可以设置得更大，最小的分区从 2MB 起，最大的分区可以超过 32MB。

图 12-1 演示了 Shenandoah 整个回收过程的主要步骤，该图来自于官网。

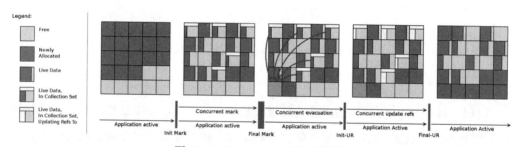

图 12-1　Shenandoah 回收步骤图

下面的日志也是来自于官网：

```
GC(3) Pause Init Mark 0.771ms
GC(3) Concurrent marking 76480M->77212M(102400M) 633.213ms
GC(3) Pause Final Mark 1.821ms
GC(3) Concurrent cleanup 77224M->66592M(102400M) 3.112ms
GC(3) Concurrent evacuation 66592M->75640M(102400M) 405.312ms
GC(3) Pause Init Update Refs 0.084ms
GC(3) Concurrent update references  75700M->76424M(102400M) 354.341ms
GC(3) Pause Final Update Refs 0.409ms
GC(3) Concurrent cleanup 76244M->56620M(102400M) 12.242ms
```

Shenandoah 的算法可以分为：

❑ 初始标记：从根集合出发做初始标记，这一阶段需要 STW，而这个阶段的时间取决于根集合的大小。

❑ 并发标记：根据初始标记得到的活跃对象，遍历整个堆空间，做并发标记，该阶段并不需要 STW，它和 Mutator 并发运行。

❑ 最终标记：做两件事情：第一，并发标记阶段有更新的引用需要处理，这一部分和我们在讨论 G1 时候使用 SATB 一致的；第二，重新遍历根集合处理新引入的引用。

❑ 并发清除：当发现分区里面没有活跃对象可以立即清除分区。

❑ 并发回收 Evacuation：这是 Shenandoah 回收器和其他常用垃圾回收器如 CMS/G1 最大的不同，其他的垃圾回收器在这一阶段都需要 STW，这里并不会 STW，而是通过引入新的数据结构，在读和写的时候都引入内存屏障，从而达到并发回收。

❑ 初始更新引用：这一阶段主要是为并发更新引用准备，也需要 STW。

❑ 并发更新引用：这一阶段会遍历这个堆空间，确定在并发回收的时候对象移动的新位置，更新引用。

❑ 最终更新引用：从根集合出发更新对象引用，这一阶段也需要 STW。

❑ 并发清除：所有的对象和它们之间的引用都正确地处理后，它们所在的分区就可以被回收了。

从上面算法步骤来看，有一些和我们本书介绍的 G1 有相同的地方，比如初始标记、并发标记、最终标记、也有一些步骤是 Shenandoah 算法新引入的。我们先比较一下 Shenandoah 和 G1 的异同点：

❑ 都是基于分区。

❑ Shenandoah 没有新生代，算法直接从初始标记出发。

❑ 在并发标记时都采用 SATB 算法保证标记的准确性。

❑ Shenandoah 算法中并发标记和 G1 的完全一样，但是 G1 中并发标记的根为 Survivor，Shenandoah 则是从整个原始根出发来标记对象。

❑ Shenandoah 采用了并发回收，G1 在 Evac 是 STW（具体可回顾我们在 YGC 和 Mixed GC 中 Evac 阶段，也称为复制）。

❑ Shenandoah 因为并发回收，所以在回收后还需要调整对象的引用指针，G1 在 Evac 阶段直接完成。

❑ G1 是分代算法，为了保证 YGC 和 Mixed GC 时的回收效率，使用了 RSet 和卡表记录代际之间的引用关系；Shenandoah 并不分代，所以并不需要卡表记录引用关系，但是 Shenandoah 为了能更快地完成清理工作使用了类似的"连接矩阵"（Connection Matrix）来记录分区之间的引用关系，如果不存在引用关系则在清理阶段能直接快速完成。

❑ 收集的时候都是垃圾优先。

Shenandoah 算法[一]由于引入了新的并发回收 Evac，这将引入新的难点，我们来分析一下并发 Evac 带来的问题以及该如何解决这些问题。

我们先从一个简单的例子出发，假设有一个对象，这个对象有三个字段 Field1、Field2 和 Field3，这个对象被 4 个对象引用。如图 12-2 所示：

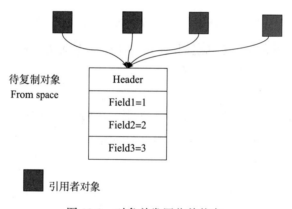

图 12-2　对象并发回收前状态

如果是 STW 的回收，对象的引用关系通常是按照如下步骤进行：

第一步，复制一个新的对象，如图 12-3 所示。这一步是简单的内存复制，也就是说原始对象数据成员指向的是一个对象，那么新复制的对象也指向那个对象。

第二步，更新引用，这一点我们在 G1 的 YGC 中已经看过，如图 12-4 所示。

○ Red Hat 公司的 Aleksey Shipilёv 不遗余力地宣讲 Shenandoah，他作为 Shenandoah 的主要维护者之一，有很多关于 Shenandoah 的精品文章，本节的内容主要参考的就是他在不同场合的演讲。他个人维护了一个网站 https://shipilev.net/，里面有不少资料，感兴趣的读者可以阅读学习。

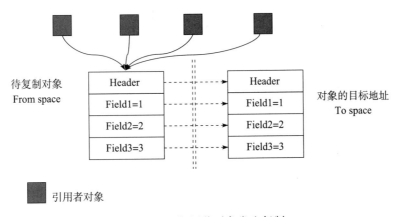

图 12-3　垃圾回收对象发生复制

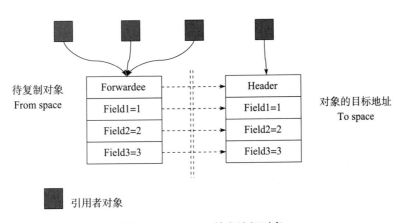

图 12-4　Mutator 并发访问对象

在介绍对象头的时候，我们把对象头的最后两位设置为 11，前面的 30 位设置为对象的目标地址，此时通常把原始对象的头叫做 Forwardee，同时把引用者对象的指针更新到新的内存。

第三步，遍历所有对象，发现对象已经被复制到新的地址，依据就是我们所说 Forwardee 的最后两位是 11，所以取 Forwardee 指针指向的对象地址，更新引用，直到遍历完所有的对象，此时这 4 个黑色的引用者都更新到新的地址，如图 12-5 所示。

第四步，删除老对象，实际上就是对象所在的分区可以被回收了，如图 12-6 所示。

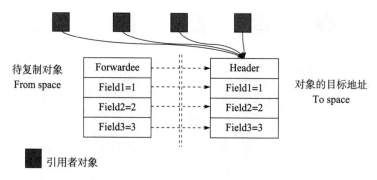

图 12-5　GC 全部迁移到新对象

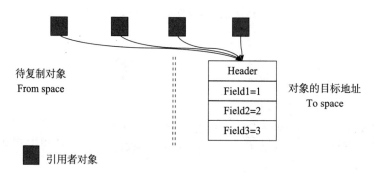

图 12-6　GC 回收对象老的内存

　　Shenandoah 引入并发回收，也就是说在对象复制的过程中 Mutator 可能会对对象访问，这个访问包括读、写和比较。而这些都会引起问题。假设有两个引用指向对象的老地址，另外两个引用指向对象的新地址，例如对象 A 和 B 指向对象的老地址，对象 C 和 D 指向对象的新地址，如图 12-7 所示。

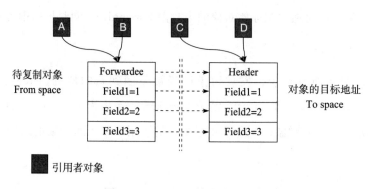

图 12-7　Mutator 并发访问对象

假设有一个 Mutator 线程 A，访问对象 A，并且把 Field2 设置成 4，有另外一个 Mutator 线程 D 访问对象 D 把 Field1 设置 5，此时对象的布局如图 12-8 所示。

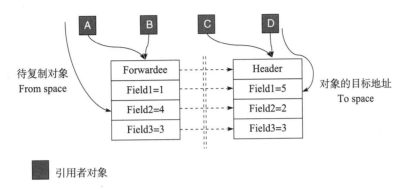

图 12-8　不同 Mutator 并发访问对象的新旧位置

如果发生这种情况，就明显不正确了，同一个对象的不同成员变量的修改发生在不同的地址上。而这就是并发回收的问题，Shenandoah 必须设计一个合理的方式解决这个问题，保证正确性，否则就不能并发回收。

在这里我们看到对象新旧内存之间存在 Fordwardee，那么能否在读、写和比较的时候通过这个 Forwardee 找到对象的新地址。这是解决思路，但是我们知道对象头已经在 JVM 中被充分使用，现在引入这一新的功能，需要对原有代码做大量的改动，另外这里还有一个性能的问题，线程 A 从对象的老地址到新地址需要通过 forwardee 指针的转发，但是线程 D 到新对象并不需要，如果我们要重用这个指针也需重构大量的代码。所以 Shenandoah 在底层为对象新增一个字段，称为 Brook 指针，使用这个指针指向对象头；同时在对象的读写和比较中引入了新的读写和比较屏障，保证正确性。针对上面的例子，引入 Brook 指针的内存布局如图 12-9 所示。

新引入的 Brook 指针指向本对象的对象头。这个指针会随着对象的复制即内存地址的变化而变化，因此可以简单地认为这个指针有版本的功能。下面演示并发回收的步骤：

第一步，复制一个新的对象，除了 Brook 指针，把对象的其他内存都复制到新的地址空间中，如图 12-10 所示。

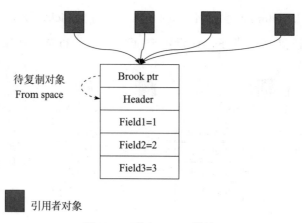

图 12-9　引入 Brook 指针

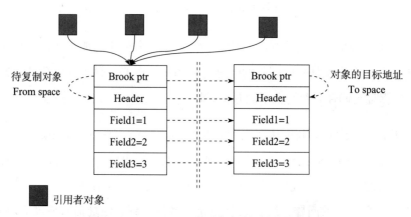

图 12-10　Brook ptr 在对象复制时的更新情况

在这一步中 Brook 指针都是指向自己的 Header。结束之后，需要使用 CAS 指令把 Brook 指针指向新的 Header。同时更新引用对象的引用指针，如图 12-11 所示。

第二步，并发回收线程可以继续遍历对象，同时把引用指针更新到新的地址之上。假设回收线程和 Mutator 并发运行一段时间之后，达到图 12-12 所示的状态，此时 Mutator 需要对引用对象读写。

第三步，Mutator 并发访问。假设有一个 Mutator 线程 A，访问对象 A，并且把 Field2 设置成 4，有另外一个 Mutator 线程 D 访问对象 D 把 Field1 设置 5。那么可以先通过 Brook 指针找到真正的内存地址进行读写，如图 12-13 所示。

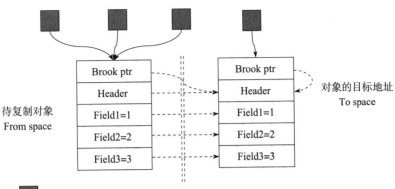

图 12-11　Brook ptr 在对象复制后的更新情况

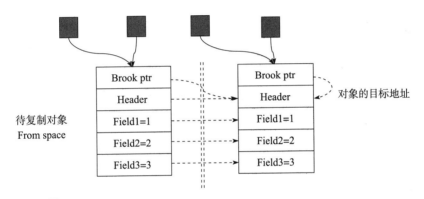

图 12-12　Mutator 并发运行

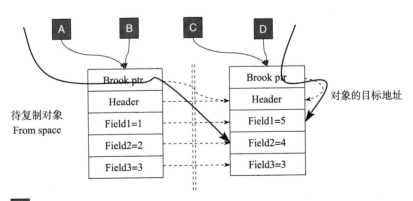

图 12-13　使用 Brook 指针正确访问对象

并发回收线程可以继续工作，遍历所有待处理的根，直到所有元素处理完成。最后对象的内存示意图如图 12-14 所示。

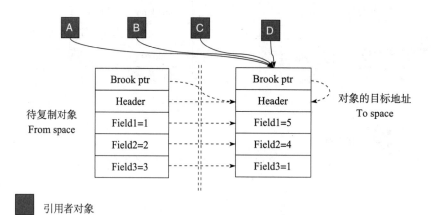

图 12-14　GC 完成后所有的对象都迁移到新的位置

引入一个新的指针对原有的代码改动很少即可完成。因为存在回收线程和 Mutator 并发运行，所以在读、写和比较的时候需要使用屏障保证操作的正确性。当然这里所说的屏障是 Mutator 在读、写、比较时额外的操作。

写屏障需要考虑两种不同的情况：

❏ 引用者已经指向对象新的内存地址，此时应该可以快速地完成，如线程 D 的访问，这样的写屏障实际上可以通过在 Brook 指针里面设置标志位来处理。

❏ 引用者还是指向对象旧的地址，此时稍许复杂，写屏障需要判断写操作是来自于 Mutator 的更新操作，还是来自于回收线程 Evac 的转移操作，两者的处理不同。

写屏障伪代码如下所示：

```
Stub write(val, obj, offset) {
// 在回收线程中且还没有复制转移，需要复制，更改值之后还需要使用 CAS 设置 Brook 指针
If( evac_in_progress && in_collection_set &&brook_ptr_to_self) {
Val copy = copy(obj)
*(copy + offset) = val
If (CAS(brook_ptr_addr(obj), obj, copy) ) return;
```

```
}
// 已经成功转移，根据 Brook 指针获得新的地址，更新值
Obj = brook_ptr(obj)
*( obj + offset ) = val
}
```

读屏障比较简单，因为所有更改的值都已经体现在对象的新的内存中，所以要做的就是根据 Brook 指针找到对象的新的地址，获取值即可。

比较屏障，为什么需要比较屏障？我们先看一下比较引起的问题，如图 12-15 所示。

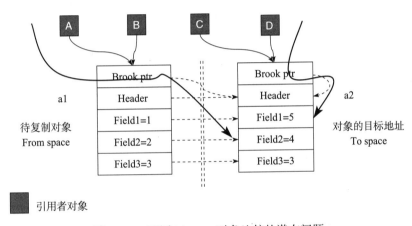

图 12-15　不同 Mutator 对象比较的潜在问题

当我们从不同的 Mutator 来比较对象，一个从 From 空间访问，另一个从 To 空间访问，实际上这块内存是一个对象，只不过是他们在回收过程中有一个备份罢了，所以必须要使得 a1 = a2 才能满足业务逻辑。这时候必须引入比较屏障，否则就有问题。理解这个概念之后，比较屏障也比较简单，为了性能通常可以这样设计：

❑ 如果 a1 和 a2 地址已经相同，说明它们来自于同一空间，即都是 From 或者都是 To，这个时候直接认为它们相同不会有任何问题。

❑ 如果 a1 和 a2 地址不相同，说明它们不相等或者它们相等但是来自于不同的空间，即一个来自于 From，另一个来自于 To，这个时候需要都转移到 To 的空间即对象的新地址，然后重新比较是否相等。

需要说明的是读、写、比较屏障都会花费额外的时间。

到目前为止，Shenandoah 已经实现了很多特性，包括运行时、解释器、C1 屏障和 C2 屏障、对引用的支持、对 JNI 临界区域的支持、对 System.gc() 的支持等等。Shenandoah 目前还算稳定，它的平均性能能够达到 G1 的 90%，有时候会差一些，比如 70%，有时候会超过 G1，比如 150%。不过 Shenandoah 的停顿时间比 G1 要短很多，相比最初定下的目标，还有很大距离。

从 Shenandoah 的目标来看，它更适合用在大堆上。所以，如果 CPU 资源有限，内存也不大，比如小于 20G，那么就没有必要使用 Shenandoah。

目前还没有把 Shenandoah 合入 OpenJDK 中，据官方的消息[○]它会作为实验性项目合入到 JDK 12 的主干分支中。而且 Shenandoah 功能还在不断完善中，从长远来看，机器配置越来越好内存越来越大，性能要求也会越来越高。虽然还有一个 ZGC 和 Shenandoah 有一样的目的，但是由于 Shenandoah 启动较早，并且支持的功能也比 ZGC 完善，所以 Shenandoah 仍然是 OpenJDK 中最热门的项目之一，从现有的情况来看，可能距离真正的使用还有一段距离。

12.2　ZGC

ZGC 是 2017 年 Oracle 公司贡献给 OpenJDK 社区的，正式成为 OpenJDK 的开源项目，也就是 JEP 333。这一垃圾回收器和 Shenandoah 有类似的目标：GC 停顿时间降到 10 毫秒以下，并且对内存的支持扩展到 TB 级别，最大支持 4TB 堆空间。不过它和 Shenandoah 在实现上采用了不同的方式。ZGC 的定位是 Linux 64 位机器，不支持 32 位平台，也不支持使用压缩指针。ZGC 的官网地址为：https://wiki.openjdk.java.net/display/zgc/Main。

ZGC 也是采用分区的算法[○]，和 Shenandoah 一样，它也有并发标记和并发回收 Evac 阶段。我们来看一下 ZGC 整个回收过程的主要步骤：

○　http://openjdk.java.net/projects/jdk/12/

○　ZGC 的参考文档：https://dinfuehr.github.io/blog/a-first-look-into-zgc/

1）初始标记：从根集合出发做初始标记，这一阶段需要 STW，而这个阶段的时间取决于根集合的大小。

2）并发标记：根据初始标记得到活跃对象，遍历整个堆空间，做并发标记，该阶段并不需要 STW，它和 Mutator 并发运行。

3）最终标记：这一阶段需要 STW，在 ZGC 中会尝试完成所有待标记的对象，如果发现有对象没有标记，则进行并行标记或者并发标记（注意：这里的并行标记和上面的并发标记共用同样的代码，唯一的区别就是 Mutator 不会运行；当并行标记时间过长则进入并发标记），在这里还要提一点解决并发标记难点的方法也是使用前面提到 SATB，但是 ZGC 在实现上有所不同，通过 Load Barrie 完成标记。

4）并发回收 Evac 准备：ZGC 使用了一个 off-heap 的空间来记录对象转移的情况。

5）转移 Evac 处理：从根集合出发，结合标记中找到的活跃对象，准备把这些对象转移到新的空间；这一阶段需要 STW。

6）并发转移 Evac：根据对象转移记录，调整对象之间的指针。

7）再次标记：从根集合出发，找到所有活跃的对象。

8）再次并发标记：根据活跃对象和对象的转移记录调整所有对象之间的指针。

注意这里使用 Evac 这个术语，实际上在 ZGC 中使用了 Relocation 来表示对象的转移。这里的再次标记和再次并发标记实际上可以和初始标记和并发标记共用，唯一的区别就是需要根据转移记录调整对象之间的指针。

从上面的步骤上看，ZGC 和 Shenandoah 思路非常的类似，只不过处理方法不同，主要区别有两点：

第一点：ZGC 在并发转移 Evac 中使用位图的形式，Shenandoah 使用 Brook 指针保证转移正确性；从 ZGC 的代码我们可以看到 ZGC 引入了 64 位的数据结构，其中有 4 位来描述视图（views），分别是 mark0、mark1、remapped 和 finalizable。如下所示：

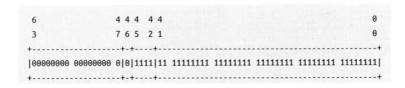

```
|           | |      |
|           | |      | * 41-0 Object Offset (42-bits, 4TB address space)
|           | |
|           | * 45-42 Metadata Bits (4-bits)  0001 = Marked0
|           |                                  0010 = Marked1
|           |                                  0100 = Remapped
|           |                                  1000 = Finalizable
|           |
|           |
|           * 46-46 Unused (1-bit, always zero)
|
* 63-47 Fixed (17-bits, always zero)
```

通过位图标记，GC 能知道对象此时的情况。所以 ZGC 中的屏障也都是基于位图的判断来实现的。另外再提一点就是实际上不同的视图（Mark0、Mark1 和 Remapped）对应的虚拟地址不同，但是它们都是通过 mmap 映射到同一物理内存的。

第二点：ZGC 借助了一个外部空间 off-heap 来记录对象的转移关系。简化了实现。

关于 ZGC 的实现还涉及很多细节，例如：

❑ 并发机制：特别是并发标记和并发移动时，如何处理要访问的对象。

❑ 分区机制：ZGC 虽然也是分区的，但是它的分区又不同于 G1，G1 的分区是固定的，而 ZGC 的分区是可变的，带来的好处就是能更加灵活地处理内存的分配，以及针对大对象尽可能少地进行回收。

❑ 支持 NUMA：在小对象（ZGC 的分区分为小、中、大，在小分区或者称为小页面中分配的对象称为小对象）的时候尽量保证使用 NUMA，提高效率。

❑ 读屏障：ZGC 只使用了读屏障，在并发标记和并发移动中需要使用到读屏障。

我们这里仅仅是简单描述了 ZGC 的概念，具体 ZGC 的介绍不在这里展开。

从最终效果来看，Shenandoah 和 ZGC 存在竞争关系，它们对 G1 的改进共同点都是引入了并发的 Evac，只不过实现不同。当然竞争不是坏事，首先可以促进社区的蓬勃发展，另外一方面这两个项目可以相互借鉴。从目前的进度来看，因为 ZGC 项目比较晚，待完善的内容更多一些。

用长远的眼光来看，Shenandoah 和 ZGC 都验证了并发 Evac 的可行性，针对大内存效果也都不错，但是 ZGC 是 Oracle 支持的项目，并且由于 ZGC 中仅仅需要读屏障，性能可能更好，在 JDK 11 中 ZGC 已经作为一个实验性项目正式发布。目前两者的路都还很长，最后的结果如何目前还未可知，让我们擦亮眼睛，拭目以待吧！

最后我们在稍微提一下在 JDK 11 中正式引入的 Epsilon GC[⊖]。在谈论 ZGC 或者 Shenandoah GC 时，很多人把 Epsilon GC 也作为下一代 GC 的发展方向之一。准确地说 Epsilon GC 是一个内存分配器，因为 Epsilon GC 仅仅管理内存的分配，而不回收垃圾内存，当没有内存可以分配的时候直接出错（如抛出 OutOfMemoryError 异常）。这听起来很奇怪，当我们讨论 GC 时，谈论最多的是如何高效地回收内存（主要是提高吞吐率，降低停顿时间内存等）。那为什么要引入 Epsilon GC 呢？我想最主要的两点在于：

- ❑ 基于 Epsilon GC 的运行，可以把应用程序运行的情况作为一个基线版本，用于比较不同 GC 之间的性能差异。
- ❑ Epsilon GC 可以用于一些特殊场景，这些场景基本上不会制造垃圾，所以无需垃圾回收器进行管理，当然设计这样的应用程序并不容易。

就个人观点，Epsilon GC 并不是未来 GC 的发展方向之一，但在目前的情况下，引入 Epsilon GC 有它的实际意义。使用 Epsilon GC 的目标人群主要是 GC 的开发者或性能调优人员。

Epsilon GC 的实现非常简单，使用了第 3 章中提到的 TLAB 分配策略，在 TLAB 中分配对象，当空间不足时，扩展内存；所以它提供了几个参数用于控制 TLAB 的大小，进行自动调整等；Epsilon GC 的实现中并没有内存屏障等内容，完全是线性分配，这也是它可以作为基线的原因。

⊖　http://openjdk.java.net/jeps/318

Appendix A 附录 A

编译调试 JVM

JDK 的代码已经非常复杂，很多文章更倾向于理论，理论到实现还有不短的路程要走，特别是一些细节问题，要理解 JDK 的代码并不容易，调试则是一个利器。笔者在阅读 JDK 源码遇到有问题时，通常都是在编译的 JDK 中，设置断点进行调试，理解验证作者的意图。调试 JDK 需要读者有一些 C++ 的知识。

Linux 是开源的系统，使用的编译器都是免费的，这里我们以 Linux 为例，如果读者没有环境可以下载虚拟机安装 Linux 操作系统，如果没有相关的经验，可以直接通过 Google 或者百度。在 Linux 中使用的编译器是 GCC，调试器是 GDB，如果没有安装则先下载和安装，至于如何安装和下载网上也有很多介绍的文章，所以这里也不再赘述。实际上 JVM 的编译从 JDK7 之后做了很多简化，并不复杂，可以参考官网[⊖]，按照步骤直接进行。这里稍微介绍一下：

A.1 下载源代码

下载代码管理器 Mercurial（hg），并安装 Mercurial。网上这一部分文档很多，不

再赘述。

下载源代码，主要使用 hg clone 命令。OpenJDK 包含了一系列的子项目，可以直接通过 clone 父项目，然后运行 get_source.sh 获取各个子项目。如表 A-1 所示。

```
hg clone
http://hg.openjdk.java.net/jdk8/jdk8 YourOpenJDK cd YourOpenJDK bash ./get_
    source.sh
```

表 A-1　JVM 代码结构

库	描述
.(root)	父项目
Hotspot	JVM 的实现
Langtools	各种工具
Jdk	JDK 就是我们接触最多的 Java 类库等实现
Jaxp	JAXP 的实现，提供处理 XML 的 API
Jaxws	JAX-WS 实现，提供 Webservice 的 API
Corba	Corba 的实现
Nashorn	Javascript 的实现

需要注意的是，hg 的运行依赖于 Python，所以在 hg 命令运行之前要正确安装 python。如果在下载源代码的时候 shell 脚本有问题，可以直接修改或者直接下载对象的子项目，如：

```
hg clone http://hg.openjdk.java.net/jdk8/jdk8/Hotspot YourHotspotPath
```

G1 的代码结构非常清晰，它的主要代码在 Hotspot\src\share\vm\gc_implementation\g1，下面简单介绍 G1 源代码重要的文件，如表 A-2 所示。

表 A-2　G1 代码结构说明

文件	功能描述
g1CollectedHeap	G1 回收器的入口，垃圾回收 YGC/Mixed GC 都在此类相关的文件中，代码主要在第 5 章介绍
g1CollectorPolicy	G1 策略类，比如分区大小的设置，停顿预测模型等都在此文件中
concurrentG1Refine, concurrentG1RefineThread, dirtyCardQueue, g1RemSet,	并发 Refine 相关，处理对象之间的引用，新生代分区抽样。涉及的代码主要在第 4 章

（续）

文件	功能描述
concurrentMark，concurrentMarkThread，satbQueue	并发标记相关，处理 STAB 等。涉及的代码在第 6 章
g1Allocator，g1AllocRegion，heapRegion，heap RegionRemSet，heapRegionSet，g1RegionToSpace Mapper，g1PageBasedVirtualSpace	G1 分区分配 / 回收相关，在第 3 章介绍
g1OopClosures	定义辅助函数用于遍历分区、扫描分区、复制对象等，代码在各章都有涉及
g1ParScanThreadState	YGC 中对象复制，代码主要在第 5 章介绍
g1MarkSweep	串行回收 FGC 相关，在第 7 章介绍
g1RootProcessor	引用处理相关，在第 8 章中介绍
g1StringDedup，g1StringDedupQueue，g1String DedupThread	字符串去重优化，在第 9 章中介绍

除了上面列出的文件，G1 垃圾回收器还有不少代码和其他垃圾回收器共享。这里就不再列出。

我们在看一下 Hotspot 垃圾回收器总体结构，如图 A-1 所示。

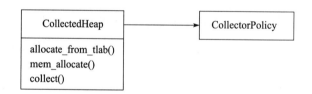

图 A-1　GC 总体结构图

CollectedHeap 类是一个接口。CollectedHeap 类根据 CollectorPolicy 类中的设置值确定策略。CollectedHeap 类定义了对象的分配和回收的接口。CollectorPolicy 类是一个定义对象管理功能策略的类。该类保存与对象管理功能相关的设置值，例如，该类在执行 Java 命令行时设置不同的参数（如 GC 算法）。

所有的垃圾回收器的具体类都继承于 CollectedHeap 类。子类负责具体对象分配和回收实现。CollectedHeap 的类结构如图 A-2 所示。

接下来让我们看看定义对象管理功能策略的 CollectorPolicy 类，如图 A-3 所示。

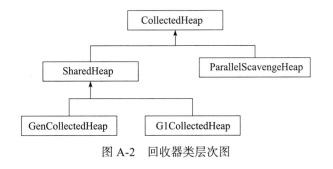

图 A-2　回收器类层次图

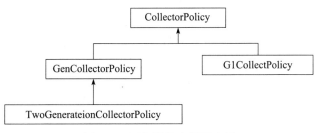

图 A-3　回收器策略类层次图

G1 算法的入口就在 G1CollectedHeap 类中。G1 策略类在 G1CollectorPolicy，所以如果阅读源码的话从这两个类作为入口点。

A.2　编译

JDK8 的编译比较简单，只要两步。

第一步，生成编译配置的脚本。为了后面的调试需要，我们在这里需要增加选项，如下所示：

```
bash ./configure --enable-debug
```

在运行这个命令的时候会对编译 JDK 所需要的依赖做检查，所以如果终止，可根据对应的提示安装相关的依赖。如果你仅仅想查看一下 JVM 的更细的信息，使用上述编译选项就可以了，这个选项 --enable-debug 等价于 --with-debug-level=fastdebug。但是如果你想要用 GDB 调试，最好使用 --with-debug-level=slowdebug，否则没有足够的信息。

这一步成功的标志就是在当前目录下生成一个 build 目录，里面会有一个目录描述的是要编译的目标，比如 linux_x86-64-normal-server-slowdebug。

第二步，编译。可以使用选项比如编译全部，也可以只编译 image 等等，如下所示：

```
Make all
```

如果一切顺利大概需要 20 分钟左右即可完成。成功的标志是正确地编译出 JDK，并且和我们通过官网下载后安装的 JDK 是一样的，另外在具体的子目录中还存在大量的 diz 文件，这些是符号表对应的压缩文件。

我们可以运行 java 命令来检查一下我们的版本，如下所示：

```
./java -version
openjdk version "1.8.0-internal-debug"
OpenJDK Runtime Environment (build 1.8.0-internal-debug-lufax_2018_07_23_09_27-b00)
OpenJDK 64-Bit Server VM (build 25.60-b23-debug, mixed mode)
```

A.3　调试

Linux 中最常用的调试工具就是 GDB，可能大部分 Java 开发的人对 GDB 并不熟悉，这里稍微介绍一下。示例代码如下所示：

```
import java.util.HashMap;
import java.util.Map;

public class GCTest {

  private Map products = new HashMap();
  public void addItem() {
  Integer key = new Integer(4231);
  while(true) {
    String value = new String("123456");
    products.put(key, value);
    }
  }
  public static void main(String[] args) {
  GCTest test = new GCTest();
  test.addItem();
  }
}
```

最简单的调试方式：

☐ 使用编译出来的 javac 编译 java 代码，如 javac GCTest.java 将产生 GCTest.class。

☐ 开始设置之前需要把对应调试信息解压。一般是位于 jdk/lib/amd64/server/libjvm.

　diz，包含了对应的 debug_info，使用 unzip 命令即可得到 libjvm.debuginfo。

☐ 启动刚刚编译出来的调试版 java，gdb ./java。

☐ 在 gdb 中设置参数，包括要运行的 java 字节代码，如下所示：

```
Set args -Xms10m -Xmx20m XX:-UseCompressedOops -XX:+UseG1GC
-XX:+UnlockExperimentalVMOptions -XX:G1LogLevel=finest -XX:+PrintGCDetails
-XX:-UseCompressedOops GCTest
```

也可以在启动的时候设置参数：

```
gdb -args ./java -Xms10m -Xmx20m XX:-UseCompressedOops
XX:+UseG1GC -XX:+UnlockExperimentalVMOptions -XX:G1LogLevel=finest
-XX:+PrintGCDetails GCTest
```

☐ 设置断点，并进行调试。

GDB 是 Linux 非常强大也非常有用的工具，表 A-3 仅仅对常用的命令做一个简单介绍。

表 A-3　GDB 命令

命令 / 缩写	描述
run/r	重新从程序开头连续执行
continue/c	连续运行
next/n	一条一条执行
step/s	执行下一条指令，如果下一条指令是函数，进入函数内部
si	一条指令一条指令调试而 s 是一行一行代码调试
break/b 行号或函数名	设置断点
delete breakpoints 2	删除某个断点
disable/enable breakpoints 3	禁用 / 启用某个断点
break 9 if sum != 0	满足条件才激活断点
display/undisplay sum	每次停下显示变量的值 / 取消跟踪
backtrace/bt	查看函数调用栈帧
finish	运行到当前函数返回

（续）

命令/缩写	描述
frame/f	选择栈帧，再查看局部变量
x/examine /nfu ptr	查看内存，n 表示要显示的内存单元的个数，f 表示显示方式，x/a 为十六进制，d 为十进制，u 为十进制格式显示无符号整型，o 为八进制，t 为二进制，i 为指令地址格式，c 为字符格式，f 为按浮点数格式；u 表示一个地址单元的长度，b 表示单字节，h 表示双字节，w 表示四字节，g 表示八字节
print/p	打印变量的值
watch input[4]	设置观察点
set var sum=0	修改变量值
list/l 行号或函数名	列出源码
info/i locals	查看当前栈帧局部变量
info/i breakpoints	查看已经设置的断点
info/i watchpoints	查看设置的观察点
info registers	显示所有寄存器的当前值
info threads	查看所有运行的线程信息
thread id	切换到线程 id
set scheduler-locking on/off	调试加锁当前线程，其他线程停止
disassemble	反汇编当前函数或指定函数
attach pid	attach 进程

按照上面的步骤，启动 GDB，调试一个简单的 Java 程序。我们看到设置了 2 个断点，断点是 YGC 发生时，对象复制的地方 copy_to_survivor_space，通过断点结合内存的布局，能清晰地理解 GC 如何进行对象复制。

```
[cloudera@quickstart bin]$ gdb --args ./java -Xms10m -Xmx20m
-XX:-UseCompressedOops -XX:+UseG1GC -XX:+UnlockExperimentalVMOptions
-XX:G1LogLevel=finest -XX:+PrintGCDetails GCTest
GNU gdb (GDB) Red Hat Enterprise Linux (7.2-92.el6)
Copyright (C) 2010 Free Software Foundation, Inc.
License GPLv3+: GNU GPL version 3 or later
This is free software: you are free to change and redistribute it.
There is NO WARRANTY, to the extent permitted by law.  Type "show copying"
and "show warranty" for details.
This GDB was configured as "x86_64-redhat-linux-gnu".
For bug reporting instructions, please see:
...
Reading symbols from/home/cloudera/Downloads/jdk8u60/build/linux-x86_64-normal-
  server-fastdebug/jdk/bin/java...done.
(gdb) show args
```

Argument list to give program being debugged when it is started is " XX:-Use-
CompressedOops -XX:+UseG1GC -XX:+UnlockExperimentalVMOptions -XX:G1LogLevel=
finest -XX:+PrintGCDetails GCTest".
(gdb) b G1ParScanThreadState.cpp:210
Breakpoint 1 (G1ParScanThreadState.cpp:210) pending.
(gdb) b G1ParScanThreadState::copy_to_survivor_space
Can't find member of namespace, class, struct, or union named "G1ParScanThreadState::
copy_to_survivor_space"
Hint: try 'G1ParScanThreadState::copy_to_survivor_space or 'G1ParScanThreadState::
copy_to_survivor_space
Breakpoint 2 (G1ParScanThreadState::copy_to_survivor_space) pending.
(gdb) info b
Num   Type   Disp Enb Address   What
1   breakpoint   keep y   G1ParScanThreadState.cpp:210
2   breakpoint   keep y   0x00007ffff6f33b74 in G1ParScanThreadState::
copy_to_survivor_space(InCSetState, oop, markOop)
     at /home/cloudera/Downloads/jdk8u60/Hotspot/src/share/vm/gc_implementation/
        g1/g1ParScanThreadState.cpp:202
breakpoint already hit 1 time
Reading symbols from /home/cloudera/Downloads/jdk8u60/build/linux-x86_64-
normal-server-slowdebug/jdk/bin/java...done.
(gdb) n
G1ParScanThreadState::copy_to_survivor_space (this=0x7ffff5a675a0, state=...,
old=0xff54f0c0, old_mark=0x6d06d69c01)
     at /home/cloudera/Downloads/jdk8u60/Hotspot/src/share/vm/gc_implementation/
        g1/g1ParScanThreadState.cpp:203
203   HeapRegion* const from_region = _g1h->heap_region_containing_raw(old);
(gdb) info stack
#0 G1ParScanThreadState::copy_to_survivor_space (this=0x7ffff5a675a0, state=...,
old=0xff54f0c0, old_mark=0x6d06d69c01)
     at /home/cloudera/Downloads/jdk8u60/Hotspot/src/share/vm/gc_implemen-
        tation/g1/g1ParScanThreadState.cpp:203
#1 0x00007ffff6f21329 in G1ParCopyClosure<(G1Barrier)0, (G1Mark)0>::do_
oop_work (this=0x7ffff5a67a00, p=0x7ffff01cca48)
     at /home/cloudera/Downloads/jdk8u60/Hotspot/src/share/vm/gc_implementation/
        g1/g1CollectedHeap.cpp:4494
#2 0x00007ffff6f200f7 in G1ParCopyClosure<(G1Barrier)0, (G1Mark)0>::do_
oop_nv (this=0x7ffff5a67a00, p=0x7ffff01cca48)
     at /home/cloudera/Downloads/jdk8u60/Hotspot/src/share/vm/gc_implementation/
        g1/g1OopClosures.hpp:124
#3 0x00007ffff6f1fe83 in G1ParCopyClosure<(G1Barrier)0, (G1Mark)0>::do_
oop (this=0x7ffff5a67a00, p=0x7ffff01cca48)
     at /home/cloudera/Downloads/jdk8u60/Hotspot/src/share/vm/gc_implemen-
        tation/g1/g1OopClosures.hpp:125
#4 0x00007ffff6d695c2 in ClassLoaderData::oops_do (this=0x7ffff01cca40,
f=0x7ffff5a67a00, klass_closure=0x7ffff5a67930, must_claim=false)

```
         at /home/cloudera/Downloads/jdk8u60/Hotspot/src/share/vm/classfile/class-
         LoaderData.cpp:112
#5   0x00007ffff6f1fe0c in G1ParTask::G1CLDClosure<(G1Mark)0>::do_cld (this=
     0x7ffff5a678d0, cld=0x7ffff01cca40)
         at /home/cloudera/Downloads/jdk8u60/Hotspot/src/share/vm/gc_implementation/
         g1/g1CollectedHeap.cpp:4653
#6   0x00007ffff6d6b1ea in ClassLoaderDataGraph::roots_cld_do (strong=0x7ffff5a678d0,
     weak=0x7ffff5a678d0)
         at /home/cloudera/Downloads/jdk8u60/Hotspot/src/share/vm/classfile/
         classLoaderData.cpp:626
#7   0x00007ffff6f3a891 in G1RootProcessor::process_java_roots (this=0x7ffff490d1f0,
     strong_roots=0x7ffff5a65440, thread_stack_clds=0x0,
         strong_clds=0x7ffff5a678d0, weak_clds=0x7ffff5a678d0, strong_code=0x7
         ffff5a67470, phase_times=0x7ffff001eb80, worker_i=0)
         at /home/cloudera/Downloads/jdk8u60/Hotspot/src/share/vm/gc_implementation/
         g1/g1RootProcessor.cpp:252
#8   0x00007ffff6f3a429 in G1RootProcessor::evacuate_roots (this=0x7ffff490d1f0,
     scan_non_heap_roots=0x7ffff5a67a00,
         scan_non_heap_weak_roots=0x7ffff5a67a00, scan_strong_clds=0x7ffff5a678d0,
         scan_weak_clds=0x7ffff5a678d0, trace_metadata=false, worker_i=0)
         at /home/cloudera/Downloads/jdk8u60/Hotspot/src/share/vm/gc_implementation/
         g1/g1RootProcessor.cpp:150
#9   0x00007ffff6f17f11 in G1ParTask::work (this=0x7ffff490d100, worker_id=0)
         at /home/cloudera/Downloads/jdk8u60/Hotspot/src/share/vm/gc_implementation/
         g1/g1CollectedHeap.cpp:4725
#10  0x00007ffff74d0c1d in GangWorker::loop (this=0x7ffff0024800) at /home/
     cloudera/Downloads/jdk8u60/Hotspot/src/share/vm/utilities/workgroup.cpp:329
#11  0x00007ffff74d0636 in GangWorker::run (this=0x7ffff0024800) at /home/
     cloudera/Downloads/jdk8u60/Hotspot/src/share/vm/utilities/workgroup.cpp:242
#12  0x00007ffff72b305c in java_start (thread=0x7ffff0024800) at /home/cloudera/
     Downloads/jdk8u60/Hotspot/src/os/linux/vm/os_linux.cpp:782
#13  0x0000003a51e07aa1 in start_thread (arg=0x7ffff5a68700) at pthread_create.
     c:301
#14  0x0000003a51ae8bcd in clone () at ../sysdeps/unix/sysv/linux/x86_64/
     clone.S:115
......

G1ParCopyClosure<(G1Barrier)0, (G1Mark)0>::do_oop_work (this=0x7ffff5a67a00,
   p=0x7ffff01cca48)
       at /home/cloudera/Downloads/jdk8u60/Hotspot/src/share/vm/gc_implementation/
       g1/g1CollectedHeap.cpp:4496
4496        assert(forwardee != NULL, "forwardee should not be NULL");
(gdb) n
4497        oopDesc::encode_store_heap_oop(p, forwardee);
(gdb) print p
$5 = (oop *) 0x7ffff01cca48
```

```
(gdb) print forwardee
$6 = (oop) 0x7fffff200000
(gdb) x/4xw 0x7ffff01cca48 (栈地址)
0x7ffff01cca48: 0xff54f0c0 (老对象) 0x00007ffff 0xff561df0 0x00007ffff
(gdb) n
4498     if (do_mark_object != G1MarkNone && forwardee != obj) {
(gdb)
4518   if (barrier == G1BarrierEvac) {
(gdb)
4521 }
(gdb) x/4xw 0x7ffff01cca48
0x7ffff01cca48: 0xf200000 (新对象) 0x00007ffff 0xff561df0 0x00007ffff
```

> 📷 **注意** 本节给出的断点位置在 **G1ParScanThreadState::copy_to_survivor_space**，在第 5 章我们已经详细分析过这个函数，它主要用于对象的复制移动。

在上面 GDB 中增加的注释"新对象","老对象"就是对象复制移动前后的地址，建议读者阅读完第 5 章之后再实际调试一下，能更加清晰地理解垃圾回收过程。

Appendix B 附录 B

本地内存跟踪

由于 JVM 是运行在不同的操作系统之上的 C++ 应用，有时我们发现程序在不同版本的 JVM 或者不同类型的垃圾回收器上运行时，机器的物理内存消耗大不相同，这个时候很有可能需要调整一些 JVM 内部的参数。JVM 提供了一个参数 NativeMemory Tracking 来跟踪 JVM 中内存的使用情况，注意该选项不是为了减小内存的使用或者提高内存的使用效率。本地内存跟踪（Native Memory Tracking，NMT）参数可以接受三个有限值，分别为：summary、detail 和 off。打开 NMT 有两种方案获得内存信息：

❏ 通过打开 PrintNMTStatistics（默认值为 false）在程序运行结束的时候会输出内存使用信息。

❏ 通过 jcmd，我们可以使用 jcmd <pid> VM.native_memory detail 或者 jcmd <pid> VM.native_memory summary 获得内存的使用状况。如果要获得 JVM 在不同时刻的内存信息可以运行两次 jcmd 命令：

  ● 第一次通过 jcmd <pid> VM.native_memory baseline 获取一个基线版本数据。

  ● 第二次运行 jcmd <pid> VM.native_memory detail.diff 获取一个内存变更数据，具体可以参考 Oracle 官方文档[⊖]。

⊖ https://docs.oracle.com/javase/8/docs/technotes/guides/troubleshoot/tooldescr007.html

下面是打开 NMT 并设置 detail 时候运行程序获得的部分日志：

```
Native Memory Tracking:
```

以下是 NMT 的全部内存，保留空间为 1.6GB，提交的内存为 124MB：

```
Total: reserved=1667197KB, committed=126757KB
```

Java 堆空间保留大小为 256MB，这个就是我们参数设置的 Xmx，提交的内存为 29MB，如下所示：

```
-                  Java Heap (reserved=262144KB, committed=29696KB)
                            (mmap: reserved=262144KB, committed=29696KB)
```

下面是类的元数据信息，保留空间为 1GB，提交大约为 5MB，加载的类个数为 573 个，使用 malloc 分配的内存为 151kb，后面有一个标号 218 的具体内存信息对应：

```
-                      Class (reserved=1056919KB, committed=5015KB)
                            (classes #573)
                            (malloc=151KB #218)
                            (mmap: reserved=1056768KB, committed=4864KB)
```

以下是线程使用内存情况，保留空间为 34MB，提交大约为 34MB，线程个数为 35 个，栈使用的空间接近 34MB，arena 是线程句柄使用的内存，为 41k：

```
-                     Thread (reserved=34955KB, committed=34955KB)
                            (thread #35)
                            (stack: reserved=34816KB, committed=34816KB)
                            (malloc=98KB #182)
                            (arena=41KB #69)
```

下面是代码段、GC 线程、编译线程、符号表等使用内存的情况：

```
-                       Code (reserved=249649KB, committed=2585KB)
                            (malloc=49KB #357)
                            (mmap: reserved=249600KB, committed=2536KB)

-                         GC (reserved=59931KB, committed=51419KB)
                            (malloc=17435KB #1845)
                            (mmap: reserved=42496KB, committed=33984KB)

-                   Compiler (reserved=133KB, committed=133KB)
                            (malloc=2KB #26)
```

```
                                  (arena=131KB #3)

-                  Internal (reserved=942KB, committed=942KB)
                            (malloc=878KB #2036)
                            (mmap: reserved=64KB, committed=64KB)

-                    Symbol (reserved=1666KB, committed=1666KB)
                            (malloc=1018KB #195)
                            (arena=648KB #1)

-  Native Memory Tracking (reserved=170KB, committed=170KB)
                            (malloc=74KB #1167)
                            (tracking overhead=96KB)

-               Arena Chunk (reserved=176KB, committed=176KB)
                            (malloc=176KB)

-                   Unknown (reserved=512KB, committed=0KB)
                            (mmap: reserved=512KB, committed=0KB)
```

上面是摘要信息，如果设置了 detail，能够发现每一块内存所在的具体位置，我们看一下堆空间的虚拟内存具体信息，如下所示：

```
Virtual memory map:
```

虚拟地址包括保留的内存和提交的内存空间。

```
[0x00000000f0000000 - 0x0000000100000000] reserved 262144KB for Java Heap from
// 上面这个数据是指堆保留空间的起止地址，共计 256MB。
    [0x000000005af3e557] // 这是触发堆分配的调用地方，因为我使用的是发布版本没有获取到
                            调用者的信息。
    [0x000000005af6963a]
    [0x000000005af69d78]
    [0x000000005ae1201b]

    [0x00000000f0000000 - 0x00000000f1d00000] committed 29696KB from
// 上面这个数据是堆提交的起止空间，共计 29M，之后的地址如 0x000000005af3e7d1 是提交内存
    的调用地址。
            [0x000000005af3e7d1]
            [0x000000005b0fe10e]
            [0x000000005b0fe2f5]
            [0x000000005b0fe521]

......

[0x00000000121e0000 - 0x00000000125a0000] reserved 3840KB for Code from
    [0x000000005af3e407]
```

```
[0x000000005af69662]
[0x000000005af69ca0]
[0x000000005ae00e9e]

[0x00000000121e0000 - 0x00000000121ea000] committed 40KB from
        [0x000000005af3e6a0]
        [0x000000005af69a2d]
        [0x000000005af69fbb]
        [0x000000005ae00ed7]

[0x00000000125a0000 - 0x00000000126a0000] reserved and committed 1024KB for
Thread Stack from
    [0x000000005af5f348]
    [0x000000005af600c8]
    [0x000000005afbc43a]
    [0x000000006f231d9f]
```

......

当我们使用命令获得内存区的变化信息，如果这时发现一些异常，需要根据情况判断是否有问题：

❑ 假设堆区异常，这一部分通常是 Java 代码引起的，可以结合其他工具来分析问题。

❑ 假设线程区内存使用明显增加，这很有可能是你的 JNI 代码引起，这时候你可以检查是否缺少 DeleteLocalRef 和 DeleteGlobalRef 等释放函数；通常来说对于非堆区的内存问题需要使用一些 profilers 或者操作系统提供的内存工具比如 pmap 等更进一步地分析每个内存区具体的信息，详细信息可以阅读这篇文章⊖。

⊖　https://medium.com/netflix-techblog/java-in-flames-e763b3d32166

Appendix C 附录 C

阅读 JVM 需要了解的 C++ 知识

关注 JVM 的读者大多是纯 Java 开发，不少人很少涉足 C++，而 JVM 使用 C++ 为主，汇编语言和 Java 语言为辅。如果要读懂 JVM 需要一些 C++ 的知识，本书不会对 C++ 的各种语法做深入介绍，仅从一个 Java 程序员的角度介绍一下 C++ 和 Java 语言的不同点，便于 Java 程序员能顺利阅读 JVM 代码。这里不会对 C++ 的语法进行详细描述，而是介绍一些常常出现在 JVM 中，但是 Java 中没有涉及的内容，便于理解；另外就是 C++ 中存在一些 Java 中也存在的一些语法，但是两者之间却并不相同，如果不加以区分，可能会引起误解。如果需要理解更多 C++ 的知识可以参考一些 C++ 的书籍。

C.1 typedef

Java 中并不存在类型定义。简单地理解 typedef 就是给类型赋值了一个新的名字。比如：

```
typedef long long jlong;
```

表示 long long 这个类型和 jlong 这个类型是完全一致的。使用 typedef 能简化代码的书写，便于理解。

C.2 继承

Java 中的继承更多情况是采用接口的方式来实现。C++ 是多继承，并且没有接口这个关键字，通常可以借用抽象类 Abstract 来定义接口。C++ 继承的语法为：

```
class G1CollectedHeap : public SharedHeap
```

C++ 中因为可以多继承，所以可能存在菱形依赖的问题。

C.3 友元

面向对象的三大基石之一就是封装。封装是指利用抽象数据类型将数据和基于数据的操作封装在一起，使其构成一个不可分割的独立实体，数据被保护在抽象数据类型的内部，尽可能地隐藏内部的细节，只保留一些对外接口使之与外部发生联系。系统的其他对象只能通过包裹在数据外面的已经授权的操作来与这个封装的对象进行交流和交互。也就是说，用户是不需要知道对象内部的细节，但可以通过该对象对外提供的接口来访问 / 操作该对象。

不管是 C++ 还是 Java 语言都提供了访问控制符，用于控制外部访问的粒度。通常来说我们只能访问类的公开成员（当然可以通过一些特殊的手段，比如 C++ 中可以通过指针偏移的方式，Java 中可以通过反射等）。C++ 中提供了一个友元（friend）机制，允许一个类将对其非公有成员的访问权授予指定的函数或者类，友元的声明以 friend 开始，它只能出现在类定义的内部，友元声明可以出现在类中的任何地方，友元不是授予友元关系的那个类的成员，所以它们不受其声明出现部分的访问控制影响，如所示：

```
class G1CollectedHeap : public SharedHeap {
  friend class VM_CollectForMetadataAllocation;
  …

}
```

这里的类 VM_CollectForMetadataAllocation 是 G1CollectedHeap 的朋友，也就是说 VM_CollectForMetadataAllocation 可以访问 G1CollectedHeap 的私有成员。

C.4 指针和引用

Java 语言设计的目的之一就是为了消除 C++ 中的指针，最大的原因是指针使用比较复杂，并且容易出错。但是要阅读 JVM 源码必须了解指针。

C++ 的指针指向一块内存，它的内容是所指内存的地址；而引用是某块内存的别名。

指针的定义，可以使用 new 也可以使用指针指向一个栈对象，如下所示：

```
int   ptr_value = 1;
int*  ptr_value = &ptr_value;
```

引用是对象的别名，下面的例子说明 new_ref_value 和 ref_value 指向同一地址。

```
int ref_value = 2;
int &new_ref_value = ref_value;
```

C++ 中对指针提供了诸多的运算符：*prt_value 表示取 ptr_value 对应的值；使用 *ptr_value + 1 访问内存时表示把指针按照类型向下移动一个单位。另外 C++ 中参数传递支持值传递和引用传递。其中值传递和 Java 值传递一样，引用传递则略有不同，Java 中并不支持引用传递。

下面这个例子在参数的前面有一个 & 符号，表示引用传递。示例代码如下：

```
void swap(int a, int b){
  int temp = a;
  a = b;
  b = temp;
}

void ptr_swap(int *pa, int *pb){
  //通过指针访问变量
  int temp = *pa;
  *pa = *pb;
  *pb = temp;
}

void ref_swap(int &a, int &b){
  int temp = a;
  a = b;
```

```
    b = temp;
}

void test() {
  int a = 1;
  int b = 2;
  // 简单的值传递，结束之后 a 和 b 不会被交换
  swap(a, b);

  // 通过指针的值传递，a 和 b 的值被交换
  ptr_swap(&a,&b);

  // 经过引用传递之后，a 和 b 的值被交换
  ref_swap(a, b);
}
```

引用传递最为简单直接。JVM 源码中这两种传递都有。比如在 G1CollectedHeap 中定义的函数：

```
void free_collection_set(HeapRegion* cs_head, EvacuationInfo& evacuation_info);
```

既涉及指针的值传递，又涉及引用传递。在阅读源码时要注意区分。

C.5　模板

Java 中也有模板，但是它的模板和 C++ 的模板除了语法稍有类似之外，其余基本都不相同。

在 C++ 中我们看到对于每一种数据都需要根据模板函数实例化具体的函数。例如：

```
template <G1Barrier barrier, G1Mark do_mark_object>
class G1ParCopyClosure : public G1ParCopyHelper {
...
}

typedef G1ParCopyClosure<G1BarrierNone, G1MarkNone> G1ParScanExtRootClosure;
typedef G1ParCopyClosure<G1BarrierNone, G1MarkFromRoot> G1ParScanAndMark-
  ExtRootClosure;
typedef G1ParCopyClosure<G1BarrierNone, G1MarkPromotedFromRoot> G1ParSca
  nAndMarkWeakExtRootClosure;
```

这是因为 C++ 的模板函数针对每一种类型都会产生一份真正的代码，也就是说

G1ParScanExtRootClosure 和 G1ParScanAndMarkExtRootClosure 是完全不同的类型，它们的函数也完全不同。

C++ 的编译器在编译期可能会生成多份代码，在链接期再进行链接。Java 的模板实现采用了另一种方式，在编译期对类型进行了擦除。这就是为什么能在 JVM 里面看到众多模板的实例化的原因。

C.6 预处理指令

Java 中没有预处理指令。

C++ 中预处理指令是以 # 号开头的代码行。# 号必须是该行除了任何空白字符外的第一个字符。# 后是指令关键字，在关键字和 # 号之间允许存在任意个数的空白字符。整行语句构成了一条预处理指令，该指令将在编译器进行编译之前对源代码做某些转换。

预处理指令是在编译器进行编译之前进行的操作。预处理过程扫描源代码，对其进行初步的转换，产生新的源代码提供给编译器。可见预处理过程先于编译器对源代码进行处理。C++ 预处理指令功能有：包含其他源文件、定义宏、根据条件决定编译时是否包含某些代码（防止重复包含某些文件）。

1）宏定义

在代码中出现很多的 #define，就是典型的宏定义。预处理过程会把源代码中出现的宏标识符替换成宏定义时的值，记住仅仅是进行标识符的替换。比如下面的宏定义 assert_not_at_safepoint，预处理器会把马上把所有使用 assert_not_at_safepoint 的地方全部替换成 do{...}while(0)：

```
#define assert_not_at_safepoint()                                        \
  do {                                                                   \
    assert(!SafepointSynchronize::is_at_safepoint(),                     \
           heap_locking_asserts_err_msg("should not be at a safepoint")); \
  } while (0)
```

2）条件编译指令

在代码中可以看到很多 #ifdef、#ifndef、#endif，例如在 G1CollectHeap 中有一个

宏 COMPILER2_PRESENT，这个宏在 C2 的编译条件下才会产生代码，否则为空。

```
// COMPILER2 variant
#ifdef COMPILER2
#define COMPILER2_PRESENT(code) code
#define NOT_COMPILER2(code)
#else // COMPILER2
#define COMPILER2_PRESENT(code)
#define NOT_COMPILER2(code) code
#endif // COMPILER2
```

C.7　析构函数

Java 没有析构函数这一定义，唯一存在的是 finalize 方法，但是 finalize 方法和 C++ 的析构函数几乎完全不同。我们来看 JVM 中最常用到的一个 HandleMark，如下所示：

```
HandleMark::HandleMark() {
  initialize(Thread::current());
}

void HandleMark::initialize(Thread* thread) {
  _thread = thread;
  _area  = thread->handle_area();
  _chunk = _area->_chunk;
  _hwm   = _area->_hwm;
  _max   = _area->_max;
  _size_in_bytes = _area->_size_in_bytes;

  set_previous_handle_mark(thread->last_handle_mark());
  thread->set_last_handle_mark(this);
}

HandleMark::~HandleMark() {
  HandleArea* area = _area;
  if( _chunk->next() ) {
    _chunk->next_chop();
  } else {
  }
  area->_chunk = _chunk;
  area->_hwm = _hwm;
  area->_max = _max;

  _thread->set_last_handle_mark(previous_handle_mark());
}
```

在构造函数中就是在创建 HandleMark 对象的时候设置一个新的空间，用于存储句柄，在析构函数中则是重置空间。

因为析构函数的存在，导致 C++ 中代码作用域和 Java 中的代码作用域有巨大的不同。C++ 的对象在生成时会调用对象的构造函数进行初始化，而在对象的生命周期结束的时候调用析构函数。这就是为什么我们在 JVM 代码里面看到了很多这样的代码：

```
{
  HandleMark hm;
...
}
```

其中，省略的代码包含了其他的处理，比如调用函数这类，但是你会发现完全没有使用 hm 这个对象，声明这个对象的目的就是为了在执行这个代码段的时候，为 Java 线程本地调用栈搭建一个新的空间，用于保存这个代码段访问到的堆对象。而在代码段结束的时候，会调用析构函数，自动地把这个代码段访问的空间移除。这也就是前面我们在提到线程栈的时候，为什么可以通过 HandleMark 来跟踪活跃对象的缘故。

C.8 虚函数

Java 语言本身所有的成员函数都有虚函数，所有 Java 没有使用 virtual 关键字来修饰函数。C++ 明确使用 virtual 来修饰函数，只有 virtual 函数才能被重载 override。如果函数定义没有 virtual 则不会发生函数重载，而且因为 C++ 语言的特性，父类和子类定义具有相同函数签名的函数，编译器会在编译期确定到底是调用父类的函数还是调用子类的函数。示例代码如下所示：

```
class Base {
  public:
  virtual void fun1(float x){ cout << "Base::f(float) " << x << endl; }
  void fun2(float x){ cout << "Base::g(float) " << x << endl; }
  };

  class Derived : public Base {
  public:
  virtual void fun1(float x){ cout << "Derived::f(float) " << x << endl; }
  void fun2(int x) { cout << "Derived::g(int) " << x << endl; }
```

```
};

    int main() {
    Derived d;
    Base *pb = &d;
    Derived *pd = &d;

    // 这是函数重载
    pb->fun1(3.14f); // Derived::f(float) 3.14
    pd->fun1(3.14f); // Derived::f(float) 3.14

    // 这个不是虚函数，子类会隐藏父类的实现，函数调用是编译器解析的
    pb->fun2(3.14f); // Base::g(float) 3.14
    pd->fun2(3.14f); // Derived::g(int) 3 (surprise!)

    return 0;
}
```

C.9　内联

Java 没有这个概念，但是 JVM 中有这个概念。C++ 中的内联（inline）指的是在 C++ 在编译的时候把内联函数在调用方直接展开，而不是通过函数调用的方式。C++ 的内联函数类似宏，但是和宏有不少区别。内联函数定义的关键字为 inline，但是 inline 仅仅是一个标识，编译器会根据情况来判断是否对函数进行内联，注意内联是编译期决定的，如果发现内联函数有一些复杂的功能，比如循环等则不会进行内联。前面提到的宏展开则是预处理发生的，而且一定会进行展开。内联函数通常比宏有更好的可读性。

内联函数的定义和一般函数的定义除了有一个 inline 修饰之外其他没有任何区别。一个典型的内联函数定义如下所示：

```
inline HeapWord* attempt_allocation(size_t word_size,
                                    uint* gc_count_before_ret,
                                    uint* gclocker_retry_count_ret);
```

前面提到 Java 类里面的函数都是虚函数，虚函数的调用效率比较低，需要先访问函数表，之后才能得到具体函数的地址。实际上 Java 中有不少代码可以被静态解析，所以 JVM 内部有一个 inline 相关的优化，即努力不发生虚函数调用，以提高效率。

C.10 重载操作符

C++ 不仅仅可以定义重载函数，而且还可以重载操作符。重载的操作符是带有特殊名称的函数，函数名是由关键字 operator 和其后要重载的运算符符号构成的。与其他函数一样，重载运算符有一个返回类型和一个参数列表。例如：

```
Box operator+(const Box&);
```

以上代码声明加法运算符用于把两个 Box 对象相加，返回最终的 Box 对象。大多数的重载运算符可被定义为普通的非成员函数或者被定义为类成员函数。如果我们定义上面的函数为类的非成员函数，那么我们需要为每次操作传递两个参数，如下所示：

```
Box operator+(const Box&, const Box&);
```

operator new 也属于操作符的一种，也可以被重载。但是不能在全局对原型为 void operator new(size_t size) 这个原型进行重载，一般只能在类中进行重载。如果类中没有重载 operator new，那么调用的就是全局的 ::operator new 来完成堆的分配。同理，operator new[]、operator delete、operator delete[] 也是可以重载的，一般你重载了其中一个，最好把其余三个都重载。

placement new 是 operator new 的一个重载版本，只是我们很少用到它。如果你想在已经分配的内存中创建一个对象，使用 new 是不行的。也就是说 placement new 允许你在一个已经分配好的内存中（栈或堆中）构造一个新的对象。原型中 void *p 实际上就是指向一个已经分配好的内存缓冲区的首地址。

我们知道使用 new 操作符分配内存需要在堆中查找足够大的剩余空间，这个操作速度是很慢的，而且有可能出现无法分配内存的异常（空间不够）。placement new 就可以解决这个问题。我们构造对象都是在一个预先准备好了的内存缓冲区中进行，不需要查找内存，内存分配的时间是常数；而且不会在程序运行中途出现内存不足的异常。所以，placement new 非常适合那些对时间要求比较高，长时间运行不希望被打断的应用程序。

假设有一个自定义的类，class MyClass {…};，希望通过 Placement new 的方式管理内存。步骤如下：

1）缓冲区提前分配，定义如下所示：

```
void* operator new(size_t size) throw() {
  address res = ::new char[size * sizeof(MyClass) ] ;
  return res;
}
```

2）在缓冲区构造对象：MyClass * pClass=new(buf) MyClass。

3）对象的销毁：一旦这个对象使用完毕，必须显式调用类的析构函数销毁对象。但此时内存空间不会被释放，以便其他对象的构造，如 pClass->~MyClass()。

4）缓冲区内存的释放：如果缓冲区在堆中，那么调用 delete[] buf; 进行内存的释放；如果在栈中，那么在其作用域内有效，跳出作用域，内存自动释放。

```
void operator delete(void* p) {
  delete p;
}
```

JVM 中大量使用 Placement New 管理内存，比如 arena、allocation 等，在内存管理中都有使用。

推 荐 阅 读

Effective系列